KB236534

유럽을 여행하는
정석 따윈 없다

유럽을 여행하는
정석 따윈 없다

유럽을 여행하는 정석 따위 없다

초판 1쇄 인쇄 2011년 4월 1일   초판 2쇄 발행 2011년 6월 15일

지은이 차영진   펴낸이 연준혁

편집 2분사
편집장 고정란
편집 김세원
제작팀 이재승 송현주

펴낸곳 (주)위즈덤하우스 출판등록 2000년 5월 23일 제13-1071호
주소 (410-380) 경기도 고양시 일산동구 장항동 846번지 센트럴프라자 6층
전화 (031)936-4000 팩스 (031)903-3891
홈페이지 www.wisdomhouse.co.kr
출력 엔터 종이 월드페이퍼 인쇄·제본 현문

ISBN 978-89-5913-622-3 13980

* 책 값은 뒤표지에 있습니다.
* 잘못된 책은 바꿔드립니다.

국립중앙도서관 출판시도서목록(CIP)

유럽을 여행하는 정석 따위 없다 / 지은이: 차영진. ― 고양 : 위즈
덤하우스, 2011
  p. ; cm

ISBN 978-89-5913-622-3 13980 : ₩14500

유럽 여행[―旅行]

982.02―KDC5
914.04―DDC21   CIP2011001353

별일 있어도 떠나는 남자의
리   얼   여   행   기

유·럽·을 여·행·하·는 정·석 따·윈 없·다

글◆사진 차영진

예담

아이구야, 괜히 말을 했나 보다. 아무 말도 안 했으면 이렇게 주변의 눈치를 살필 필요가 없을 텐데. 그러니까 그때 나는 주변에서 일제히 날아오는 질문들에 적잖이 당황하고 있었다. 다들 나에게 출국일이 언제냐고 물어왔다. 유럽에 가봤으면 싶다고 했지, 가게 되었다고 한 건 아니었다. 잔뜩 힘줘서 말한 것도 아니었다. 그런데 두어 달 새에 분위기가 급격히 와전되었다. 유럽으로 떠나지 않으면 안 되는 놈이 돼 버리고 만 것이다. 사태가 이쯤 되면 양치기 소년이 되지 않기 위해서라도 꼼짝 없이 떠나야 한다. 변산반도보다도, 강릉보다도, 심지어는 부산보다도 몇십 배는 더 먼, 각양각색의 코쟁이들로 득실득실한 저 미지의 대륙 유럽으로 말이다.

유럽이 탐나긴 했지만 일상부터 가지런히 꾸릴 생각이었다. 일상 밖에 드넓은 세상이 있다면 일상 안에는 광대무변한 우주가 있지 않은가. 살림에 충실한 것이 세상살이의 으뜸가는 태도라고 생각했다. 아무리 여행이 좋다고 한들 금강산도 식후경이었다.

그런데 생각해보니 밥만 먹고 못 사는 게 또 삶이었다. 고쟁이 허리 고무줄처럼 소리 없이 늘어져 가는 현실을 기분 좋게 고양시켜줄 무언가가 필요했다. 여행을 하지 않는 대신 그보다 더 훌륭한 무언가를 해낼 수 있을 것 같지도 않았다. 그래서 그냥 떠나기로 했다. 언제나 그랬듯 돌아올 때쯤 나는 다시 쫄깃쫄깃해져 있을테니까. 그리고 예와 다름없이 귀국행 비행기 안에서 여행이 나에게 속삭여줄 것이다. 뭐든지 닥치는 대로 시도해보는 게 인생이라면, 안 되면 마는 것도 인생이라고. 그러니 낮잠 한번 늘어지게 잔 후 일상이라는 우주 속으로 힘차게 뛰어들어 다시 한번 열심히 달려보라고.

현실은 여전히 빠듯했지만 돌아왔을 때 달라져 있을 내 모습을 떠올리며 여장을 꾸렸다. 그런데 이렇게 주변의 등살에 떠밀려 여행을 하게 될 줄은 몰랐다. 여행을 말리던 소수의 지인들도 배낭을 꾸리는 내 모습을 보고는 알겠다는 듯 고개를 끄덕여주었다. 고교 동창 태홍이는 신종플루가 전 세계에 급격히 번지고 있는 건 신경도 안 쓰이는지 출발 전날 빳빳한 스포츠 티셔츠 한 벌을 나에게 안기며 네 기량을 마음껏 발휘하고 오라고 격려해주기까지 했다. 내가 무슨 스키점프 국가대표도 아닌데 말이다. 그렇지만 이런들 어떠하고 저런들 어떠하리. 어차피 이래도 한세상 저래도 한세상인 것을. 그리고 그곳에 도착하면 기다렸다는 듯 정신없이 돌아다니며 행복을 만끽하게 될 텐데.

예상했던 대로 길 위에서 나는 뜨끈한 순간들을 심심치 않게 맛봤다. 더러는 좌절도 하고, 더러는 고생도 했지만 그 모든 순간들이 극강의 기울기로 하강하는 롤러코스터처럼 짜릿했다. 그때 여행을 떠났기에 나는 땅을 치고 통곡할 필요가 없게 되었다.

일상은 늘어지는데 상황은 녹록치 않은 순간이 다시 찾아온다면 그때도 소문부터 뿌려볼까 한다. 마사이족 추장 관저를 방문해 좀 더 전투적으로 삶에 임하는 방법을 배운다거나, 이구아수 폭포

밑에서 가부좌를 틀고 앉아 세상의 운행원리를 깨닫고 싶다고 떠들고 다니다 보면 어느 샌가 나는 그곳에 있게 될 것이다. 어떤 이유로든 여행이 아쉬운데 뭔가 계기를 만들지 못하고 있는 이가 있다면 이 방법을 한번 써보길 권한다. 어차피 정석 따윈 없지 않은가. 때로는 고압적인 규범들에서 자유로워져야 인생이 즐거워지지 않는가.

부모님께 감사의 말씀을 올린다. 정성을 다해 이 책을 만들어주신 출판사 식구들과 그동안 격려해주신 모든 분들께도 고개 숙여 감사 드린다. 내가 여전히 삶을 사랑하고 있는 건 모두 그들 덕분이다.

홍대 앞 어느 여행카페에서
차영진

차례

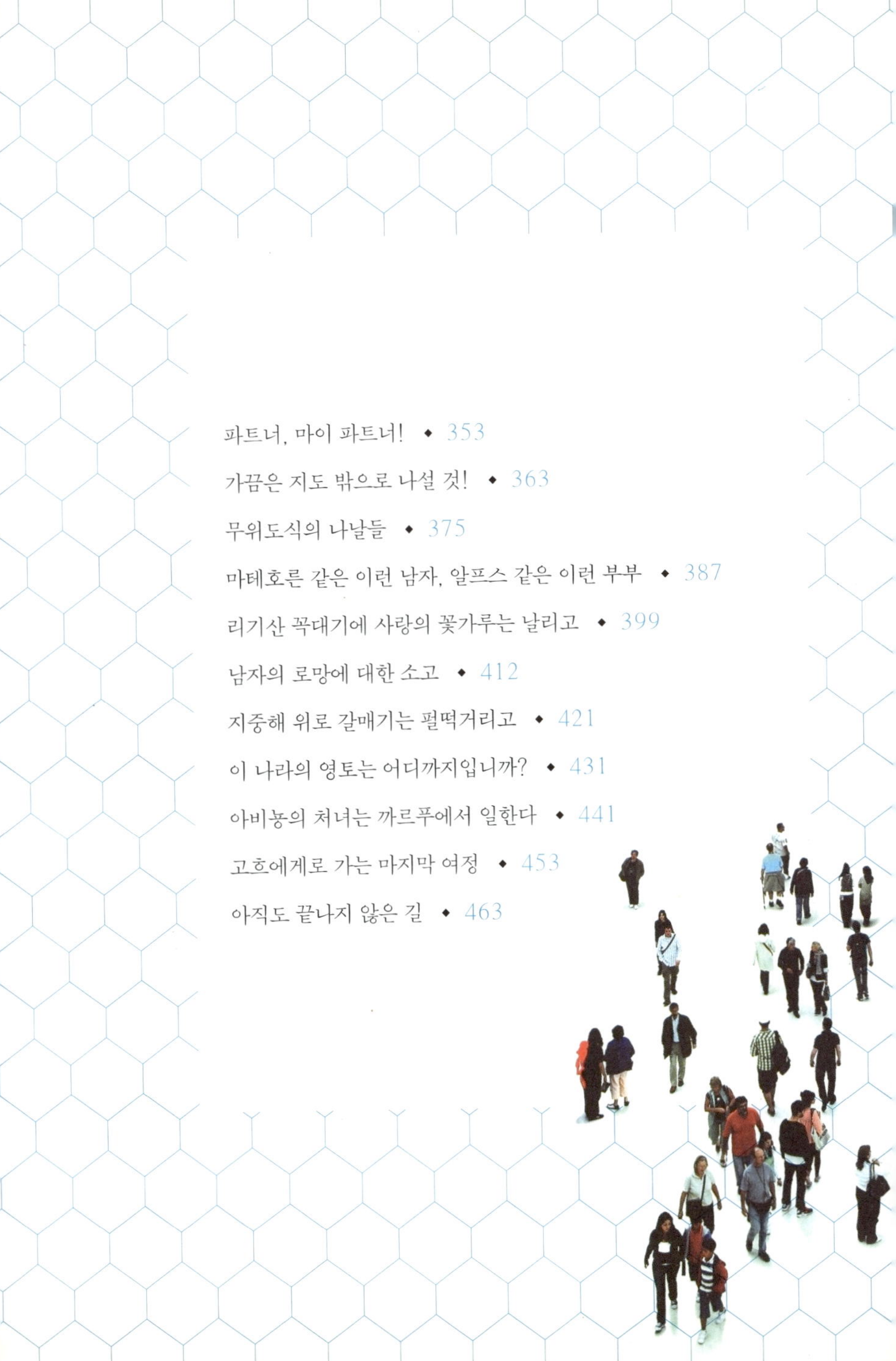

그
남자가
서쪽으로
간 까닭은

◆공항

나 원 참! 하필이면 러시아 항공이라니. 그러니까 나는 평생 한 번 경험해 볼까 말까 한 사건을 몇 시간 후 직접 겪게 될지도 모르는 상황에 놓여 있었던 것이다. 그런 생각을 하자 다시 불안감이 엄습했다. 그러나 주사위는 이미 던져졌다. 버스 창 너머로 인천공항이 서서히 그 모습을 드러내고 있었다.

공항 안 체크인 카운터 근처에 다다라 다시 배낭과 카메라 가방을 번갈아 쳐다보았다. 이걸 모두 들고 타야 하나, 아니면 수하물로 붙여야 하나. 같은 고민을 벌써 몇 번째 반복하고 있었다. 여느 때 같았으면 큰 짐은 수하물로 붙였겠지만 이번에는 짐을 몽땅 들고 타기로 마음을 굳혀 둔 터였다. 그러나 장기여행을 위해 묵직하게 꾸린 짐 덩어리들을 내려다보고 있자니 마음이 다시 흔들리기 시작했다. 카메라와 렌즈들, 삼각대와 노트북까지, 사진 촬영과 저장을 위한 장비만 해도 무게가 만만치 않았다. 전문 사진가는 아니지만 보고 기록하는 직업을 가졌으니 아무리 무거워도 챙겨 가지 않을 수 없는 물품들이었다. 대신 나머지 짐은 아주 단출하게 꾸렸다. 그런데도 각종 쇳덩어리와 구리선과 자질구레한 부속물들 때문에 짐의 무게가 30kg에 육박하고 있었다. 30kg은 전남 신안산 천일염 한 가마니의 무게였다. 경유지에서의 고생이 눈앞에 훤했다.

에라, 모르겠다. 큰 짐이라도 붙이자. 한 차례 심호흡을 한 후 가방에 들어 있던 물품들을 꺼내 공항 바닥에 늘어놓았다. 붙일 짐과 들고 탈 짐을 나누려는 것이다. 여권, 항공권, 지갑, 카메라 장비와 노트북 등 중요한 물품들을 추려 카메라 가방에 차곡차곡 집어넣었다. 그리고 나머지는 몽땅 배낭에 몰아넣었다. 그런데 이게 과연 잘하는 짓인지는 모르겠다.

출국 스케줄을 뒤늦게 확정한 탓에 항공권 확보에 애를 먹었다. 부랴부랴 인터넷을 검색해보니 다행히도 러시아 항공에 빈 좌석이 남아 있었다. 가격도 저렴해 "옳다구나!"를 외치며 곧바로 항공권을 구입했다. 그런데 바야흐로 외국 여행의 극성수기인 8월이었다. 전투적인 자세로 덤벼도 항공권을 확보하기 힘든 기간인데 너무 쉽게 항공권을 구한 듯했다. 이걸 행운이라고 생각해야 하나, 아니면 불길한 징조로 해석해야 하나. 미심쩍은 생각이 들어 인터넷을 검색했다. 설마했지만 지식서비스의 답변들이 한결같은 목소리를 내고 있었다. 러시아 항공은 수하물 분실로 아주 유명한 항공사라는 것. 심지어는 트렁크 자물쇠를 뜯어 물품을 꺼내 가기도 한단다. 자신이 직접 겪었다며 단단히 주의를 주는 게시물이 적지 않았다. 게다가 항공기의 내부 시설은 이루 말할 수 없이 낡았고, 좌석은 불편하며, 승무원들은 불친절하다는 식의 수많은 동의반복 게시물들이 검색 페이지를 가득 채우고 있었다. 어떤 항공사든 장단점이 있겠지만 부정적인 의견이 이렇게 많은 경우는 처음이었다. 고르바초프가 페레스트로이카를 선언하면서 기대한 건 이런 상황이 아니었을 것이다.

그러나 그건 장난에 불과했다. 더욱 암울한 제보는 러시아 항공 여객기가 가끔 추락하기도 한다는 것이었다. 뉴스 기사들을 뒤졌다. 역시 사실이었다. 검색을 시작하자마자 러시아 항공 여객기들의 추락사고 보도를 확인할 수 있었다. 게다가 국제 사회는 러시아라는 나라 자체를 항공 안전 면에서 세계 최악으로 평가하고 있었다. 최근에만도 2004년 8월과 2006년 8월 여객기 추락, 2007년 3월과 7월 각각 여객기와 화물기 추락 등 러시아 항공 소속 여객기를 비롯한 러시아 항공기 안전사고가 줄을 이었다. 거기에 한술

Arrivals
Baggage reclaim
Flight Connections

Arrivals
Baggage reclaim
Flight Connections

Emergency exit
Baggage enquiries
Exit

MOSCOW
DUTY FREE

MOSCOW
DUTY FREE
ТЕЛЕФО
С БЕСПЛ
РОУМИНГО

Departures
Car Park
Pay Station

더 떠 2008년 9월 발생한 여객기 추락 사고에서는 조종사의 혈액에서 알코올이 검출되기도 했다. 조종사 자신에게는 더 없이 낭만적인 비행이었겠지만 승객들은 조종사의 아드레날린 분비 촉진을 위해 기꺼이 목숨을 걸어야 했던 것이다. 이런 줄도 모르고 항공권을 끊고 계산까지 마쳤다. 저렴한 티켓이라 예약을 취소하면 수수료를 적잖게 날려야 한다. 아득했다.

이렇게까지 해서 유럽에 가야 하는 것일까. 더구나 전 세계가 신종플루의 공포로 벌벌 떨고 있는데 말이다. 엊그제도 유럽 어딘가에서 몇 명이 죽었다던데. 다른 사람의 일이었다면 설마 죽기야 하겠느냐며 등을 떠밀어 여행을 보냈을 것이다. 그러나 이게 다 내 일이라 생각하니 하루에도 몇 번씩 불길한 생각이 엄습했다. 경험상, 사고는 늘 이런 순간에 터졌다. 확률이 낮다고 해도 한번 벌어지면 그걸로 끝인 것이다. 가야 하나 말아야 하나, 만일 간다고 해도 지금 떠나야 하나 아니면 미뤘다가 나중에 떠나야 하나. 끊임없이 갈등이 일었다. 혼자 생각하기에도 골치가 아픈데 주변의 반대까지 가세했다. 해마다 추락 사고가 일어나는 항공사라는데 도대체 생각이 있는 거냐 없는 거냐, 항공기 추락은 피한다고 해도 짐 분실은 어떻게 할 거냐……. 그러나 선택의 여지가 없었다. 스케줄을 이미 확정됐고, 항공권과 유레일패스도 계산을 끝냈으며, 주변에도 출국 소식을 알려 둔 터였다. 무엇보다 마음이 이미 구름 위를 날고 있었다.

그래도 이럴 땐 낙천적인 성격이 도움이 된다. 분실 사고를 대비해 모든 짐을 들고 비행기에 탑승하기로 마음을 먹고 나니 언제 그랬냐는 듯 금세 마음이 편안해졌다. 그것도 모자라 공항에 도착해서는 짐을 들고 타려던 계획까지 변경해 두 눈 딱 감고 배낭을 수

하물로 붙여 버렸다. 죽기 아니면 까무러치기의 심정이자 일단은 현재를 즐기자는 마음가짐. 타고난 낙천성의 위력이었다. 이제는 여객기의 내부가 얼마나 너덜너덜한지 직접 확인할 기대로 마음이 들떴다. 인터넷에서 검색한 내용 가운데 러시아 항공에 대한 유일한 칭찬인 러시아 공군 출신 기장들의 노련한 착륙 실력도 궁금해졌다. 다른 나라의 조종사도 아니고, '엉클 샘' 미국의 독주를 수십 년간 견제해주었던 '빅 브라더' 러시아가 배출한 조종사라고 하니 실력이 보통이 아닐 것이다. 게다가 조종술을 배운 곳이 다른 곳도 아닌 군대라니 러시아의 군대가 내가 경험한 대한민국 군대와 다르지 않다면 맞아 죽지 않기 위해서라도 목숨을 걸고 조종술을 연마했을 것이다.

탑승 대기장 통유리 앞에 서서 활주로를 내려다보니 곳곳에 흩어진 항공기들이 저마다 운항을 준비하느라 분주했다. 저 중 하나가 나를 싣고 유럽으로 향할 비행기겠지. 태양은 눈부시게 빛나고 하늘은 잔인하리만치 파랗다. 혹시 불미스러운 일이 생기더라도 화창한 날이라서 다행이다.

몇 시간 후, 나는 경유지인 모스크바를 향해 날아가는 여객기 안에 앉아 있었다. 저 아래로는 사람의 발길이 미처 닿지 않은 듯 거칠고 척박한 원시지형이 끝없이 펼쳐졌다. 어느새 처음의 걱정은 증발해 버렸는지 여행지에서 경험할 미지의 사건들로 기대가 부풀어 올랐다. 몇 시간 동안의 경험으로 보아 러시아 항공은 결코 만족스럽달 순 없지만 크게 문제가 있는 것 같지도 않았다. 항공기의 시설과 기능, 그리고 승무원들의 서비스에서 치명적인 결함은 찾을 수 없었다. 동체에 날개도 달려 있었고, 여객기 내부에 화장실도 마련돼 있었다. 다행히 변기는 현대식 양변기였다. 좌석에 팔걸이도 달려 있었고, 엉덩이와 등 부분에 쿠션도 들어가 있는 것 같았다. 어떤 승무원도 내 사소한 요청들에 빈정대지 않았고, 심지어는 때마다 기내식까지 제공했다. 기내식과 함께 어김없이 커피도 한 양동이씩 따라주었다. 그러고도 아까워하는 기색은 전혀 보이지 않았다. 커피 맛은 그저 그랬지만 그 나라 사람들은 그걸 최고의 커피 맛으로 여기는지 모를 일이었다. 항공기의 기능과 기내 서비스는 모두 이상이 없었다. 기내 방송과 영화를 상영하는 스크린이 많이 낡긴 했지만 오히려 설치미술을 감상하는 것 같았다. 그저 두루두루 헐었고, 함량이 조금씩 미달되었을 뿐, 항공기도 서비스도 필요한 건 모두 갖추고 있었다.

때 아니게도 빈 좌석이 많아서인지 성격 좋아 보이는 이들은 비행기가 궤도에 오르자마자 옆 좌석에 발을 뻗고 누워 잠을 자기 시작했다. 느긋해 보이는 그들의 모습을 보고 있자니 마음이 더욱 편안해졌다. 인생의 마지막 순간이 와도 외롭지는 않을 것 같아서 다행이었다. 걱정을 안고 탑승했지만 과거의 여행들과 다른 건 별로 없었다. 뭉게구름의 황홀한 갈라 쇼도 여전했고, 저 아래로 앙증맞게 펼쳐지는 인간계의 오밀조밀한 풍경도 똑같았다. 맥주는 돈을 내고 사 먹어야 한다는 점만 빼고는 이전의 비행들과 다를 게 전혀 없었다.

그렇게 나는 유럽을 향해 날았다. 경유지인 모스크바에서 여객기 연착으로 예정보다 한 시간쯤 후에야 유럽행 비행기에 오르게 됐지만 마음을 충분히 비워 둔 덕분에 별로 짜증이 나지 않았다. 공항 표지판의 타이포그래피를 사진 찍던 중 공항 직원이 '에밀리아넨코 효도르'한 기세로 시비를 걸어왔으나 몸싸움 없이 상황을 마무리할 수 있었다. 비행기를 갈아타고 다시 유럽으로 가는 동안

끈적끈적한 눈빛을 가진 옆자리의 러시아 신사가 지나친 친절을 여러 차례 베풀었으나 "죄송하지만 저는 좋아하는 사람이 따로 있고, 그 사람이 여자네요."라고 말하려는 찰나 다행히도 그가 관심을 반대편 좌석의 남자에게 옮겼다. 비행기가 무사히 착지했을 때는 절반 이상의 승객들이 박수를 치고 환호성을 질러 내 눈과 귀를 즐겁게 했다.

사실 사망할 확률은 신종플루나 항공기 추락보다는 육상 교통사고가 훨씬 높다. 드물게 신종플루 경험자를 주변에서 발견할 때도 있지만 육상 교통사고에 비하면 월등히 적은 수치다. 항공기 추락 경험자나 그 가족들을 직접 만나보기란 더욱 어려운 일이다. 불행은 사람을 가리지 않고 달려든다지만 그렇다고 불행의 목적지를 우리가 결정할 수 있는 것도 아니다. 또한 책상에 앉아 사고 확률만 소심하게 계산하고 있다가는 인류 역사에 길이 남을 인종의 대화합 혹은 전 우주 차원의 사랑과 평화의 실현에 변변한 이바지 한 번 못하고 앉은 채로 늙어 죽고 말 것이다. 이거든 저거든 의미 없이 죽는 건 매한가지. 그래서 나는 비용을 더 들여 안전한 항공사를 알아보는 대신 그냥 러시아 항공을 탔다. 그런데 그 악명 높은 러시아 항공 소속 여객기가 히드로 공항에 내려앉고 있는데도 아무런 일도 일어나지 않고 있었다. 오히려 내 사지는 여전히 제자리에 그대로 달려 있었고, 머리도 아무 탈 없이 몸통 위에 원래대로 안전하게 얹혀 있었다. 비행 도중 잠시 눈을 붙이느라 헤어스타일이 떡져 버렸다는 점을 빼고는 출발 전과 달라진 게 아무것도 없었다.

주어진 운명이 짧았다면 이미 나는 이 세상 사람이 아닐 것이다. 게다가 내가 서 있는 자리로부터 무수한 길들이 세상 곳곳을 향해 뻗어 있었다. 그래서 나는 그런 상황이 힘닿는 데까지 열심히 누벼 보라는 무언의 명령이 아닐까 하는 생각을 하며 기분 좋게 히드로 공항을 밟았다. 드디어 유럽 대륙에 첫 발을 내디딘 것이다.

여행의
시작을
뜻깊은
이벤트와 함께

• 런던

한참을 달린 전철이 런던 중심가까지 진입했다. 피카디리 서커스 역에서 환승을 하려고 보니 목적지에 닿는 베이커루 라인이 끊겼다. 밤이 깊으면 전철이 끊기는 게 당연한데도 새로운 땅에서는 이런 일들마저 신기하게 느껴진다. 한 정거장을 되돌아가서 급히 쥬빌리 라인으로 환승, 드디어 워털루 역에 내려 숙소를 향해 걷기 시작했다. 가옥도, 승용차도, 심지어는 하늘도 잠들어 있는 런던의 어두운 뒷골목. 오로지 가로등만 깨어 있는 그 길을 유유히 걸으며 심호흡을 크게 해본다. 런던의 대기가 폐 속 깊이 스며든다. 상쾌하다.

숙소에 도착한 시간은 정확히 자정. 여행 첫날이라 한국에서 미리 한인민박을 예약해 두었는데 남자 투숙객이 없는지 도미토리 하나를 통째로 혼자 쓰게 되었다. 밤새워 짐 싸랴, 먼길 비행하랴, 비행기에서 잠깐 눈 붙인 걸 빼고 서른 시간 이상을 깨어 있었다. 이제 쉬어야 하는데 시차 때문인지 정신이 말똥말똥했다. 한국에서는 이제 막 아침이 열렸다. 그 시간에 적응해 있는 내 몸도 다시 기지개를 켜기 시작했다. 도저히 잠이 오지 않아 인터넷을 열었다. 메일을 확인하고, 뉴스도 읽다 보니 어느새 새벽 두 시. 여전히 잠은 안 오지만 이러다가는 수면 부족으로 초반부터 일정을 망칠 것 같다. 억지로라도 잠을 청해야 한다.

침대 위에서 한 시간쯤 뒤척거렸을까. 서서히 잠에 빠져들기 시작했다. 선잠일수록 꿈의 향연은 다채로운 법. 이상한 나라에서 앨리스와 함께 토끼를 잡으러 다닌 것 같기도 하고, 해리포터와 팀을 이뤄 쿼디치 올림픽에 출전했던 것 같기도 하다. 그러다 이제 좀 본격적으로 잠에 빠져드는가 싶던 찰나 어디선가 발자국 소리가 희미하게 들려왔다. 그리고 이어지는 나무판 두드리는 소리. 다

Way out →
Metropolitan line →
Hammersmith & City →
and Circle lines

섯 번쯤을 두드리고는 5분 쉬고, 다시 다섯 번쯤을 두드리고는 5분 쉬고, 같은 일이 반복되고 있었다. 도대체 무얼까? 사람일까, 귀신일까? 꿈일까, 현실일까?

소리가 반복될수록 의식은 점점 더 선명해졌다. 그 묘한 상황에 종지부를 찍는 소리. 똑! 똑! 똑! 내가 잠들어 있는 방을 누군가가 노크하고 있었다. 여름인데다가 도미토리를 독방처럼 쓰고 있어서 옷을 몽땅 벗어 던진 채 자고 있었다. 황급히 옷을 걸친 후 조심스레 문을 열었다. 낯선 여인이 문 앞에 서 있었다. 비라도 맞았는지 머리에서는 물이 뚝뚝 떨어졌고, 물고문이라도 당했는지 얼굴도 팅팅 불어 있었다. 긴장감이 가득한 눈동자와 불안정해 보이는 표정까지 무언가 낌새가 이상했다. 눈을 비비며 물었다.

"무슨 일이죠?"

"주무시는 거 깨워서 죄송한데요, 욕실에 수도가 고장 났어요."

"그래요? 그런데 지금 몇 시죠?"

"4시 반이요."

"그렇군요. 이제 막 잠이 들려고 했는데……."

"수도 좀 빨리 어떻게 해주시면 좋겠어요."

"네?"

"지금 물이 콸콸 쏟아지고 있거든요. 제가 만져봤는데 어떻게 할 수가 없어요."

"그래서요?"

"빨리 손봐주셔야 할 것 같아요."

"제가요?"

"네. 보시면 아실 거예요. 지금 상황이 장난이 아니거든요!"

"……."

"정말이라니까요!"

"그래요? 음……. 그럼 일단 한번 가서 봅시다."

계속 잠이 쏟아지고 있었지만 그녀의 눈빛이 절박함을 호소하고 있었다. 게다가 숙소의 주인은 일과를 마치면 다른 지역에 있는 거주지로 돌아간다고 했다. 그러니 주인에게 얘기해보라고 할 수도 없는 상황이었다. 간단히 해결할 수 있는 문제라면 빨리 해결해주고 침대로 돌아와야겠다고 생각하며 비몽사몽 눈을 부비며 몽유병 환자처럼 그녀를 따라나섰다. 욕실 앞에 이르러 문을 열고 안으로 들어섰다. 그런데 이런, 수도꼭지에서 물이 정말 폭포수처럼 쏟아지고 있었다.

물이 어찌 저렇게 거세게 쏟아져 나오지? 힘이 모자라서 수도꼭지를 잠그지 못했나? 있는 힘껏 수도꼭지를 돌려보았다. 그런데 수도꼭지가 헛돈다. 몇 번을 시도해도 마찬가지. 그러다가 뭘 잘못 건드렸는지 오히려 물살이 더 세졌다. 갑자기 잠이 확 깬다. 이거 가볍게 해결할 수 있는 상황이 아니로구나. 그래서 도움을 요청했구나. 게다가 괜히 만져서 사태만 더 악화시켰구나!

물은 쉴 새 없이 쏟아져 나오고, 그 기세는 또 어찌나 세찬지 삼십 분이면 물이 욕조를 타 넘어 거실로 흘러들어갈 것 같았다. 물이 쏟아져 내려와 하수구로 의미 없이 빠져나가는 걸 보니 중요한 자원이 나 때문에 낭비되는 것 같아 마음이 불편하다. 거기다가 이미 수도꼭지에 손을 댔고, 그래서 사태가 더 악화되었다. 사건에 개입하고 문제를 확대한 셈이니 상황이 찜찜해졌다. 우리 집이면 모르겠는데 남의 집이니 신경도 더 쓰인다. 인간적으로도 이제 와서 난 모르겠다며 침대로 돌아갈 수도 없는 노릇. 젠장, 낚였다.

간신히 든 잠을 설친 것도 억울한데, 팔자에도 없는 해외 상수

도 공사를 이 새벽에 하게 생겼다. 게다가 절대 실패해서는 안 되는 공사다. 숙소 주인은 숙소에 없고, 지금 깨어 있는 사람은 오직 우리 둘뿐. 늦은 밤 도착했으므로 투숙객 현황도 전혀 모른다. 남성용 도미토리를 나 혼자 쓰고 있으니 가족실에 남자가 없다면 이 집에 남자는 오로지 나 하나고, 설령 다른 남자 투숙객이 있더라도 이 시간에 깨울 수는 없다. 이 깜깜한 밤에 어느 방, 어느 침대에서 자고 있는지 찾아낼 수도 없다. 진-퇴-양-난! 성공만이 살 길이다.

바짓단을 걷어붙이고 본격적인 수습에 나섰다. 수도꼭지를 이리저리 주물럭거려봤지만 내 마음을 아는지 모르는지 수도꼭지는 계속 헛바퀴만 돈다. 눈을 최대한 크게 뜨고 주요 부위를 자세히 살피기 시작했다. 그러나 아무리 살펴봐도 원인은 오리무중. 손잡이가 얹히는 수도관 상단 꼭지의 나사선이 마모되었는지 신중을 기해 결합을 시도해보아도 수도꼭지는 계속 헛바퀴만 돈다. 일반인이 쉽게 고칠 수 있는 상태는 아닌 것 같은데 장비도 전혀 없고, 수도꼭지 안쪽에서 어떤 일이 일어나고 있는지도 도무지 감을 잡을 수가 없다. 물은 콸콸 쏟아져 나오고, 해결책은 전혀 보이지 않는다. 이제 믿을 거라곤 오로지 운명의 여신뿐. 부흥회에 참석한 열혈신도처럼 수도꼭지를 온몸으로 부여잡고 고개 숙여 끙끙거리기를 5분여. 기적처럼 수도가 멎었다.

다행이다 싶어 가슴을 쓸어내리는데 가만히 생각해보니 상황이 좀 억울했다. 우리 집 수도도 고쳐보지 않은 내가 왜 남의 집 수도를 고쳐야 하는 걸까. 그것도 비싼 돈 주고 유럽까지 날아와서, 하필이면 가장 들뜨고 설레는 현지 도착 당일에. 식은땀을 닦아내며 그녀에게 물었다.

"그런데 왜 나한테 이걸 고쳐 달라고 하신 거죠?"

"네? 거기가 주인방 아닌가요?"

"주인방요? 거기는 남자 도미토리이고, 전 이 숙소의 투숙객인데요. 한국에서 조금 전에 도착했어요."

"어머나! 어머나! 어머나!"

잠은 완전히 달아났고, 여명도 서서히 움터오는 것 같아 다시 컴퓨터 앞에 앉았다. 인터넷을 열어 이것저것 검색하다 보니 어느새 아침이 밝았다. 잠시 후 아침 식탁에서 다시 그녀를 만났다. 새벽에는 정신이 없어서 몰랐는데 그녀는 나보다 몇 시간 먼저 유럽에 도착한 이십대 여행자였다. 시차 때문에 잠도 안 오고, 아침이 되면 욕실도 붐빌 것 같아서 일찌감치 샤워를 했다가 그런 일이 생긴 거라고 했다.

식사를 마치고 외출을 위해 짐을 꾸리고 있는데 그녀가 다가왔다. 고개를 푹 숙인 채로 두 손을 내밀기에 뭔가 싶어서 보니 초코바와 오예스가 양손에 하나씩 쥐어져 있다. 해외 상수도 공사의 대가로는 턱없이 부족했지만 정성이 갸륵해 그냥 받아 두기로 했다. 유럽 여행의 본격적인 시작을 알리는 신고식도 호되게 치렀겠다, 이제 런던이라는 도시의 명성을 직접 확인하러 거리로 나서본다.

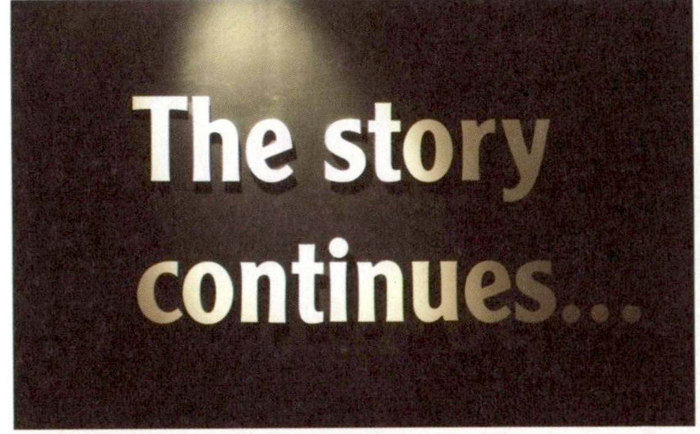

런던은
듣던대로
낭만적인
도시였지만

런던은 듣던 대로 대단히 낭만적인 도시였다. 템즈 강변은 여유를 만끽하는 런던 시민들로 연일 북적였고, 도심 곳곳에는 전통과 역사가 깃든 건축물들이 영화 속 배경처럼 서 있었다. 런던의 상징, 공중전화 부스와 이층버스는 또 어찌나 멋스러운 빛깔을 가지고 있던지 세월 묵은 중후한 톤의 이 도시는 그 새빨간 빛깔을 통해 현대적 표정을 유지하고 있는 듯했다.

이전에 한 차례 런던을 여행했다가 그 매력에 반해 일 년 이상 체류할 작정으로 아예 짐을 싸 들고 돌아왔다는 어느 장기 투숙객 아가씨는 매일 아침 템즈 강변으로 조깅을 나가곤 했는데, 런던을 구경하다 보니 그녀가 짐을 싸 들고 돌아온 이유를 알 듯했다. 런던 거리에 서면 누구나 영화 속의 주인공이 될 수 있을 것 같았다. 어딜 가든 휴 그랜트나 올랜도 블룸 같은 사내들이 말끔한 차림으로 곁을 스쳐 지나갔다. 낮이면 타워 브리지는 뭉게구름을 그림처럼 머리에 이었고, 밤이면 섹스 피스톨즈의 후예들이 터질 듯한 굉음으로 소호의 거리를 달궜다. 게다가 내셔널 갤러리, 대영 박물관 등 런던의 걸출한 볼거리들이 무료로 관람객들을 맞이하고 있었다. 그 나라 최고의 예술 공간들마저 먼저 가슴을 열어 시민들을 불러들이는 모습. 내 생애 흔치 않은 풍경이었다.

그렇게 런던 일정이 절반을 지나고 있을 무렵 숙소를 옮기기로 했다. 주인이 바뀌면서 홍보차 숙박비 할인을 하고 있는 또 다른 한인민박이었다. 이른 아침 짐을 챙겨 새 숙소로 향했다. 지하철에서 내려 지도에서 본 방향대로 걸어갔지만 찾기가 쉽지 않았다. 세부 지도를 출력해왔으면 찾기가 한결 쉬웠을 텐데 달랑 전화번호만 적어왔다. 물가가 비싼 이놈의 나라에서는 인터넷 페이지 한 장을 출력하는 데에도 돈을 내야 했다. 숙소에서도 마찬가지였다. 아

무리 유럽이라지만 사람 장사나 다름없는 민박집에서, 그것도 한 국인을 상대로 하는 한인민박에서까지 그러리라고는 생각 못했다. 우리의 상식으로는 야박하다 소리를 들을 일이 이 나라에서는 그렇지 않은 것이다. 이런 경험을 할 때마다 문화가 달라지면 상식도 달라진다는 사실을 새삼 깨닫게 된다. 문화가 허락한다면 부모의 시신을 독수리의 먹이로 던지고, 혼자서도 여러 명의 배우자를 거느릴 수 있는 것이다.

공중전화 부스 앞에서 주머니를 뒤졌다. 그런데 소액 동전들은 다 썼는지 주머니에는 2파운드짜리 동전 하나만 남아 있었다. 소액 동전을 여러 개 집어넣으면 통화료를 제외한 나머지는 거슬러 받을 수 있지만 2파운드짜리는 한 번 넣으면 끝이다. 게다가 2파운드면 한국에서 한 끼 식사를 해결할 수 있는 돈이다. 아무리 여행 중이라지만 낭비가 아닐 수 없다. 잠시 고민하다가 지나가는 행인에게 휴대폰을 빌려보기로 했다. 한국에서 외국인 여행자가 같은 부탁을 해온다면 나는 기꺼이 휴대폰을 빌려줄 것이다. 그들도 그 정도 친절은 베풀겠지?

마침 행인 하나가 내 앞을 지나쳤다. 그에게 말을 걸었다.

"런던 초행자인데 숙소를 못 찾겠네요. 위치를 알려주면 저쪽에서 바로 픽업을 나오겠다고 했는데, 혹시 휴대폰을 잠깐만 빌릴 수 있을까요?"

"흠……. 얼마나 통화를 해야 하죠?"

"30초요. 여기가 어딘지만 알려주면 됩니다."

"그래요? 그럼 쓰세요. 너무 오래 쓰진 마세요."

"네, 감사합니다."

통화를 하는 동안 그는 계속 내 행동을 살폈다. 한국어로 통화를 하고 있으니 내가 시내통화를 하는 척하면서 국제통화를 하고 있는 건 아닌지 의심스러웠을지 모른다. 그 밖에도 여러 가지 불미스러운 가능성을 떠올리지 않을 수 없었을 것이다. 전화기를 빌려줄 때도 한참을 망설인 끝에 승낙했고, 빌려주면서도 불편한 표정이었다. 통화료도 아까워하는 것 같았다. 처음 보는 이는 곧 경계의 대상이라는 현대사회의 통념이 그의 눈동자를 가득 채우고 있었다. 고마움과 씁쓸함이 교차했다. 높은 물가에서 비롯한 각박한 현지 인심을 체험하는 기분이 별로 좋지 않았다.

물론 신사의 나라답게 거리에서 만나는 영국인들은 대부분 친절했다. 그중에서도 최고는 워털루 역에서 만난 중년 신사였다. 하루의 일정을 마치고 숙소가 있는 워털루 역에 도착했을 때였다. 역의 구조가 생각보다 복잡해 숙소 쪽 출구를 찾기가 쉽지 않았다. 한참을 헤매다가 결국 반듯한 차림의 중년 신사에게 길을 물었다. 이것이 사건의 시작이었다. 그가 술에 잔뜩 취한 줄도 모르고 말을 걸었던 것이 사달이 났다. 아마도 낮에 프리미어 리그 빅 매치가 있었나 보다.

잘 모르겠다든가, 술이 올라 정신이 없다고 말해주면 차라리 다행일 텐데 그가 오히려 적극적으로 나를 도와주겠다고 나섰다. 역시 영국 신사다운 모습이었다. 그러나 휘청거리는 몸과 혀 꼬부라진 발음이 영 불길했다. 내 쪽에서 먼저 도움을 청했으니 됐다고 할 수도 없는 노릇. 거기다가 완벽한 만취가 아니라, 취하긴 꽤 취했으되 그럭저럭 상황은 분별하는 상태였다. 무시할 수도, 적극적으로 상대할 수도 없는 참으로 애매모호한 지경이 아닐 수 없었다.

아무래도 빨리 대답을 듣고 자리를 뜨는 게 상책일 것 같았다. 고민이 무언지 침착하게 설명해보라기에 출구를 찾고 있다는 사실과 출구 주변의 모양새를 다시 한 번 설명했다. 그러나 대화는 공회전. 간단한 답변이면 족한데 그는 자기 식으로 상황을 정리하려는 듯 내가 그쪽 출구를 찾고 있는 이유와 묵고 있는 숙소의 형태 따위를 계속 물었다. 안 되겠다 싶어 교통정리를 시도해보았으나 그때마다 그는 엄격한 표정으로 나를 진정시켰다. 침착하라, 그리고 문제를 해결해줄 테니 아무 걱정 말고 묻는 말에만 차분하게 대답하라. 성의는 고마웠지만 그의 질문에 꼬박꼬박 대답하는 심정이 여간 암울한 게 아니었다.

어느덧 대화는 삼천포를 향하고 있었다. "왜 여기서 이러고 있었느냐?", "그쪽에 뭔가 대단한 게 있는 것이냐?", "그쪽은 주택가라 호텔이 없다", "호텔을 잡아야 하면 직접 안내해주겠다", 시간이 흐를수록 그는 쓸모없는 질문들로 상황을 더 어지럽혔고, 나는 거의 자포자기의 심정이 되었다. 내가 특정 출구를 찾고 있다는 사실은 아예 대화의 중심에서 사라져 버린 지 오래였다. 영국인들이 맥주를 좋아한다는 얘기는 들었지만 그 뒤치다꺼리가 여행자의 몫인 줄은 전혀 생각치도 못했다.

이러다가는 엉뚱한 호텔로 끌려갈 것 같은 예감이 밀려드는데다 그가 이끄는 대로만 따를 수도 없는 노릇이라 호시탐탐 빈틈을 노리고 있다가 친구의 집에서 머물고 있다고 둘러대 일단 대화를 원점으로 돌리는 데 성공했다. 그러나 음주의 힘은 강했다. 결국 그를 부축한 채로 워털루 역을 구석구석 누벼야 했다. 술 취한 걸 알아차린 순간 아무것도 묻지 말고 바로 돌아섰어야 했는데 그 시점을 놓친 대가였다. 몸을 휘청거리며 동양인 사내에 기대 어렵게 걸음을 옮기고 있는 점잖은 차림의 현지인 신사와 그를 부축하며 경계심 가득한 시선으로 주위를 두리번거리는 허름한 차림의 동양인 사내. 사이좋게 걷고 있는 우리의 등 뒤로 이따금씩 주변의 시선이 꽂혔다. 그러나 그들이 우리를 보며 어떤 생각을 하고 있는지 따져볼 겨를이 없었다. 이 상황을 한시 바삐 벗어나고 싶다는 생각뿐이었다. 길을 끊임없이 헤매면서도 문제 해결이 코앞이라는 듯 "베리 이지!"를 계속해서 외치는 영국신사. 외국에서 온 손님을 이대로 고생시킬 수는 없다는 듯, 붉게 물든 그의 콧잔등 위로 런던 최고의 공덕심이 강렬하게 번지고 있었다.

그렇게 한참을 함께 돌아다니다가 마침내 그가 출구를 찾아냈다. 어느 계단 앞에 이르러 그가 손가락으로 계단 끝을 가리키며 저 위로 쭉 걸어가면 우리가 찾던 출구가 나올 거라고 설명했다. 그리고 혀 꼬부라진 소리로 "그것 봐라, 나만 믿으면 다 해결된다고 했지!"라고 말하며 뿌듯하게 웃었다. 출구 밖까지 배웅해주겠다는 그를 어렵사리 떼어놓고 분주히 계단을 올라 통로를 가로질렀다. 그러나 내가 원하는 출구는 거기에 없었다. 아무 소득 없이 시간과 에너지만 낭비한 셈이었다. 친절이 알코올과 잘못 엉켜 붙었을 때, 그리고 그렇게 엉켜 붙은 덩어리를 잘못 건드렸을 때 어떤 일이 발생하는지를 뼈저리게 경험한 순간이었다.

런던에는 거리마다 펍과 카페가 넘쳐났다. 그중에는 한낮인데도 만원을 이루는 곳이 적지 않았다. 처음에는 그 모습을 보며 앵글로색슨은 아주 낭만적인 민족이라고 생각했다. 현지인들과 어울려 시끌벅적한 시간이라도 보냈다면 그런 생각은 더 확고해졌을 것이다. 그러나 그런 일은 일어나지 않았다. 라이브 클럽 탐방을 나섰다가 관계자들과 친분이 생기긴 했지만 부어라 마셔라 할 정도로 여유로운 상황은 아니었다. 그런데 그게 차라리 다행이었다. 어

수선한 현장으로 휘말려 들어가지 않은 덕분에 시야가 조금씩 맑아지고 있었다.

체류 기간이 늘어나는 만큼 거리에서 피어오르는 맥주 냄새가 진해졌다. 언젠가 여름휴가를 기준으로 한 영국인들의 맥주 소비 현황을 다룬 기사를 접한 적이 있다. 기사는 여름휴가 기간에 영국인들이 마신 맥주를 모두 합치면 수영장 8천 개를 가득 채울 수 있다고 했다. 휴가 기간 중 하루 평균 음주량은 500cc 다섯 잔, 맥주 구입에 지출한 총 비용은 개인당 이십만 원. 휴가 기간 중 3일을 술에 만취해 침대에서 지낸다고 했다. 술을 못 마시거나 적게 마시는 사람도 있음을 감안한다면 엄청난 음주량이 아닐 수 없었다. 그러나 그 기사를 접할 때는 그냥 그 나라의 문화려니 했다. 하지만 유심히 보니 도시 자체가 조금 취해 있는 것 같았다.

그런 생각을 할 때쯤 이번에는 도시 전역에서 이루어지는 무단횡단이 시야에 들어왔다. 첫날부터 본 모습이었지만 다시 보니 새로웠다. 신사의 나라라 하여 반듯한 거리 풍경을 예상했는데 오히려 무단횡단으로 도시 전체가 어지러웠다. 도로를 질주하는 차들을 오토바이로만 바꾼다면 호치민이나 프놈펜의 그 사납고 정신없는 도로 상황에 근접할 만한 풍경이었다. 개인으로서는 반듯한 신사들이지만 이들도 결국 편의를 위해서는 언제든 익명의 가면 뒤로 숨는 모양이었다.

취객을 만나 고생을 하고, 음주의 낭만 뒤에 도사리고 있는 그림자와 무단횡단의 속사정을 가늠해본 때문인지 어느덧 영국이라는 나라가 처음과는 다르게 보이고 있었다. 그러던 중 현지인에게 휴대폰을 빌리면서 씁쓸한 기분을 느끼고 나니 갑자기 정신이 번쩍 들었다. 무언가에 정신없이 취해 있다가 갑자기 깨어난 기분이었

다. 가만 보니 환경이 우리와 판이하게 다르고 사회체계도 잘 정비
돼 있다고 해서 유럽이라는 대륙에 초반부터 너무 압도당하고 있
는 듯했다. 따지고 보면 영국은 독일과 함께 유럽 최고의 음주왕국
이면서 세계 최고의 훌리건들이 활약하고 있는 나라인데 거기까
지는 미처 생각을 하지 못했다.

우리보다 잘 산다고 모든 현상, 모든 문화들에 낭만의 표정을 입
혀서는 곤란할 것이다. 잘 알지도 못하면서 마음부터 먼저 던지면
잘 해봤자 짝사랑일 뿐이다. 마냥 들떠서 균형을 잃기보다 허상과
실상을 올바로 구분해 가며 남은 여정을 밟아야겠다는 생각이 들
었다. 대신 멋지고 근사한 도시를 만날 때는 물불 가리지 말고 사
랑에 빠져주리라.

그런데 이상하게도 런던의 반듯한 이미지 뒤에 숨은 여러 가지
부조리한 상황들을 직접 확인해놓고도 마음은 한없이 런던에 이
끌리고 있었다. 분명히 모순들이 산재돼 있는 게 보이는데도 런던
이 한없이 사랑스럽게만 느껴졌다. 이 로맨틱한 도시 뒤의 허와 실
을 놓치지 않겠노라 마음먹으면서도 내 감정을 도저히 통제할 수
가 없었다. 그러니까 나는 그동안 텔레비전과 영화를 너무 많이 보
았던 것이다. 이미 마음을 절반쯤 빼앗긴 채로 런던에 발을 들여놓
았으니, 결국 나도 문화식민주의의 희생양이었나 보다.

힘　내　라,
대 한 민 국 의
딸　들　　아
!

◆ 런던

　무사히 새 숙소에 도착했다. 짐을 풀고 외출 준비를 시작했다. 그런데 이런, 가이드북 하나가 없어졌다. 다른 가이드북을 하나 더 가져오긴 했지만 정보의 집약성은 없어진 책이 훨씬 뛰어나다. 그 안에 주요 여행 포인트들을 꼼꼼히 표시해 두기도 했다. 게다가 이제 막 여행을 시작하는 시점이다. 의존도가 높은 가이드북을 분실했으니 크나큰 낭패가 아닐 수 없었다. 아침에 저쪽 숙소에서 체크아웃하면서 분명히 챙겨서 나온 게 기억나는데 어디서 흘린 걸까? 아까 길을 헤매면서 꺼내서 본 기억도 나는데, 그렇다면 혹시 공중전화 부스? 아, 그래, 거기! 그새 누가 가져간 건 아니겠지? 망설일 겨를 없이 공중전화 부스를 향해 전속력으로 달렸다.

　다행히도 가이드북은 전화기 위에 그대로 놓여 있었다. 그러게 중요한 물건일수록 손에서 떨어지지 않도록 조심해야 한다. 최소한의 도구로만 하루하루를 살아내는 여행에서는 더더욱 그렇다. 하지만 여행을 하다 보면 다른 짐들 때문에 손에 들고 있는 것을 내려놓아야 하는 순간이 자주 생긴다. 어쩔 수 없는 상황이지만 그때가 바로 사고가 발생하는 순간이기도 하다. 잊지 말자, 중요한 것일수록 본능적으로 밀착해야 한다는 사실을, 겨드랑이와 가랑이가 괜히 있는 게 아니라는 사실을! 평소에는 중요해보이지 않던 신체부위가 새삼 소중하게 느껴지는 순간이었다. 여행에서의 쓰임새까지 고려한 신의 세심한 인체 설계능력이 감탄스러웠다.

이번 여행의 주요 테마 중 하나인 현지 풍물시장 구경에 나섰다. 집중력을 높이기 위해 런던 풍물시장 일정 대부분을 이날 하루로 몰아 둔 터였다. 없는 게 없다는 벼룩시장 브릭 레인 마켓은 수많은 인파로 붐볐다. 신기한 물건들에 시선을 빼앗긴 채 정신없이 거리를 헤집고 다니다가 우연히 액세서리를 팔고 있는 두 명의 한국 여대생들과 마주쳤다. 이해연과 이하영. 각각 외국어대와 숭실대 재학생으로 어학연수를 위해 런던에 왔다고 한다. 그런데 그들이 런던에서 거주한 기간은 고작 일주일. 이제 막 런던 생활을 시작한 처지인데 현지 적응도 미처 하지 않은 상황에서 벼룩시장까지 진출했다. 기특하고 신통한 친구들 같으니라고.

좌판에는 전통문양을 포함해 한국풍의 액세서리들이 주를 이루고 있었는데 모두 직접 만든 것들이라고 했다. 출국 전 남대문과 동대문 등지의 도매시장에서 재료들을 구입해 유학길에 올랐고, 짬짬이 제품을 만들어 매주 벼룩시장에 내놓을 예정이란다. 어학 향상만을 목표로 하는 것이 아니라 현지문화도 알차게 체험하겠다는 소박하지만 다부진 각오였다. 손님을 상대해야 하니 어학 실력도 늘겠고, 생기 넘치는 시장 속에서 주말을 살아가니 경험도 깊어질 것이다.

큰 욕심은 없고 용돈벌이 정도만 되면 좋겠다는 게 그들의 바람이었지만 안타깝게도 좌판에는 파리만 날리고 있었다. 세상에 하나뿐인 액세서리들이니 조금씩 단골이 늘어날 거라고 이야기하고는 있지만, 말과는 달리 그들의 표정은 의기소침해보였다. 일부 연수생들처럼 어학연수를 일탈의 수단으로 삼는 게 아니라 도약의 발판으로 활용하고 있는 그 모습이 대견해보여 결국 지갑을 열기로 했다. 여성용 제품들이니 직접 착용할 일은 없겠지만 액세서리

한 쌍 정도면 들고 다니는 데도 부담이 없을 듯했다.

추천 상품을 건네받으며 장기여행 중이라 제품이 파손되지 않게 포장이라도 해주면 고맙겠다고 했더니 그들이 황급히 종이쪽지를 찾기 시작했다. 물건을 팔 생각만 했지 손님의 손에 기분 좋게 넘겨줘야 한다는 생각은 하지 못한 모양이었다. 급히 포장을 해서 내놓은 걸 보니 모양새가 역시나 영 엉성했다. 준비해 둔 포장지가 없는지 연습장을 쭉 찢어 포장을 했는데 그 과정을 코앞에서 다 보여주었다. 그러나 그 서툰 모습이 오히려 더 기특해보였다. 어차피 예쁘게 포장해줘도 배낭 안에서 이리 구르고 저리 구르다가 결국 포장지가 구겨지고 말 터였다.

생각해보니 나도 이제 막 여행을 시작하고 있다는 점에서 그들과 다름없는 처지였다. 그들의 서툴고 어눌한 모습에 피식 웃긴 했지만 나도 서툴고 어눌하기는 마찬가지였다. 길을 못 찾고 헤매는 건 그렇다 쳐도, 어깨에 걸쳐 놓은 이어폰 줄이 발 아래로 떨어진 줄도 모르고 그걸 땅바닥에 질질 끌면서 한참 동안 런던 시내를 돌아다니다가 스스로 여러 차례 밟아 박살을 내고서야 그 사실을 알게 되질 않나, 타워 브리지 앞에서 분위기 한번 잡아보겠다고 새로운 형식의 어떤 영국식 전통 음료를 기대하며 주문한 얼그레이 티가 알고 보니 홍차였음을 알고 허탈해하질 않나, 동양인을 싫어하는 것으로 보이는 어느 뚱뚱한 지하철 역무원이 나에게 인종차별을 하기에 그와 다투다가 영어가 달려 쩔쩔매질 않나, 지하철역에서 정액제 시내 교통카드를 충전하면서 줄을 잘못 선 탓에 한 시간 이상을 허비해 버리질 않나, 트라팔가 광장 계단에 앉아 샌드위치를 먹다가 갑자기 쏟아지는 소나기를 피하느라 샌드위치를 물고 이리저리 뛰어다니질 않나, 아무리 생각해도 실수가 이만저만이

HanD made
S-S-S-Sussex
HOW?

서른을 넘긴 지도 한참 되었으니 이
제 때와 장소 상관없이 웬만큼은 내
잇값을 할 수 있을 거라고 자신했고,
여행 경험 역시 적당히 누적되었으니
별다른 실수 없이 다닐 수 있을 거라
예상했지만, 내가 서 있는 곳은 결국
낯선 나라 영국이었다. 때때로 심각
한 버퍼링에 시달리는 건 당연한 일
인 것이다. 아무리 아니라고 해도 유
럽이라는 대륙에서 나는 어쩔 수 없
는 초행자였다. 사람은 사람대로 나
이를 먹고, 여행은 여행대로 나이를
먹는다는 건 아무도 거역할 수 없는
여행의 율법이었다.

아니었다. 참으로 이상한 것은 그런 것들이 한국에서는 전혀 하지 않던 실수들이었다는 점이다.

그런데 그 여학생들의 모습을 바라보고 있자니 그들과 내가 왜 그렇게 서툴고 어설픈지 그 이유를 대충 알 것 같았다. 모든 게 익숙하지 않으니 잔뜩 긴장할 수밖에 없고, 그러다 보니 실수도 잦았던 게다. 그리고 그 모든 것이 결국 현지 생활에 단련되는 과정이었다. 우리 셋 모두가 성장통을 겪고 있었던 것이다. 그동안 지겹도록 겪어왔던 성장통을 사춘기도 지나고, 대학시절도 지나고, 사회적응기도 지난 지금에 와서 다시 겪고 있다고 생각하니 아득한 기분이 밀려왔다. 하지만 오대양 육대주를 이 잡듯 샅샅이 돌아다닌 여행자와 일 년에 한두 번쯤 바다를 건너는 여행자가 비슷한 발육 상태를 가질 리 없었다. 또한 유럽을 예닐곱 번쯤 왕래한 여행자와 처음으로 유럽 땅을 밟는 여행자 사이에는 노련함의 차이가 분명히 존재할 터였다. 서른을 넘긴 지도 한참 되었으니 이제 때와 장소 상관없이 웬만큼은 나잇값을 할 수 있을 거라고 자신했고, 여행 경험 역시 적당히 누적되었으니 별다른 실수 없이 다닐 수 있을 거라 예상했지만, 내가 서 있는 곳은 결국 낯선 나라 영국이었다. 때때로 심각한 버퍼링에 시달리는 건 당연한 일인 것이다. 아무리 아니라고 해도 유럽이라는 대륙에서 나는 어쩔 수 없는 초행자였다. 사람은 사람대로 나이를 먹고, 여행은 여행대로 나이를 먹는다는 건 아무도 거역할 수 없는 여행의 율법이었다.

모르긴 몰라도 당분간은 그들도 나처럼 어이없는 실수를 하는 자신의 모습을 종종 발견하게 될 텐데 그게 성장하고 있는 증거임을 그들은 알아차릴 수 있을까. 그들을 바라보며 잠시 동안 그들과 나의 안전한 여정을 기원했다. 그리고 소심하게 도로 안쪽으로 좌판을 두는 것보다는 남들만큼 바깥쪽으로 내미는 게 매상에 더 도움이 될 것 같다고 의견을 전한 후 자리를 털고 일어섰다.

참신하고 감각적인 상품들로 가득한 캐피탈필즈 마켓을 거쳐 온갖 아이디어의 보고이자 펑크 패션의 진원지라는 캠던 마켓에 도착했다. 큰 길을 따라 천천히 걷고 있는데 길 건너 저쪽 편으로 닭벼슬 머리 청년들이 모여 있는 게 보였다. 재미있는 풍경이라 카메라로 그들을 겨냥했다. 그런데 녀석들이 그걸 알아차리고는 중지를 치켜들며 거칠게 고함치기 시작했다. 거리가 멀어 몰래 찍는 꼴이 되었고, 원하지도 않는다니 어쩔 수 없다. 무엇보다 녀석들의 기골이 장대하니 시비라도 붙으면 큰 봉변을 당하겠다. 그들에게 함박웃음을 보내며 곱게 카메라를 거둬들였다. 그리고 내 함박웃음이 비굴함으로 읽히지 않았길 바라며 총총히 걸음을 옮겼다. 다시 시장 골목 구석구석을 누비길 한참. 어느새 해가 저물기 시작했다.

며칠 지나지도 않았는데 벌써 입술이 부르텄다. 처음에는 잠이 부족했고, 이후에는 너무 정신없이 돌아다녔다. 발목과 어깨에 생긴 통증도 진작부터 느끼고 있었다. 이제 시작이니 컨디션도 신경

을 쓰면서 여행해야 할 게다. 숙소로 돌아오는 길, 전철에서 내려 계단을 향하는데 열차 안에 앉아 있던 귀여운 꼬마 하나가 나를 향해 활짝 웃으며 손을 흔들어준다. 이방인을 향한 친절한 시선이 고마워 씨익 웃으며 같이 손을 흔들어주던 찰나 부르튼 입술이 툭 터졌다. 곧바로 종이에 손을 베인 것 같은 불쾌한 느낌의 통증이 입술 언저리로 번졌다. 그리고 비릿한 액체가 입안으로 흘러들었다. 손끝으로 터진 부위를 어루만져보니 피가 흐르고 있었다. 뒤로 자빠져도 코가 깨진다더니 모처럼 웃음 한번 지었다가 입술이 피범벅이 되었다. 게다가 피를 질질 흘리면서도 좋다고 웃으며 꼬마에게 손을 열심히 흔들어대고 있는 이 어수룩한 꼬락서니라니. 한심한 것도 같고, 억울한 것도 같아 원인을 제공한 저 꼬마에게 살짝 꿀밤이라도 먹이고 싶었지만 꼬마를 실은 열차는 매정하게도 저 멀리로 사라져 갔다. 저만치 달리는 열차의 꼬리를 따라 어눌한 하루도 스멀스멀 저물어 갔다.

저 가 로 수 들 도

애 비 로 드 로

가   는

길   이   라   네

◆ 노팅힐, 애비 로드

내 청춘의 다락방은 연대 앞 굴다리 부근 어두운 뒷골목에 있던 록 바 '크로스아이Crosseye'다. 크로스아이는 신촌 최초의 록 바인 러시Rush의 뒤를 이어 1982년에 문을 열며 청년문화의 장으로서 그 행보를 시작했다. 암울했던 제5공화국 시절에는 좌절하던 청춘들을 위로한 쉼터였고, 민주화 운동이 한창이던 당시에는 수배 중인 운동권 학생들을 숨겨주고 먹여주던 은신처였다. 국내 록 문화의 본산이었던 신촌에서 정통 록 바의 계보를 잇고 있는 우드스탁, 도어즈, 비틀즈 등도 따지고 보면 모두 크로스아이의 동생들이다. 인도 여행을 마치고 돌아온 후배가 인수하면서 이름을 '시바 펍'으로 바꿨지만 온통 원목으로 가득하던 낡고 손때 묻은 내부는 지금도 그대로다.

내가 그곳에 처음 발을 들인 것은 크로스아이가 전성기를 지나 하강곡선을 그릴 무렵. 록 문화도 점차 쇠퇴하고 있던 내 나이 이십대 중후반쯤이었다. 당시 지인들 사이에서 이색적인 술집찾기의 달인으로 통하던 현준 형이 어느 술자리에서 숨겨 둔 비밀 장소가

있다며 일행들을 어딘가로 이끌었는데, 택시를 달려 도착해보니 금세 쓰러질 것처럼 허름한 술집 하나가 그곳에 있었다. 문을 열고 내부로 들어섰을 때 우리가 발견한 건 어둡고 흐린 조명을 타고 흐르는 강렬하고 통쾌한 록 사운드였다. 신대륙의 발견이었다!

대학 새내기 시절부터 록과 헤비메탈에 취해 있던 나에게 그보다 더 근사한 공간이 존재할 수 있었을까. 나는 얼른 탁자의 모서리에 첫 만남의 희열을 새기기 시작했다. 그리고 그렇게 몇 년을 드나들다가 결국 크로스아이의 다섯 번째 운영자가 되었다. '비처럼 음악처럼' 잡음이 널을 뛰던 해묵은 LP판들과 구석진 좌석으로 찾아드는 이름 모를 주객들, 그리고 그들의 가슴속에 숨겨진 남모를 사연들. 실내까지 파고드는 한겨울의 냉혹한 추위와 거리에 반사되는 눈부신 봄볕 사이에서 나는 내 청춘을 조금씩 단련시켰다. 세파에 휩쓸리지 말고, 부조리에 물들지 말고, 어떻게든 건강하고

씩씩한 방식으로 남은 인생을 뚫고 나가리라 다짐한 것도 그 무렵이었을 것이다. 그것이 저항의 음악 록이 내 심장에 새겨준 교훈이었다. 그렇게 누군가에게는 술병이 고독하게 뒹구는 공간이었을 크로스아이는 나에게 청춘의 훈련소가 되어주었다. 처절하지만 호기롭던 시절이었다.

그런 내가 런던에 왔다. 빅 밴, 버킹엄 궁전, 타워 브리지, 대영 박물관, 내셔널 갤러리, 테이트 모던, 그리고 기타 등등. 런던 관광의 필수 코스는 대부분 빼놓지 않고 구경했으나 어쩐지 헛헛했다. 록 키드들의 성지 중 하나인 애비 로드가 지척인데 어떻게 가야 하는지를 몰라 방관만 하고 있었던 것이다.

눈앞에서는 노팅힐 페스티벌이 펼쳐지고 있었다. 못 가봐서 발을 동동 구르는 이들이 지구촌 전역에 널려 있다는 세계 10대 축제 중 하나답게 노팅힐 페스티벌은 화려한 자태를 뽐내고 있었다. 도대체 얼마나 대단하기에 그렇게들 열광하는지 내 눈으로 직접 확인하고 싶어서 여기까지 왔다. 큰길가로는 가장행렬이 한창이었고, 거리 곳곳에서는 각국의 젊은이들이 굉음 속에 파묻혀 춤을 추고 있었다. 죽기 전에 한 번쯤은 구경해볼 만한 광경이었다. 하지만 근본적인 갈증을 해소하기에는 역부족이었다. 안 되겠다. 애비 로드로 가자! 여기는 다른 곳도 아닌 런던이 아니던가! 행인들이 나를 그곳으로 데려다주겠지! 축제의 열기를 뒤로 하고 발걸음을 옮겼다.

길을 물었다. 그런데 예상과는 달리 애비 로드로 가는 길을 아는 사람은 드물었다. 애비 로드가 무엇인지 모르는 사람도 있었다. 다른 곳도 아니고 애비 로드인데, 다른 도시 사람도 아닌 런던 시민들이 그 존재조차 모르고 있다니. 그렇다면 이제 애비 로드는 런던 시민들에게조차도 먼 추억 속의 공간이 되었단 말인가. 의외의 사실이 아닐 수 없었다. 그러던 차에 애비 로드로 가는 길을 자세히 아는 이를 드디어 만났다. 런던 시민이 아니라 런던에서 거주한 경험이 있는 중년의 외국인 여행자였다.

세인트존스우드 역에 도착했다. 애비 로드가 있다는 그곳이었다. 역사를 빠져나와 주위를 둘러보니 행인들이 많이 보였다. 젊은 사람일수록 애비 로드에 대해 관심이 없을 테니 아무래도 이 동네에 사는 나이 많은 어르신에게 길을 묻는 게 가장 빠른 방법일 것이다. 그때 지팡이를 짚고 휘청거리며 걸어오는 백발 가득한 노신사가 눈에 들어왔다.

"실례합니다, 어르신. 혹시 애비 로드라고 아시나요?"

"오, 애비 로드! 제대로 찾아왔군. 여기서 아주 가까워. 저기 쭉 늘어서 있는 가로수들 보이지? 저 녀석들도 지금 그리로 가는 길이라네. 저 가로수들을 따라가다 보면 5분 후에 거기를 가로지를 수 있을 거야!"

지독한 영국식 악센트에 노쇠한 입술 사이로 새어나오는 음성이 꽤나 탁했지만 낭만적인 말투가 무척 반가웠다. 설명하는 내용 역시 또렷하게 들렸다. "유 캔 컷 잇You can cut it!" '거기에 도착할 것이다'도 아니고, '거기를 가로지를 수 있다'라. 우리말과는 또 다른 표현방식도 신선했다.

길을 따라 걷다 보니 저 멀리 기념사진을 찍는 이들로 분주한 횡

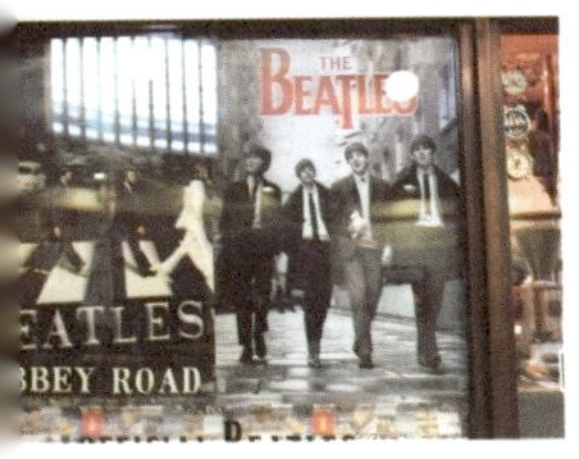

단보도 하나가 보였다. 애비 로드였다. 〈Let it be〉보다 먼저 발매되었지만 실제 녹음은 나중에 이루어져 비틀즈의 마지막 음반으로 여겨지고 있는 또 하나의 명반 〈Abbey Road〉. 그 열한 번째 공식 음반의 재킷 사진이 촬영된 곳이 바로 애비 로드였다. 비틀즈의 명성과 음반에 담긴 명곡들 덕택에 재킷 위에서 횡단보도를 위풍당당하게 건너고 있는 네 사내의 모습은 이후 수많은 모방과 패러디를 낳았다. 심지어는 국내 공중파 연속극 타이틀에도 패러디되었고, 영화 〈라디오 스타〉에서도 4인조 록 밴드 노브레인을 통해 오마주가 이루어졌다.

애비 로드의 한쪽에 서서 횡단보도를 바라보았다. 그리 많은 수는 아니지만 그날의 그 횡단보도를 쉴 새 없이 왕복하고 있는 여행자들, 그 다리 위로 번지고 있는 힘찬 기운들, 그 어깨 위에서 피어나고 있는 벅찬 표정들. 존 레논과 조지 해리슨은 '저 멀리 우주를 가로질러Across the universe' 다시 태초의 공간으로 돌아갔고, 폴 매카트니와 링고 스타는 그때의 영광을 뒤로하고 '길고 험한 길Long and winding road'을 따라 사라져가고 있건만 그날의 흔적은 수십 년이 지난 지금까지도 이 평범하기 이를 데 없는 횡단보도로 세계인들을 불러들이고 있었다.

어느새 하늘에 석양이 물들기 시작했다. 하지만 여행자들의 기념사진 촬영은 지칠 줄 모르고 계속되었다. 트렌드를 쫓아서 여행을 해도 아무도 뭐라 하지 않는데, 런던에는 더 좋은 볼거리도 많은데, 사전 정보가 없는 한 물어물어 찾아와야 하는 곳인데, 애써 여기까지 찾아오다니 기특한 사람들 같으니라고. 만족감으로 들떠 있는 그들의 표정을 바라보고 있자니 덩달아 기분이 좋아졌다.

귓가로 정갈하고 청아한 음색의 타악기 소리가 들려왔다. 한 청년이 횡단보도 옆 벤치에 앉아 이름 모를 악기를 연주하고 있었다. 하고 많은 장소 중에서 이곳을 택한 이유는 무엇일까. 자신의 연주를 비틀즈에게 헌정하고 있는 것일까. 아니면 비틀즈의 예술혼을 떠올리며 맹연습 중인 걸까. 음악인이라기보다는 모범생의 이미지에 가까운 차림이었지만 그 진지한 표정도, 그 차분한 자세도, 그 손끝을 타고 흐르는 타악기의 맑은 음색도 모두 마음에 들었다.

나도 저들도 지구라는 행성을 통째로 희열로 들끓게 한 위대한 네 명의 청년 음악가들을 찾아 이곳까지 왔다. 그들이 '당신에게 필요한 모든 건 사랑All you need is Love'이라고 선창하며 사랑을 권하기에 우리도 '그러겠다I will'고 대답하고 그들을 따라 사랑을 노래하고 꿈꿨다. 청년들은 사랑의 열병에 마음껏 취했고, 중년들은 삶을 향한 애정의 불꽃을 다시 피워 올렸다. 그들이 건재했던 기간 동안 온 세상에는 사랑가가 끊임없이 울려 퍼졌다. 그들이 무대 뒤로 퇴장한 후에도 그 메아리는 깊고 은근한 여운을 남기며 세상 곳곳을 흘렀다.

그러나 그것으로 끝이 아니었다. 팀의 리더 존 레논은 비틀즈 시절의 후반에 오노 요코라는 촉망받는 미술가를 만나 세기에 길이 남을 사랑을 시작했고, 그 관계를 예술적 경지로까지 끌어올렸다. '이매진Imagine'이라는 사랑과 평화의 찬가를 빚어 우리 세상에 헌정했고, 신혼의 침대 맡에 언론을 불러 모은 '베드 인Bed-in'이라는 이벤트를 통해 다시 사랑과 평화의 메시지를 강변했다. 부와 권력을 얻으려 기를 쓰는 대신 사랑과 평화의 정신을 한마음으로 외치고 실천했다. 결국 존 레논과 오노 요코 커플의 행적은 세인들의 가슴에 감동을 안기며 보기 드문 귀감으로 남았다. 사랑이 얼마나 위대한 결과를 빚어낼 수 있는지를 온 삶으로 증명한 것이었다.

부와 명예를 거머쥐었어도 사랑이 없다면 그것만큼 가난한 삶이 어디 있을까. 그래서 비틀즈도 '당신에게 필요한 모든 건 사랑'이라고 외쳤을 것이다. 여전히 연주에 몰입 중인 저 청년도, 횡단보도를 건너고 있는 저 여행자들도 모두 사랑의 부름을 받고 이곳까지 왔겠지. 사랑이란 게 꼭 남녀만을 위한 건 아니니까. 그런 생각을 하자니 그들의 표정이 한결 더 행복하고 부유해보였다.

애비 로드를 떠나오기 전, 연주에 몰입해 있는 청년과 횡단보도를 건너고 있는 여행자들을 향해 엄지손가락을 조용히 치켜 올렸다. 그리고 우리 모두의 머리 위에 사랑과 평화가 고이 내려앉기를 마음속 깊이 기원했다. 숙소로 돌아오는 길이 그렇게 행복하고 평화로울 수가 없었다.

나도 저들도 지구라는 행성을 통째로 희열로 들끓게 한 위대한 네 명의 청년 음악가들을
찾아 이곳까지 왔다. 그들이 '당신에게 필요한 모든 건 사랑(All you need is Love)'이라고
선창하며 사랑을 권하기에 우리도 '그러겠다(I will)'고 대답하고 그들을 따라 사랑을 노래
하고 꿈꿨다.

GIVE PEACE A CHANCE
John Lennon and Yoko Ono's Bed-in for Peace
The Way of Life
道
LAO
TZU
Powerful images from the archives of photographer
GERRY DEITER on assignment for Life magazine
Courtesy of Joan Athey/Peacework Now Productions
Circulated by ArtVision Exhibitions, LLC

두 유 노 애비 로드? :

우리들만의 암호, / 애비 로드. / 직접 건너고 나면 훈장 하나를 달게 되는, / 다들 알고 있을 것 같은
데도 모르는 사람이 의외로 많은. / 그래서 애비 로드는 아직도 우리들만의 암호.

애비 로드Abbey Road, 런던, 영국.

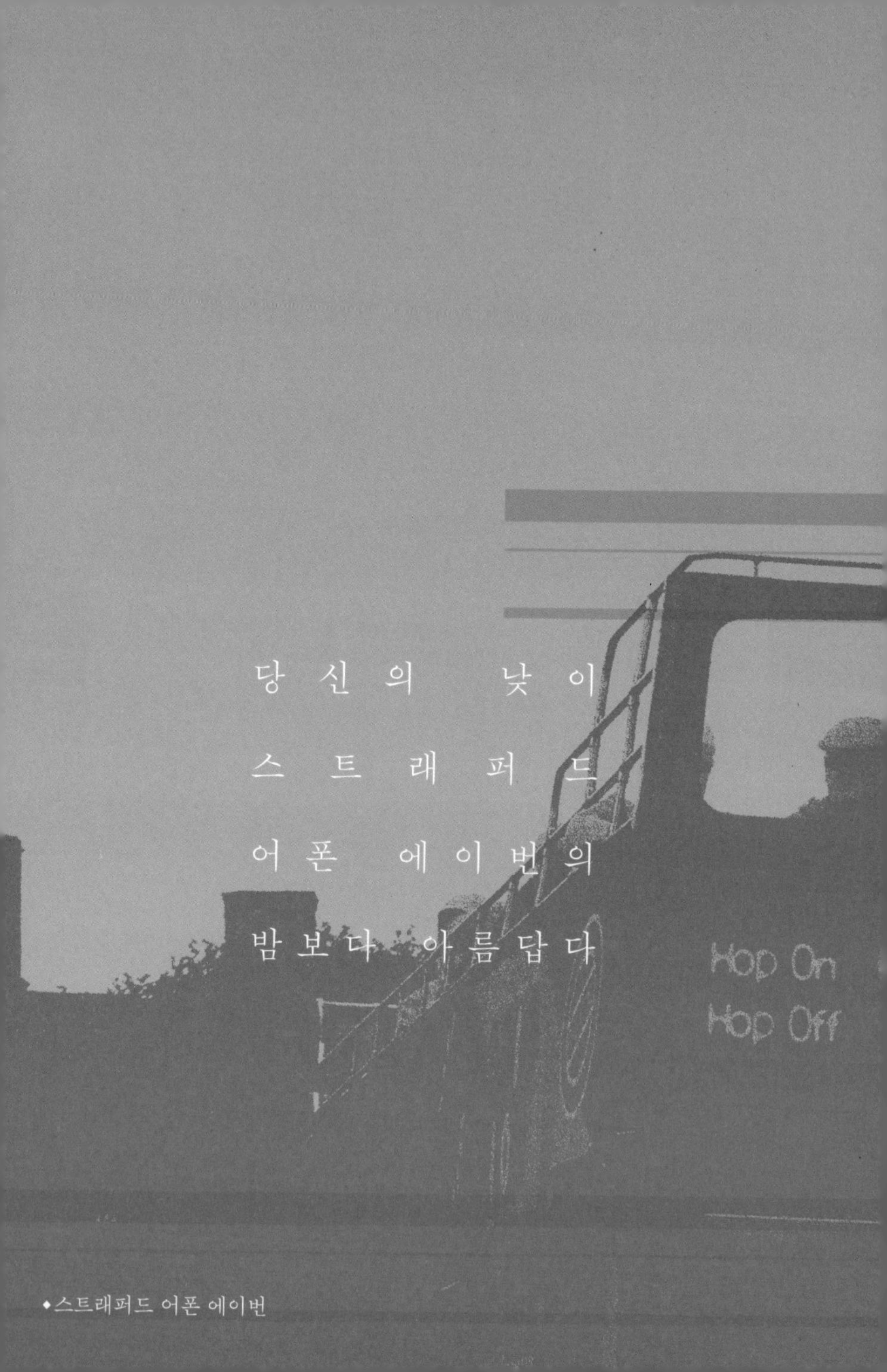

◆스트래퍼드 어폰 에이번

스트래퍼드 어폰 에이번에 가야겠다고 결심한 건 순전히 셰익스피어 때문이었다. 그가 나고 자란 생가와 무덤 그리고 그의 아내 앤 해서웨이의 생가가 그곳에 있었다. 처음 일정을 짤 때는 가야 할지 말아야 할지 고민이 많았다. 셰익스피어 외의 볼거리는 없는 것 같았기 때문이다. 국산 가이드북이 스트래퍼드 어폰 에이번을 거의 다루고 있지 않은 것으로 보아 셰익스피어의 생가조차도 별 볼일 없을지 모를 일이었다. 게다가 세계는 넓고 가볼 곳은 많았다.

그러나 또 셰익스피어는 엘리자베스 1세가 인도와도 바꾸지 않겠다고 한 영국의 자부심이자, 세계적인 작가들조차 헌사를 아끼지 않는 인류 최고의 대문호가 아니던가. 셰익스피어처럼 시나 희곡을 써본 적은 없지만 동종업계 종사자로서 대선배의 흔적을 밟아보는 것은 그 자체로 의미 있는 일이 될 것 같았다. 더구나 자주 있는 기회도 아니지 않은가.

버스가 스트래퍼드 어폰 에이번에 도착한 시간은 밤 10시. 커다란 배낭을 멘 서양 여자 하나와 현지인으로 보이는 할머니 그리고 나 이렇게 세 사람을 주차장에 내려놓은 버스는 이내 다음 목적지를 향해 사라졌다. 먼저 숙소를 잡아야 했다. 가이드북이 저렴한 숙소 두세 군데를 소개하고 있었으나 도시 지도는 싣고 있지 않았다. 지도가 없으니 어디로 가야 할지 막막했다. 행인들에게 길을 물어 숙소를 찾아야 하는데 주위를 둘러보니 우리를 빼고는 아무도 보이지 않았다. 곁에 있는 두 사람이 유일한 실마리로구나. 그런 생각을 하고 있을 찰나 할머니가 택시를 잡아타고 떠났다. 이제 기댈 곳은 하나밖에 남지 않았다. 이 친구도 나처럼 여행자라 이 동네 사정은 잘 모를 것 같지만 그래도 방법이 없다.

"안녕! 혹시 이 근처에 저렴한 숙소가 어디 있는지 아니?"

"글쎄 난 인터넷 찾아보고 한 군데 미리 예약을 해 뒀거든. 숙소에서 마중 나오기로 해서 지금 기다리는 중이야. 아, 저기 저 차인가 보다. 미안, 나 이제 가봐야 할 것 같아. 참, 아직까지 성수기라 숙소 구하기가 쉽지 않을 걸. 나도 마지막 남은 침대를 간신히 예약했거든. 건투를 빌어!"

그녀마저 황망히 사라져 버리고 결국 혼자 주차장에 남았다. 터미널 안에 관광지도나 숙박 정보가 담긴 유인물이라도 있지 않을까 기대했지만 이번에는 터미널 건물을 찾을 수가 없었다. 작은 도시라서 건물 없이 승하차장만 있으면 되는 모양이었다. 이제 어쩐다. 근데 이 아담한 도시에 성수기라니. 그 친구가 잘못 알고 있는 거겠지. 설령 그녀의 말이 사실이라고 해도 설마 나 하나 재워줄 곳이 없겠어. 아직 자정이 되려면 두 시간 정도 남았으니 부지런히 돌아다니면 숙소를 찾을 수 있겠지. 낙관적인 기대를 안고 거리로 나섰다. 인적이라곤 전혀 찾아볼 수 없는 휑뎅그렁한 밤거리. 짙은 어둠 속에서 오로지 별빛만 반짝이는데 그 모습이 제법 아늑해보였다. 숙소만 찾아낸다면 제법 낭만적인 하룻밤을 보낼 수 있겠다.

길을 걷다가 불이 켜져 있는 식당 하나가 보여 문을 두드렸다.

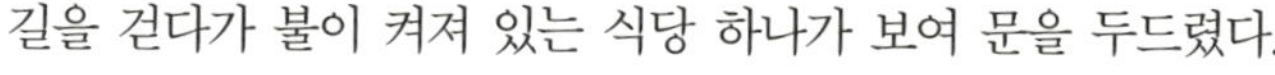

태국 음식점이었다. 주방장으로 보이는 동양인 부부가 고개를 빼꼼 내밀기에 근처에 묵을 만한 곳이 있는지 물어보았더니 아는 이가 숙소를 하나 운영하고 있는데 혹시 빈방이 있는지 알아봐주겠단다. 그러나 여기저기 전화를 걸어 확인한 결과는 '빈방 없음'. 대신 빈방이 있을 만한 곳을 한 군데 안다며 자신 있는 표정으로 지도를 그려주었다. 약 2km쯤 떨어진 곳에 있다는 호스텔이었다. 시설도 제법 괜찮고 방도 많으니 아무 걱정 말고 찾아가보라고 했다. 오케이, 거리가 가깝진 않지만 그래도 곧 짐을 풀고 휴식을 취할 수 있겠군.

짐 때문인지 숙소까지 가는 길은 실제보다 길게 느껴졌다. 맨몸이면 삼십 분이면 충분했겠으나 더딘 걸음으로 물어물어 가느라 한 시간 가까이 걸려 목적지에 도착했다. 그래도 심하게 헤매지 않고 목적지까지 제대로 찾아올 수 있어서 다행이었다. 잠시 후 뜨거운 물에 샤워하고 있을 내 모습을 떠올리며 흐뭇한 표정으로 카운터 앞에 섰다. 혼자 희죽거리는 나를 본 직원이 잠시 의아한 표정을 짓다가 다시 친절한 미소로 표정을 바꿨다.

"어떻게 오셨습니까, 손님?"

"이 도시의 밤은 대단히 매혹적이네요. 저 별빛이 저를 이곳으로 이끌더군요. 저토록 고요한 밤거리에서 별빛을 받으며 홀로 걷다 보면 누구나 셰익스피어처럼 시인이 되고 작가가 되겠어요. 그건 그렇고, 방 하나만 주시겠어요?"

"오, 이곳에 처음 오셨나 보군요! 먼저 스트래퍼드 어폰 에이번에 오신 걸 환영합니다! 그런데 오늘은 빈방이 없네요. 죄송합니다."

다시 숙소를 찾아 헤매기 시작했다. 낯선 길목 한 귀퉁이에서 빈방이 하나 남은 숙소를 간신히 찾아냈다. 그러나 중급 여관 정도로 보이는 외관과는 달리 숙박비가 일류 호텔 수준이어서 다른 곳들을 좀 더 찾아보기 위해 발길을 돌려야 했다. 저렴한 현지민박인 비앤비Bed & Breakfast가 몰려 있는 구역을 찾아냈을 때는 이미 자정이 한참 넘은 시간이었다. 어딘가 빈 침대가 있을 것 같았지만 아무리 열심히 초인종을 눌러도 단잠에 빠진 주인들은 모습을 드러내지 않았다. 엄습하는 위기감에 조금 전 찾아낸 숙소로 황급히 걸음을 옮겼으나 이미 건물 전체가 깊은 잠에 빠져 있었다. 사자성어로 '이런젠장'한 상황을 맞이하고 말았다.

몇 시간째 짐을 이고지고 돌아다니느라 몸이 완전히 녹초가 되었다. 문득 아까 숙소를 찾아 헤매다가 아무 생각 없이 지나친 공원 하나가 머릿속에 떠올랐다. 그래, 그곳 벤치에 누워 몇 시간만 눈을 붙이자. 어느 영화에서도 낯선 도시를 여행하던 주인공들이 공원에서 하룻밤을 보내지 않았던가. 별빛 총총한 이국의 밤하늘을 지붕 삼아 하룻밤을 보내보자.

공원에 도착해 행인들의 시선이 닿지 않을 위치를 살폈다. 그늘진 벤치 하나에 짐을 풀고 누웠다. 그런데 등이 축축했다. 나뭇잎과 잔디에 물방울이 맺힌 것으로 보아 몇 시간 전까지 비가 내린 모양이었다. 그러고 보니 도시 곳곳이 모두 젖어 있었다. 그제야 날씨가 제법 쌀쌀하다는 사실을 깨닫게 되었다. 늦더위가 남아 있을 한국과는 달리 영국에는 이미 가을이 찾아와 있었다. 찬바람이 옷깃을 파고들던 런던의 서늘한 아침이 기억났다. 상황을 인식하고 나니 갑자기 한기가 느껴지지 시작했다. 공원에 몇 분 있지도 않았는데 체온이 많이 빠져나간 듯했다.

가방을 열었다. 옷을 껴입을 생각이었다. 그러나 필요할 때마다 하나씩 현지에서 구입할 요량으로 옷가지를 몇 벌 챙겨오지 않았다. 반팔 티셔츠, 긴팔 남방, 청바지, 트레이닝복 하의와 반바지 각한 벌씩이 가방 속에 들어 있는 옷가지의 전부였다. 인적이 없다지만 공공장소에서 옷을 갈아입을 수는 없어 입고 있던 긴 바지 위에반바지를 입었다. 졸지에 슈퍼맨이 다 되어보는 구나. 그 위에 다시 청바지를 입고, 트레이닝복 하의를 껴입었다. 상반신에도 반팔티셔츠를 하나 더 입었다. 그리고 남아 있는 긴팔 남방을 마지막으로 껴입었다. 다시 벤치에 누웠다. 그러나 여전히 추웠다. 천이라는 천은 다 둘렀는데 그것으로도 충분치 않은가 보다. 가방에 또뭐가 있는지 곰곰이 생각해보다가 머리에 무언가가 번쩍 스쳤다.

이럴 때 아주 유용한 아이템이 있었다. 수건이었다. 수건을 목에두르고 그 위로 옷깃을 세우면 어지간해서는 바람이 옷 속으로 스며들지 않는다. 일종의 목도리 역할을 하는 셈이다. 모양새가 일당잡부 같기는 해도 세상에 부러울 게 없다. 밤바람이 매섭던 초봄의 경포대에서도, 단풍을 구경하러 나선 새벽 주산지에서도 목에동여맨 수건 덕분에 나는 끄떡없었다. 다시 가방을 열었다. 그런데수건이 보이지 않았다. 아차, 민박집 아줌마! 런던에서 마지막 묵었던 민박집에서 침대에 걸어 둔 내 수건을 주인아줌마가 빨아 버린 것이다. 짐을 챙겨서 나오는 길에 빨래 건조대에서 익숙하게 생긴 수건 하나를 봤는데 그게 내 것이었다. 아, 짐을 줄이느라 수건을 그거 하나밖에 안 챙겨왔는데. 다시 수건을 대신할 헝겊을 찾다가 카메라 렌즈를 닦는 융을 발견하고는 목에 꽁꽁 동여맸다. 그리고 다시 누웠다.

그러나 습기를 가득 머금은 공원은 나에게 안락한 휴식을 허락하지 않았다. 추위가 가시지 않은 것은 물론, 삼십 분도 채 지나지않아 옷까지 축축해졌다. 습도가 높은 것도 모자라 이슬까지 내리

고 있었던 것이다. 조각보 이불 역할이라도 하려나 싶어 카메라 가방을 배 위에 덮었지만 제 역할을 하지 못했다. 사지가 덜덜 떨리는 통에 몸을 일으켜 공원을 한 바퀴 뛰면서 땀을 냈다가, 다시 누워서 고난과 역경을 딛고 일어난 위인들을 떠올리다가, 다시 일어나 팔굽혀펴기를 하다가 결국 자포자기의 심정으로 벤치에 드러누웠다. 허탈해하는 내 표정을 하늘이 키득거리며 내려다보는 것 같았다. 찬바람과 이슬을 피할 수 있는 공간이 절실했다. 그러나 아까 샅샅이 돌아본 바에 의하면 이 도시에는 터미널 로비나 문화회관 라운지 같은 바람막이 공간이 없었다. 그때 저쪽에서 가로등 빛을 받고 외롭게 서 있는 공중전화 부스가 시야에 들어왔다.

공중전화 부스 안에서의 첫 5분은 아늑했다. 그러나 사방으로 흐르는 바람이 그 안까지 침투해 내부 온도를 계속 떨어뜨리고 있었다. 그래도 이슬은 피할 수 있어서 다행이었다. 게다가 찬바람을 직접 맞지 않아도 되니 그게 어딘가. 공중전화 부스 내부 한쪽을 짐이 차지하고 있어서 남아 있는 공간은 얼마 되지 않았다. 다리가 아팠지만 앉아 있기에는 비좁은 면적이었고, 설령 엉덩이를 그 틈에 찔러 넣는다고 해도 모양이 영 좋지 않을 것 같았다. 힘에 부칠 때만 잠시 앉아 있다가 다시 일어서 있기를 여러 차례. 그렇게 새벽은 점점 더 깊어 갔다.

유류창고 초소 같은 그 조그만 유리상자 안에서 오랜만에 나는 군 시절을 떠올렸다. 야간 근무를 설 때도 다음 근무자가 나를 밀어내주기를 하염없이 기다렸다. 다음 근무자가 선임인 경우 두세 사람 몫까지 내리 보초를 서기도 했다. 길고도 지루한 시간이었다. 초소에서 부른 노래만 해도 최소 수천 곡. 일 분이 한 시간 같았고, 한 시간이 하루 같았다. 더 이상 할 게 없어서 나중에는 한자 교본을 한 장씩 찢어서 나갔는데 마지막 장을 찢어서 나간 날까지도 군 생활은 끝이 나지 않았다.

　바깥세상과는 별개라는 듯 공중전화 부스 안에서는 시간이 영원처럼 흘렀다. 시간을 소진하는 법을 터득하고 그것을 적절히 사용할 줄도 알았던 군 시절이 차라리 나았다. 유리창 밖으로 보이는 스트래퍼드 어폰 에이번의 밤은 깊고 고요했다. 새벽이 오면 간달프처럼 생긴 신선들이 도포자락을 휘날리며 활보할 것 같은 분위기였다. 장기판을 들고 공중전화 부스 앞을 지나던 그들이 나를 못 본 척하며 "30년 전에 어느 동양인이 저 유리상자 안에서 오들오들 떨며 하룻밤을 보냈는데 좀 안돼 보이더라."고 할 것 같았다. 이어폰에서 흘러나오는 4분짜리 노래가 마치 4악장짜리 교향곡처럼 느껴진 순간, 나는 결국 셰익스피어를 원망했다. 지가 아무리 대선배라지만 먼 길 찾아온 후배에게 꼭 이럴 필요까지는 없지 않은가!

트 레 버

아 저 씨 네

식 료 품 점 에 서 는

◆스트래퍼드 어폰 에이번

　길 건너편 식료품점에 불이 들어왔다. 시간은 새벽 5시. 칠흑 같은 어둠이 아직 그대로인데 벌써 가게 문을 여나? 누군지는 모르겠지만 꽤나 부지런한 양반일세. 서양 사람들은 주말과 휴일은 무조건 쉬고, 출근 시간은 유연하면서, 퇴근 시간은 절대로 엄수하는 줄 알았는데 모두가 그런 거 아닌가 보다. 식료품점 안에서 벌어지는 움직임에 시선을 고정했다. 누군가가 그 안에서 분주히 몸을 놀리고 있었다. 밤새 공중전화 부스 안에 서서 벌벌 떨었더니 식료품점 유리창 사이로 새어나오는 불빛이 유난히 따스하게 느껴진다. 숙소를 찾으려면 아침식사가 시작될 때까지는 기다려야 한다. 세 시간은 더 버텨야 하니 저기 가서 허기라도 채우면서 시간을 때워야겠다.

　"실례합니다. 지금 가게 문을 여신 것 맞나요?"

　"네 그렇습니다. 그런데 이 새벽에는 무슨 일로? 보아하니 이곳 분은 아니신 것 같은데……."

"네. 그게 저……. 일단 머핀을 좀 사려고 하는데……. 저……. 혹시 이 안에서 머핀을 먹어도 될까요? 밖이 좀 춥네요."

머핀과 콜라를 번갈아 입에 집어넣는 나를 그는 궁금한 표정으로 바라보았다. 무슨 일이 있었냐고 묻기에 그에게 자초지종을 설명했다. 이야기를 듣고 있던 그의 얼굴에 알 수 없는 표정이 피어올랐다. 다 큰 놈이 자기 앞가림도 못 하느냐는 것 같기도 하고, 바쁜 시간이니 방해를 받고 싶지 않다는 의사를 간접적으로 표시하는 것 같기도 했다. 종잡을 수 없는 그의 표정 때문인지 아니면 밤새 차가운 곳에 있다가 따뜻한 실내로 들어와서인지 온몸이 화끈거렸다. 네 개들이 머핀도 어느새 동이 났다.

"저, 일 하시는데 방해가 되지 않도록 조용히 있을 테니까 여기서 조금 더 있어도 될까요? 영국 소도시의 식료품점에서는 새벽에 무슨 일이 벌어지는지 너무 궁금했거든요. 그런 건 영화에서도 잘 안 나오더라고요."

"네. 그러세요. 밤새 고생이 심하셨을 것 같은데 편하신 만큼 계시도록 하세요."

배려의 마음이 담긴 목소리였다. 그 모닥불 같은 말투가 얼어붙은 몸과 마음을 따스하게 녹이는 듯했다. 원래는 조금이라도 불편해하는 기색이 보이면 가게에서 바로 나올 생각이었다. 국적을 초월해서까지 민폐를 끼치고 싶지는 않았다. 사랑은 국적을 초월함으로써 더욱 아름다워진다지만 민폐는 오히려 그 반대일 것이었다. 그러나 가게에서 나오게 되면 다시 아침식사 시간까지 추위에 떨어야 할 터였다. 그의 배려 덕분에 다행히도 밖에서 고생할 필요가 없게 되었다.

그는 자신의 이름을 트레버라고 소개했다. 새벽 5시면 어김없

LOCAL BEANS
LOCAL ONIONS
40p each
PAPRIKAS · CAPSICUMS · POIVRONS

이 가게 문을 열며 이웃을 맞을 채비를 한단다. 그가 문을 열기 전까지 행인을 구경하지 못했으니 아마도 그는 이 도시에서 가장 부지런한 사람인 듯했다. 구독 인원에 맞춰 지역별로 신문을 분류하고, 새로 들인 과일과 채소 그리고 유제품을 판매대에 차곡차곡 진열하는 것이 그가 하루를 여는 방식이었다. 도시 한쪽에 대형 할인 마트가 있긴 하지만 소읍의 특성상 지역민들은 주로 동네 단위로 소비활동을 한다고 했다. 게다가 아침 일찍 물건을 사러 나오는 이들이 적지 않아 부지런을 떨지 않았다가는 그들에게 불편을 끼치게 된다는 설명이었다. 그가 게으름을 피울 수 없는 이유가 거기에 있었다. 그러고 보니 물건을 열심히 나르고 있는 그의 목장갑 위로 주민들의 생활 향상에 이바지하고 있다는 자부심이 훈훈하게 묻어나오고 있었다. 참으로 보기 좋은 모습이었다. 살림에 충실한 풍경은 언제 보아도 아름답다.

작업을 잠깐 동안 중단한 그가 카운터 안쪽으로 들어갔다. 그리고 잠시 후 머그잔을 들고 나타났다. 밤새 추웠을 텐데 몸이라도 녹이라며 뜨거운 커피를 타 가지고 나온 것이었다. 우유를 타서 마시는 걸 좋아하면 그렇게 하라며 냉장고에 진열해놓은 새 우유도 하나 뜯어서 내밀었다. 오, 지저스크라이! 예수님도 울고 갈 의로운 이 같으니라고. 그는 자신에게 신경 쓰지 말고 편히 있으라고 이야기하고는 다시 작업을 시작했다. 매장 통유리로 동이 터오는 것을 바라보며 두 손으로 머그잔을 감싸 쥐었다. 목을 타넘는 커피의 열기보다 머그잔 표면으로 번지는 따스한 인정이 지친 몸에 더 큰 위로가 되었다.

커피를 마시는 동안 여러 명의 주민들이 트레버 아저씨네 식료품점을 다녀갔다. 일찌감치 분류해놓은 신문 더미를 들고 간 사람도 있었고, 우유와 계란 혹은 야채와 과일을 사 가지고 간 사람도 있었다. 할아버지 한 분이 로또복권을 사 가기도 했다. 아마도 동네에서 부지런한 순서 혹은 새벽잠이 없는 순서대로 다녀가고 있는 게 아닐까 싶었다. 새벽녘이니 방문 목적이 다 거기서 거기일 것 같았지만 실상은 저마다 다른 욕구를 가지고 트레버 아저씨네 식료품점 문을 두드리고 있었다.

트레버 아저씨는 나를 힐끗 쳐다보는 이들에게 간단히 내 사정을 설명해주었다. 추억에 남을 만한 경험을 했다는 듯 허허 웃는 사람도 있었고, 고생스러웠겠다며 안쓰러운 표정을 짓는 사람도 있었다. 같은 이야기를 듣고도 각기 다른 방식으로 이해하고 반응하는 모습들이 내 입장에서는 오히려 더 재미있었다. 하루 중 가장 때 묻지 않은 시간을 빌려 저마다의 삶의 생김새가 소란스럽지 않으면서도 솔직하게 드러나고 있었다. 그리고 그 동네에서 부지런한 사람들만이 나의 고생담을 내 생생한 표정과 함께 담아 갔다. 내가 그랬듯 그들도 나와의 대면을 신선한 경험이라 생각하는 것 같았다.

어느새 날이 밝았다. 몸이 지쳐 가까운 곳에 숙소를 잡고 잠부터 잘 계획이었으나 다시 힘을 내보기로 했다. 나이 많으신 어르신들도 이른 새벽부터 하루를 시작하는데 하룻밤 못 잤다고 엄살을 부려서는 안 될 것 같았다. 트레버 아저씨가 짐을 맡아주시겠다고 했으므로 중요한 소지품만 챙겨서 도시 탐험에 나서기로 했다. 그렇게 하고도 하루치의 볼거리가 더 남았다면 그때 숙소를 잡고 휴식을 취해도 될 게다.

지난밤 숙소를 잡기 위해 돌아다닐 때는 이 작은 도시가 호젓하기는 해도 이목을 잡아끌 만한 매력은 별로 없는 곳처럼 보였다.

그런데 깜깜한 밤이라서 그랬나 보다. 중세풍의 골목들이 도시 전역에서 아침햇살을 받아 우아하게 빛나고 있었다. 대문과 창가에 걸어놓은 화초들도 싱그러운 빛깔을 뿜내고 있었다. 셰익스피어가 잠들어 있다는 홀리 트리니치 처치 주변으로는 한없이 투명에 가까운 초록이 잔디밭과 나무들 사이로 보드랍게 흐르고 있었다. 셰익스피어가 살았다는 집이며 정원도 그 시절 그 분위기를 고스란히 담고 보존되어 있었다. 대문호의 숨결이 그대로 느껴지는 작고 아담한 소읍. 그곳에서 나는 '위대한 유산'이라는 표현의 참된 의미가 무엇인지를 다시 한번 생각했다.

젊은 날에는 셰익스피어의 연인이었다가 후에 그의 아내가 된 앤 해서웨이의 집 역시 16세기풍의 운치를 그대로 간직하고 있었다. 무엇보다 셰익스피어의 생가로부터 그녀의 생가에 이르는 약 2km가량의 아름답고 한적한 길은 그들 사랑의 작은 역사를 다정하고 낭만적인 표정으로 설명해주고 있었다. 갈까 말까 한참을 망설였던 곳이 이토록 아름다운 도시였을 줄이야. 복작거리는 런던에 있다가 와서인지는 모르겠지만 스트래퍼드 어폰 에이번은 또 하나의 별천지였다.

앤 해서웨이의 침실. 펜대 하나로 천하를 주름잡은 셰익스피어가 사랑했던 여자의 방에 들어왔다. 그녀는 낮에는 고상한 차림으로 하루를 보내다가 이곳에 들어와서는 답답한 옷을 훌훌 벗고 파자마 바람으로 잠을 청했겠지. 그런 생각을 하다가 문득 내가 지난밤 공원에서의 차림으로 이곳까지 왔다는 사실을 깨달았다. 트레이닝복 하의 속에는 청바지가, 그 안에는 반바지가, 다시 그 안에는 긴 바지가 들어 있었다. 상의도 마찬가지였다. 레이어드 패션의 신개념이 내 몸 위에서 펼쳐지고 있었다. 주

변에 아무도 없다는 사실을 확인한 후 앤 해서웨이의 침실에서 나는 겹겹이 내 몸을 에워싸고 있던 옷을 하나씩 벗었다. 몇백 년을 사이에 두고 야릇한 표정으로 같은 공간에서 같은 행동을 하고 있는 남과 여. 고생스러운 하룻밤을 선사한 셰익스피어를 향한 내 식의 복수였다. 일부러 그런 게 아니라 우연히 그렇게 되었으니 당신 아내의 침실에서 옷을 주섬주섬 벗고 있는 이 새까만 후배를 부디 용서하시길, 셰익스피어 경!

　이른 아침부터 부지런히 돌아다녔더니 오후가 미처 저물기 전에 스트래퍼드 어폰 에이번의 주요 볼거리들을 다 둘러볼 수 있었다. 짐을 찾으러 트레버 아저씨네 식료품점에 갔더니 트레버 아저씨는 보이지 않고 후덕해보이는 아줌마 한 분이 가게를 지키고 있었다. 트레버 아저씨는 다른 일을 보러 외출하셨단다. 트레버 아저씨에게 고맙다는 얘기를 꼭 전해달라고 부탁하고 짐을 챙겨 가게를 나섰다. 아무리 자신의 공간이었다지만 낯선 이방인과 새벽 내내 함께하는 건 아저씨에게도 꽤 불편한 일이었을 것이다. 더구나 철저한 책임제 사회인 유럽에서 나 같은 이는 누구에게라도 불청객일 수밖에 없다. 그럼에도 트레버 아저씨는 전혀 불편한 내색 없이 나에게 기대 이상의 친절을 베풀었다. 약자의 위치에 있던 나의 마음결을 한 가닥도 상하지 않게 하려고 세심하게 신경을 써주어 더욱 고마웠다. 길을 걷다가 뒤돌아서 가게를 바라보았다. 그리고 가게를 향해 손을 흔들며 트레버 아저씨에게 마음속으로 작별인사를 전했다. '신세만 지고 가네요. 부디 건강히 오래 사시고 사업도 번창하세요!'

한산한 날의 버킹엄 궁전

근위병은 휴가 중.
BGM은 다음 중 택일.
르로이 앤더슨의 〈나팔수의 휴일〉
혹은 불멸의 군가 〈팔도 사나이〉

버킹엄 궁전Buckingham Palace, 런던, 영국.

빅 밴은 아직도 그 자리에

중앙 첨탑 위로 비행기 한 대 날아간다.
다리 위로 이층버스 한 대 달려간다.
머물 것은 머물고, 갈 것은 간다.
그래서 빅 밴은 아직도 그 자리다.

빅 밴Big Ben, 런던, 영국.

어느 여름 날의 런던 아이

도심 어디에서건 보이는 런던 아이는 날씨가 좋을수록 더욱 근사하게 반짝거린다. / 런던의 야심만
만한 랜드마크 프로젝트가 소기의 성과를 거두고 있는 셈. / 그러나 아직 멀었다. / 폭발적인 반응으
로 베스트셀러는 되었을망정 시간의 퇴적 없이 스테디셀러가 될 수는 없다. / 세월의 풍화를 잘 견뎌
내길 바란다. / 에펠탑만큼 독보적인 상징물이 되고 싶다면.

런던 아이London Eye, 런던, 영국

비틀즈,
그 위대한
음악가의
도시에서

THE BEATLES STORY

◆ 리버풀

리버풀은 비틀즈의 고향이다. 비틀즈의 전신인 쿼리맨 시절부터, 비틀즈로 이름을 바꿔 현지의 라이브 클럽들을 평정하고 영국 전역에 이름을 알리기까지 온갖 기념비적인 사건들이 리버풀에서 이루어졌다. 참새가 방앗간을 그냥 지나칠 수 없는 일. 비틀즈 투어에 참가하기로 했다. 투어는 단체 투어와 소수정예 투어 두 가지가 있었는데 나는 소수정예 투어를 골랐다. 비용이 약간 더 비싼 대신 좀 더 실속 있는 내용으로 구성돼 있는 듯했다.

결론적으로 말하자면 비틀즈 투어는 시간이 짧은 게 흠이긴 했지만 전체적으로는 꽤 괜찮은 프로그램이었다. 리버풀이 낳은 위대한 네 청년의 생가를 차례대로 돌면서 그들의 삶이 그리고 음악이 왜 그러했는지를 좀 더 세심하게 이해할 수 있도록 도왔다. 비틀마니아는 물론이고 비틀즈의 히트곡 몇 곡쯤은 아는 이들이라면 비틀즈 투어를 통해 리버풀을 더욱 특별한 도시로 기억할 수 있을 것 같았다.

비틀즈 투어 중 최고의 순간은 카스테레오에서 흘러나오는 비틀즈의 명곡 '페니 레인Penny Lane'을 들으며 녹음이 우거진 페니 레

THE BEATLES

인의 가로수 길을 신나게 드라이빙할 때였다. 페니 레인이 끝나는 곳에는 노래의 첫 소절에 언급된 '사진을 진열한 이발소'가 기다리고 있었다. 무엇을 말하는지도 모른 채 리듬이 좋아 흥얼거렸던 그 가사. "Penny Lane there is a barber showing photographs." 노래가 현실이 되는 순간이었다.

비틀즈 투어에 이어 그들에게 헌정된 기념관 '비틀즈 스토리'를 관람하면서 나는 비틀즈를 전보다 더 깊은 시각으로 이해하게 되었다. 비틀즈에 대한 또 다른 발견이 이루어진 시간이었다. 비틀즈 스토리는 비틀즈의 행보를 시간 순으로 꼼꼼히 나열해보였는데, 세계 대중음악사의 위대한 순간들이 모퉁이를 돌아설 때마다 근사하게 빛나고 있었다. 세계 평화의 염원을 담은 노래 '이매진'의 가사가 새겨진 하얀 벽 역시 그 자체로 근사한 볼거리였다. 이미 오래전부터 좋아하던 뮤지션이었지만 비틀즈 투어와 비틀즈 스토리 관람을 통해 그들에 대한 애정이 한층 더 깊어졌다. 비틀즈 스토리 관람이 끝날 때쯤에는 흥분이 턱 밑까지 차올라 있었다.

리버풀에서 비틀즈 외에 또 하나 발견한 것이 있었다. 수건 없이 여행하는 것은 생각보다 괴롭다는 사실. 한국에서 달랑 한 장만 가져온 수건을 런던에 두고 왔다. 덕분에 리버풀에서 맞이한 첫 아침에 나는 호스텔 샤워장에서 몸에 물기가 마를 때까지 한참 동안 서 있어야 했다. 평소에는 내 삶의 일부도 되지 못했던 것이 어떤 순간에는 내 삶의 전부가 되기도 한다. 샤워 직후의 수건이란 바로 그런 존재였다.

오전에 대형 의류 할인매장에서 수건을 구입하면서 이제 수건만큼은 절대로 분실하지 말자고 다짐했다. 혹시나 싶어서 여분으로 한 장을 더 사 두었다. 그러나 비틀즈 투어를 마무리하면서 수건을 담은 쇼핑백을 투어용 승합차의 트렁크에 두고 내렸다. 그런 줄도 모르고 참으로 감동적인 하루였다며 멀어지는 차량을 뿌듯한 미소로 바라보고 있었다. 그리고 비틀즈 스토리를 관람한 후, 머지 강변으로 가서 네 청년들이 강물에 몸을 담그고 신나는 한때를 보냈을 모습을 상상했나.

   록 음악 애호가가 리버풀에 와서 캐번 클럽에 들르지 않는다는 것은 프리미어리그 마니아가 리버풀에 와서 안필드 구장에 들르지 않는 것과 같은 일! 지난밤에는 리버풀에서 법학을 공부하고 있다는 체코 유학생 미카엘이 아주 특색 있고 분위기 있는 바를 안다기에 그를 따라 나섰다가 아주 특색 없고 분위기도 없는 바에서 아주 특색 없고 재미도 없는 이야기들로 저녁시간을 때워야 했다. 현지에서 2년째 거주하면서도 정해진 거처 없이 호스텔을 옮겨 다니며 하루하루를 나고 있다고 했을 때 미리 알아봤어야 했다. 귀중한 시간을 빼앗긴 것이 억울해 아주 특색 없고 분위기도 없는 그 바에서 나와 다시 미카엘을 앞세워 캐번 클럽이 있다는 매튜 스트리트까지 진출했지만 이미 시간이 늦어 세찬 비를 맞으며 숙소로 되돌아와야 했다.
   머지 강변까지 구경했으니 캐번 클럽을 다시 공략해야 한다. 발길을 돌려 캐번 클럽에 도착하니 어느 새 저녁. 매일 밤 비틀즈 트리뷰트 공연을 한다고 했는데 그 직전이어서인지 콘솔 박스 앞이 무척이나 분주했다. 명색이 비틀즈가 거쳐 간 곳이니 자존심 때문에라도 최상의 사운드 세팅을 해야 할 것이다. 마침 빽빽한 좌석 틈으로 빈자리 하나가 보여 자리를 잡고 앉았다. 맥주로 목을 축이고 있을 때 드디어 트리뷰트 공연이 시작되었다. 첫 공연자는 어쿠

스틱 기타를 메고 올라온 솔로 뮤지션이었다. 남성미 충만한 음색과 절도 있는 창법이 비틀즈와는 많이 달랐지만 그 나름대로 색다른 맛이 느껴졌다. 유사한 목소리와 연주가 아니라면 어설픈 흉내보다는 자신의 스타일에 어울리는 곡 해석과 연주가 낫기도 한 법이다. 창법만 봐서는 비틀즈의 흔적이 느껴지지 않았지만 연주하고 있는 곡들이 모두 비틀즈의 곡들이다 보니 어느새 마음이 꿈틀대기 시작했다. 그러면서 또 로큰롤의 본고장에 와 있고, 다른 뮤지션도 아닌 비틀즈 트리뷰트 공연이니 출중한 연주가 아니고서는 절대 동요하지 않겠다고 다시 마음을 다졌다. 그러나 음악은 만국공통어였고, 비틀즈는 전 지구적 뮤지션이었다. '페니 레인'의 뒤를 이은 '예스터데이Yesterday'에 이르러 어느새 큰 소리로 노래를 따라 부르고 있는 내 모습을 발견했다. 내가 이럴 줄 알았다. 이런 상황에서 점잔을 빼는 건 역시 나에게는 무리였다.

솔로 뮤지션의 공연도 기대 이상으로 즐거웠지만 메인 이벤트는 따로 있었다. 비틀즈와 동일한 셋업으로 이루어진 4인조 남성 밴드. 눈 빠지게 공연을 기다리는 관객들의 갈증은 아랑곳 않은 채 그들은 한참 동안 무대에 오르지 않았다. 도대체 얼마나 대단한 이들이 얼마나 굉장한 연주를 하려고 저리도 뜸을 들이는 걸까. 이윽고 그들이 무대에 올랐다. 비틀즈처럼 비틀 커트식 바가지머리 장발에 모즈룩 수트를 그대로 입고 있는 것이 역시 메인 밴드다운 차

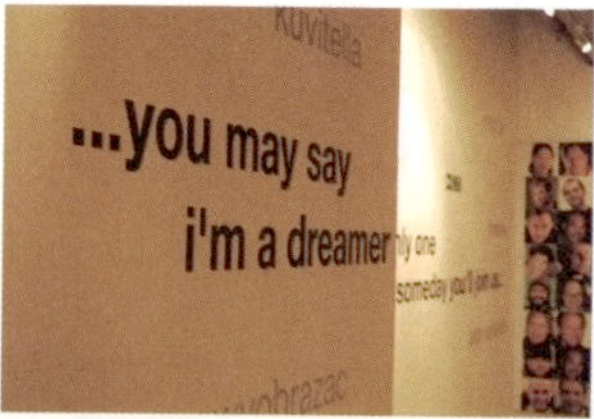
...you may say
i'm a dreamer

It was a beautiful summer
Come Go
them up.
Paul McCartney

STRAWBERRY
FIELD

THE
BEATLES
Tourists
Feel free to look
around our Barber
Shop and take pictures
but please leave
Donation in Bank
Thank you

LUDWIG
THE
BEATLES

the world will live as one

림새였다. 좋아하면 닮는다더니 멤버들의 생김새도 어쩐지 비틀즈를 닮아 있는 것 같았다. 폴 매카트니를 닮은 멤버가 폴처럼 베이스를 잡았고, 조지 해리슨을 닮은 멤버도 조지처럼 기타를 잡았다. 심벌에 가려 드러머의 얼굴은 잘 보이지 않았지만 기타를 잡은 리드 보컬이 링고 스타를 닮은 것으로 보아 드러머는 어떻게든 존 레논을 닮아야 할 것 같았다.

공연이 시작되었고, 객석에서는 하나둘씩 춤을 추는 이들이 생겨났다. 메인 밴드다운 연주력과 무대 매너 그리고 비틀즈의 명곡 퍼레이드에 객석 전체가 들썩였다. 오늘만큼은 맥주에 흠뻑 취하리라 생각했지만 음악이 맥주보다 먼저 몸에 스며들었다. 관광객들로만 채워진 객석 풍경은 좀 쓸쓸했지만 그래도 짜릿한 밤이었다. 눈을 가늘게 뜨고 바라본 무대 위의 풍경은 곧 비틀즈의 재림이었다.

숙소로 돌아오는 길. 인적 없는 골목에서 젊은 흑인 여성 하나가 기타 하드케이스를 팁 박스 삼아 노래를 부르고 있었다. 가창력으로만 봐서는 큰 재능이 느껴지지 않았지만 미간에 잔뜩 힘을 준 채 감정 몰입을 시도하고 있는 모습만큼은 프로페셔널에 뒤지지 않았다.

"안녕, 친구. 감성이 참 풍부하구나. 그런데 왜 광장으로 나가지 않고 이렇게 후미진 곳에서 노래를 하니? 들어줄 사람도 없고, 팁도 안 들어올 것 같은데?"

"그런 건 상관없어. 그냥 난 노래를 하기만 하면 돼. 미안한데 노래를 계속해야 하니까 옆에 비켜서서 내 노래를 들어줄래?"

인디 뮤지션 같은 도도한 태도. 박대를 당한 느낌이 살짝 들었지만 타인의 시선에 연연하지 않겠다는 그 자신감도, 노래에 집중하

고 있는 그 진지함도 모두 보기 좋았다. 노래를 두세 곡쯤 더 듣고
는 팁 박스에 모처럼 동전을 쏟아냈다. 그래, 노래라는 게 꼭 기술
로만 하는 건 아니지. 언젠가는 한국에서도 네 노래를 들을 수 있
길 기대해볼게.

숙소로 돌아와서 수천 장의 LP와 CD를 보유하고 있는 음반 수
집광이자 한때 청주의 잘나가던 뮤직 바 캐번 클럽과 신촌 록 바
크로스아이에서 DJ 생활을 했던 선열 군에게 여행 소식을 타전했
다. '런던에서 애비 로드를 건넜고, 리버풀에서는 페니 레인을 드
라이빙했다. 스트로베리 필즈는 허름하게 방치되어 있었다. 캐번
클럽에서 맥주도 한잔했다. 트리뷰트 밴드가 흥을 돋웠다. 그 감흥
들을 첨부하니 자네도 한번 느껴보게나. 러브 앤 피스!'

굿바이 리버풀, 굿바이 비틀즈!

이른 아침 숙소를 나섰다. 회색빛 뒷골목만이 쓸쓸한 미소를 지으며 나를 배웅했다. 아쉬운 마음에 간간이 뒤를 돌아보며 걷는데 빛바랜 그 풍경 때문인지 마음이 더 헛헛해졌다. 그러기에 뒤돌아보지 말았어야 했는데. 전날 비틀즈의 흔적을 밟으며 한껏 고무되었던 가슴이 어느새 바람 빠진 풍선처럼 너덜너덜해졌다. '오늘은 오늘의 태양이 떠오른다'는 것은 '어제의 태양은 결국 어제 져 버리고 없다'는 것. 그 허무한 역설을 되짚은 순간 어깨에 힘이 쭉 빠져 버렸다. '매일 이별하며 살고 있다'는 김광석의 노랫말이 남의 일 같지 않았다. 스산한 거리 풍경을 허리 아래로 드리운 채 오늘의 태양이 건물들 위로 힘없이 떠올랐다. 다시 힘을 내보려고 하는데 갑자기 바람이 세차게 휘몰아쳤다. 타향을 유랑하는 나나 돌아갈 고향도 없이 세상을 떠도는 바람이나 신세는 다를 바가 없는 것 같았다. 다시 바람이 휘몰아쳤다. 그리고 또 휘몰아쳤다. 비틀즈의 찬란했던 시절을 품고 있는 이 도시와 이별하는 것이 못내 아쉬웠는지 마음이 저 혼자 바람을 타고 흐르며 휑한 뒷골목 풍경을 더듬었다.

공항행 버스에 올라탔다. 누가 영국 아니랄까봐 공항버스도 시내버스처럼 이층으로 돼 있었다. 버스는 공항을 향해 열심히 달렸고 나는 이층 칸 맨 앞자리에 앉아 유리창 밖으로 펼쳐지는 풍경을 감상했다. 유리창이 워낙 널찍한 덕분인지 마치 사파리 차를 탄 것 같은 기분이었다. 저 앞으로는 등교하는 소년들이 꽃사슴처럼 뛰어다녔고, 좌우로는 아름드리 가로수들이 파노라마처럼 흘렀다. 귓가에서는 이소라가 '바람이 분다'를 노래하고 있었다. 리버풀과 작별을 앞둔 순간이어서 비틀즈의 노래가 더 잘 어울릴 것 같기도 했지만 온 도시에 바람이 불고 있었다. 영문도 없이 서글픈 아침. "세상은 어제와 같고, 시간은 흐르고 있고, 나만 혼자 이렇게 달라져 있"구나.

리버풀 존 레논 국제공항에 도착했다. 리버풀이라는 도시가 위대한 예술가 존 레논에게 헌정한 이 도시 유일의 공항. 그 취지에 알맞게 공항 스스로도 주인의 이름 '존 레논'을 건물 바깥벽에 자랑스럽게 내걸고 있었다. 건물 내부의 벽면에는 존 레논이 남긴 명구들과 그의 노래 '이매진'의 노랫말이 큼직한 글씨로 새겨져 있었다.

상상해보세요 국경이 없는 세상을
그건 어려운 일이 아니랍니다
죽이거나 죽을 이유도 없겠죠
종교도 필요 없지요
상상해보세요 모든 사람이 평화롭게 사는 것을

상상해보세요 소유가 없는 세상을
당신이 할 수 있을지는 모르지만
소유가 없다면 탐욕도 굶주림도 없고
사람들 모두가 한 형제가 될 텐데
상상해보세요 모든 사람이 이 세상을 함께 공유하는 것을

당신은 나를 몽상가라 부를지 모르지만
나는 혼자가 아닙니다

Imagine there's no heaven, it's easy if you try

No hell below us, above us only sky

Imagine all the people

Living for today

Imagine there's no countries, it isn't hard to do

Nothing to kill or die for and no religions too

Imagine all the people

Living life in peace

You may say I'm a dreamer

But I'm not the only one

I hope someday you'll join us

And the world will be one

Imagine no possessions I wonder if you can

No need for greed or hunger a brotherhood of man

Imagine all the people

Sharing all the world

You may say I'm a dreamer

But I'm not the only one

I hope someday you'll join us

And the world will live as one

언젠가 당신도 우리와 함께하길 바랍니다
그러면 세상은 하나가 될 겁니다

노랫말을 바라보고 있자니 웃지 못할 기억 하나가 떠올랐다. 어린 시절 학교에서 단체로 〈킬링필드〉라는 영화를 관람한 적이 있었다. 캄보디아 내전을 다룬 영화였으니 당시의 사회상으로 보아 아마도 반공 교육의 일환이었을 것이다. 나중에 커서 다시 보았을 때는 꽤 괜찮은 영화라는 생각이 들었지만 그때는 지루해도 그렇게 지루할 수가 없었다. 모처럼의 극장 구경에 잔뜩 기대가 부푼 어린 소년에게 영화는 그 내용을 이해하기에도, 그 안에 담긴 메시지를 받아들이기에도 너무 무겁기만 했다. 결국 납덩이처럼 묵직해진 눈꺼풀을 수도 없이 껌뻑거리다 나도 모르게 잠이 들고 말았다. 눈을 떠 보니 주인공이 해골로 뒤덮인 벌판을 정신없이 달리고 있었다. 그리고 마지막 장면에서 존 레논의 노래 '이매진'이 흘러나왔다.

나이가 들수록 영화의 존재는 점점 희미해졌지만 희한하게도 노래만은 가슴에 생생하게 남았다. 다만 그 노래가 어느 영화에서 나왔는지는 점점 더 가물가물해졌다. 전쟁 영화였고, 마지막 장면에서 흘러나왔으며, 인상적인 남자 주인공이 구사일생으로 살아났다는 것만이 내 머릿속에서 살아남은 기억들이었다. 그래서 나는 꽤 긴 시간 동안 그 노래가 〈람보 2〉에서 나왔을 거라고 생각하며 살았다. 그리고 그 노랫말을 창작자의 고향에서 다시 한번 음미하고 있다. 아무리 열심히 읽어보아도 노랫말은 전쟁영웅 람보와 잘 어울리지 않았다. 람보와 이매진의 만남. 참으로 적절하지 않는 발상이었다.

시간이 남아 공항 안팎을 서성이는 사이 프리미어 리그의 어느 축구팀 유니폼을 입은 서포터즈 무리가 진한 맥주 냄새를 풍기며 지나갔다. 어렴풋한 기억으로 에버튼이나 애스턴빌라 혹은 아스날 셋 중 하나였던 것 같은데, 소란스럽게 사방을 정신없이 걸어가는 그 모습이 역시 지상 최고의 훌리건들다웠다. 그들이 아니더라도 축구와 음주가 사람의 몸을 빌려 소모적으로 범벅이 된 모습을 영국 도처 어디에서든 쉽게 발견할 수 있었다. 그러나 영국과 작별하는 마당이어서인지 그 풍경마저 헤어지기가 어째 좀 섭섭했다.

어느새 날씨가 갰다. 세찬 바람은 여전했지만 하늘은 무척이나 쾌청해졌다. 건물 밖으로 나가 고개를 쳐들고 그 맑고 파란 하늘을 한참 동안 올려다보았다. 작은 비행기 한 대가 하얀 꼬리를 길게 드리우며 하늘을 시원스럽게 갈랐다. 그 모습을 바라보고 있노라니 기분이 산뜻해졌다. 비행기 탑승 시간이 다 되었다.

"고객님, 고객님! 고객님 때문에 항공기가 이륙하지 못하고 있어요. 화장실 사용을 중지하시고 빨리 나와주세요."

승무원이 부숴 버릴 것처럼 격렬하게 화장실 문을 노크했다. 내가 나오지 않자 몇 차례 더 두들겨 재촉을 했다. 그러니까 내 눈앞에서는 화장실 문이 세차게 흔들리고 있었고, 내 엉덩이에서는 불이 나고 있었다. 앞뒤로 밀려드는 고난에 맞서느라 이루 말할 수 없이 마음이 조급해졌다. 다행히도 승무원들은 이륙이 지연되고 있는 이유를 방송으로 내보내지 않았다. 나 역시 이륙을 방해할 생각은 전혀 없었다. 항공기에 탑승했을 때 갑자기 배가 아팠고, 용무를 금세 마칠 수 있으리라 생각했는데 몸이 말을 듣지 않았을 뿐이다. 옷매무새를 제대로 고치지도 못한 채 바지춤만 간신히 손에 쥐고 황급히 화장실을 빠져나왔다.

세모내진 승무원들의 눈길을 요리조리 피해 간신히 자리로 돌아와 앉았는데 다시 승무원들의 따가운 눈살이 나에게 꽂혔다. 빨리 안전벨트를 매라는 것. 그 눈길이 어찌나 따갑던지 허리띠 위에 안전벨트를 매고 있는지, 안전벨트 위에 허리띠를 매고 있는지 미처 확인할 겨를도 없이 정신없이 좌석에 몸을 묶어야 했다. 가시방석에 앉은 기분이 들긴 했지만 그렇게 해서 나는 선진국들이 잔뜩 몰려 있다는 유럽에서 여객기의 운항을 지연시킬 수 있는 영향력을 가진 인사로 다시 태어났다.

비행기가 곧바로 이륙을 시작했다. 비틀즈에게 좀 더 정중하게 작별을 고하고 싶었는데 모양새가 영 좋지 않은 듯했다. 옷차림을 주섬주섬 정리하며 마음속으로 비틀즈에게 작별인사를 전했다. 어느새 저 아래로 리버풀 존 레논 공항이 멀어져 가고 있었다.

리버풀의 거센 바람을 피해 노르웨이로 날아왔더니 이번에는 오슬로에 비가 내리고 있었다. 빗방울이 제법 굵어 후드 재킷에 달린 모자를 뒤집어썼다. 리버풀에서 수건을 구입하면서 긴팔 니트와 함께 장만한 재킷이었다. 그런데 후드 재킷에 달린 모자는 머리를 모두 감싸지 못한 채 정수리만을 간신히 덮었다. 내 머리가 큰 걸까, 아니면 유럽인들의 머리가 작은 걸까. 괜스레 기분이 우울해졌다. 머리 앞쪽으로 떨어진 빗방울이 얼굴로 계속 흘러내렸지만 중원을 사수한 것으로 만족해야 했다. 비를 헤치며 리무진 버스 승강장으로 향했다. 그리고 오슬로 시내로 간다는 폴란드 여대생 자매를 따라 버스에 올랐다.

두어 시간쯤을 달렸을까. 버스가 오슬로 시내에 도착했다. 역시 먼저 해결해야 하는 것은 숙소 확보였다. 저녁 전이니 별 문제 없이 숙소를 잡을 수 있을 것이라 생각했으나 막상 오슬로 시내에 발을 디디니 막막함이 엄습했다. 아까까지만 해도 미지의 땅에서 벌어질 일들을 상상하며 낙관적인 기대로 충만했는데 다시 당면 과제들과 맞서 싸워야 하는 것이다. 낯선 나라, 낯선 도시가 가장 먼저 선사하는 것은 늘 그런 기분들이었다. 지리도 모르고, 삶의 방식도 생경한 곳에서 이방인인 나는 언제나 홀로서기를 다시 시작해야 했다. 이제 시차도 극복했고, 여행의 리듬에도 적응했는데 다시 새로운 것들과의 대면이다. 리버풀에 익숙해질 만하니 이번에는 또 다른 신세계 오슬로다.

'오늘은 오늘의 태양이 떠오른다'는 것은 '어제의 태양은 결국 어제 져 버리고 없다'는 것. 그 허무한 역설을 되짚은 순간 어깨에 힘이 쭉 빠져 버렸다. '매일 이별하며 살고 있다'는 김광석의 노랫말이 남의 일 같지 않았다.

이
에
운
가

없
인
까

한
살
가
물

오슬로

듣던 대로 노르웨이의 물가는 살인적이었다. 물가가 높기로 악명 높은 북유럽에서도 최고봉에 서 있는 노르웨이, 그리고 그 수도 오슬로. 한국에서는 편의점에서 천 몇백 원에 팔리는 500ml 페트병 콜라가 오슬로의 편의점에서는 육천 원 정도에 팔리고 있었다. 환율이 다소 높은 시기이긴 했지만 베르사체나 아르마니가 입자와 색채를 디자인한 것도 아닐 텐데 물가가 지나쳐도 너무 지나친 듯했다. 콜라뿐이 아니었다. 모든 게 다 그랬다. 가는 곳마다 믿을 수 없는 가격표가 내 눈을 어리둥절하게 했다. 현지 물가에 대한 사전정보가 없었다면 누군가 몰래카메라를 찍고 있는 게 아닐까 의심해볼 만할 정도였다.

꼭 필요한 것은 슈퍼마켓에서 구입하기로 하고 도시 구경에 나섰다. 그러나 정해진 시간 내에 시내 곳곳을 둘러보려니 슈퍼마켓을 찾으러 갈 시간이 쉽게 나지 않았다. 갈증은 치밀어 오르고 도보량은 늘어나고 몸이 영 곤욕스러웠다. 왕궁과 시청사를 거쳐 비겔란 공원에 도착했을 때는 인내심이 한계를 호소하고 있었다. 쏟아져 내리는 분수를 향해 성난 듯 달려드는 입술을 뜯어말리기가 쉽지 않았다. 저녁만 와봐라. 슈퍼마켓에서 온갖 먹을거리들을 비닐봉지가 터지도록 사서 내 생애에 다시없을 포식을 하리라.

숙소에 도착해 잠시 휴식을 취한 후 슈퍼마켓에 가기 위해 재킷을 걸쳤다. 그런데 아침저녁으로 자신의 침대에서 좀비처럼 웅크려 있던 옆 침대의 중년남자가 느닷없이 말을 걸어왔다. 오늘 도심을 돌아보았더니 오슬로가 무척 마음에 들었는데 너는 어떠냐, 나는 브라질에서 왔는데 너는 어디서 왔느냐, 너희 나라에서는 주식으로 뭘 먹느냐, 얼마 동안 여행하느냐, 어디에 갔었고 어디로 갈 것이냐…… 여행에서 가장 흔하게 주고받는 질문들을 그는 밑도

끝도 없이 쏟아냈다. 온 등이 털로 수북이 덮여 있어 첫인상이 섬 뜩했는데 다행히도 대화를 나눠보니 교양과 인간미를 두루 갖추고 있는 것 같았다. 하지만 하루 종일 허기에 시달린 나에게 절실한 건 대화상대가 아니라 음식이었다.

반 시간쯤 대화를 나눈 후 숙소 뒤편에 있는 슈퍼마켓으로 향했다. 그런데 슈퍼마켓이 문을 닫고 있었다. 시계를 들여다보니 밤 9시 정각. 점원에게 조금만 더 기다려줄 수 있는지 물어보았지만 불빛을 보고 다른 손님들이 들이닥칠 수 있어서 곤란하다는 대답이었다. 브라질 아저씨와 대화를 하지 말고 바로 나왔어야 했나 보다. 내가 난처한 기색을 보이자 점원이 근처에 있는 다른 슈퍼마켓의 위치를 알려줬다. 거기는 한 시간쯤 더 영업을 할지도 모른다고 했다. 그러나 유럽은 사회 전체가 균일한 근무 체계를 공유하면서 시간 엄수도 칼 같은 곳. 그 중에서도 최고인 북유럽이었다. 여기가 9시에 문을 닫는데 거기라고 영업을 더 할 것 같지 않았다. 혹시나 하며 그곳으로 향했지만 역시나 거기도 문이 닫혀 있었다.

근처 식당에서라도 저녁을 해결하려고 주변을 뒤졌지만 식당조차 찾기가 쉽지 않았다. 그나마 어렵사리 찾아낸 식당들은 이미 문을 닫은 상태였다. 아무리 한산한 동네라지만 적지 않은 인구가 분포한 곳인데 식당이 10시도 안 돼 문을 닫다니. 세계 최고의 복지대륙 북유럽에서는 밤 시간이 오로지 가정생활만을 위해 존재하는 모양이었다. 결국 낮에 거리에서 받은 홍보용 미니 프링글스 한 통으로 저녁을 때워야 했다.

고생이 그 정도로만 끝났다면 다행이었을 것이다. 낯선 곳을 여행 중이니 한두 끼쯤 굶는 건 충분히 있을 수 있는 일이었다. 다음

날은 피오르드 투어가 예정돼 있었다. 중앙역에서 새벽 6시 35분 열차를 타야 하는데 첫 트램을 타더라도 그 시간까지는 중앙역에 도착할 수가 없었다. 나를 중앙역까지 데려다 줄 교통수단은 오직 택시밖에 없고 추정되는 요금은 하루 숙박비를 웃돌았다. 호스텔 직원 하나가 중앙역이 숙소에서 4km 정도 떨어져 있으므로 걸어서도 갈 수 있을 거라고 귀띔해줘 결국 다음날 새벽이 되어 일찌감치 길을 나섰다.

전남 신안산 천일염 한 가마니에 해당하는 짐의 무게 때문에 안 그래도 힘들어 죽겠는데 전날 밤 먹은 거라고는 미니 프링글스 한 통뿐이니 시작부터 몸이 쳐졌다. 게다가 중앙역까지 가는 길은 가이드북 지도에 나와 있지 않았다. 트램 선로만 무조건 따라가면 된다고 했지만 선로가 가끔 갈림길에서 갈라졌다. 한쪽 길로 갔다가 엉뚱한 곳이 나와 다시 되돌아와 남은 길을 밟아야 했다. 악으로

깡으로 중간지점까지는 쉬지 않고 갔지만 어깨의 통증이 심해져 더 이상 걷기가 힘들었다. 게다가 스트래퍼드 어폰 에이번에서 생긴 발바닥의 물집이 아직 아물지 않아 짐의 무게를 좌우로 균등하게 분배하기가 어려웠다. 어둑어둑한 오슬로의 새벽 거리에서 난생 처음으로 뉴턴을 원망했다. 만유인력이란 걸 왜 발견해가지고 이렇게 사람을 힘들게 만드나. 몰랐으면 그냥 군소리 없이 걸었을 것을. 막판에 이르러서는 10분쯤 걷다가 5분쯤 쉬기를 반복했다. 중앙역에 무사히 도착하기는 했지만 돈 몇만 원 아낀 대가로 아주 혹독하고 고된 시간을 경험해야 했다.

비싼 물가의 압박은 피오르드에서도 계속되었다. 중간에 슈퍼마켓이 한두 개쯤은 나오겠지 했는데 그렇지 않았다. 피오르드는 한적한 마을들로만 길이 열려 있었다. 환승 구간들에서 음식을 접할 수 있는 곳이라고는 카페와 식당이 전부였다. 그럴 것을 대비해 전날 밤 슈퍼마켓에 저녁거리를 사러 가면서 피오르드에서 먹을 부식들도 살 요량이었다. 그러나 브라질 아저씨와 말상대를 해주느라 시간을 낭비하는 바람에 저녁거리는 물론 비상식량도 준비할 수 없었다.

피오르드 구간 내에서 파는 초코파이만한 머핀 하나의 가격은 약 육천 원. 최소 다섯 개 정도는 먹어야 허기를 근근이 채울 수 있을 텐데 삼만 원이나 내고 머핀으로 배를 채우자니 성실하게 살아온 그 동안의 인생이 억울해질 것 같았다. 차라리 좀 참고 있다가 어디 저렴한 식당이 나오면 아예 거기서 점심식사를 하기로 했다. 점점 더 속이 쓰려오고 있었지만 적당한 식당을 찾기 전까지는 무조건 참고 견뎌야 했다.

오후 한 시가 넘어 유람선 선착장 앞의 식당에 들어갔다. 식당은 몇 가지 메뉴를 준비해놓고 있었으나 어느 하나 만만한 가격이 없었다. 제대로 된 식사는 하루 숙박비를 웃돌았다. 어쩔 수 없이 가벼운 음식 하나를 주문했다. 감자튀김 위에 소시지 하나를 얹은 접시. 그야말로 요리랄 것도 없는 요리였다. 사진으로 봐서는 양이라도 푸짐해보였는데 역시나 여행자들의 간과 쓸개까지 다 빼먹는 이 나라가 음식을 푸짐히 내줄 리 없었다. 그리하여 나는 감자튀김을 찍어 먹는다는 명목으로 땡땡하게 부풀어 있는 속이 꽉 찬 케첩통 하나를 들

고 왔다. 감자튀김 한 조각에 케첩을 한 주먹씩 발라 먹을 계획이었다. 성실히 식사에 임한 끝에 결국 케첩 한통을 말끔하게 비워버렸다. 최소 500ml 이상의 케첩을 먹은 셈이었다. 빨간색을 가진 양념류의 식품들 중 많이 먹으면 속이 쓰린 건 고추장만이 아니라는 사실을 온몸으로 터득한 순간이었다. 한동안 과일을 먹지 못했었는데 며칠 몫의 비타민을 섭취한 걸로 치기로 했다.

여행을 하면서 내가 소비하고자 하는 것은 그 나라만이 가지고 있는 고유의 문화유산과 자연환경이었다. 그것은 다른 나라에서도 마찬가지일 것이었다. 그러니 가급적이면 같은 돈이라도 먹고 마시는 쪽보다는 현지에서만 할 수 있는 좀 더 알찬 경험을 위해 쓰는 게 낫겠다는 생각이었다. 더욱이 기분 내키는 대로 지갑을 열어젖히는 것은 배낭 여행자가 지켜야 할 미덕과는 거리가 먼 것 같았다. 욕심과의 싸움, 고된 환경에서의 인내야말로 여행에서 지켜야 할 가장 중요한 실천덕목이라고 여겼다. 여행을 하면서 가장 흔하게 깨닫게 되는 교훈이 삶에서 꼭 필요한 것들을 배낭 하나에 모두 담을 수 있다는 것 아니던가. 그래서 나에게 여행은 일상에서 쌓인 욕망을 다시 훌훌 털어 버리는 과정이곤 했다.

나만 그런 것이 아니라 대부분의 배낭 여행자들이 절제 속에서 여행하고 있었다. 오히려 나는 이십대 여행자들보다는 형편이 나은 편이었다. 아르바이트로 돈을 모으거나 용돈을 아껴 여행하는 그들보다야 목돈을 들고 여행하는 사회인이 아무래도 좋은 처지일 수밖에 없었다. 그러나 그들도 나도 똑같은 배낭 여행자였다. 내 나라였으면 더 값비싼 것도 아무 생각 없이 소비했을지 모르겠지만 여행을 하면서까지 그래서는 안 된다고 생각했다. 현지 정황에 맞춰 적절한 수준으로 예산을 짜고, 그 예산에 맞춰 주어진 여정을 착실하게 밟는 것. 혹 예산을 잘못 짰어도 가급적 수정 없이 하루하루를 끈질기게 살아내는 것. 그래야 여행이 선물하는 값비싼 교훈을 소중히 채집할 수 있을 것 같았다.

　따지고 보면 살면서 반드시 필요한 건 생각보다 많지 않았다. 여행에 필요한 살림은 더 간소하다. 몸과 마음을 알뜰히 다스려 여정을 담백하게 꾸려 가는 것이야말로 여행이 날씬해지고 건강해지는 비결일 게다. 그러니 끝까지 잘 버텨보자. 여행에서마저 욕망을 제대로 다스리지 못한다면 일상으로 돌아갔을 때 끝없이 비만해지는 삶을 어떻게 다스릴 것인가. 대신 문화든, 예술이든, 자연이든 주어진 조건하에서 멋진 볼거리들과 값진 경험들을 열심히 섭취하자. 고생스러운 오늘을 딛고 열심히 배운 자, 더욱 향기롭고 풍요로운 내일을 누리게 되리라,고 내가 말하고 있다면 그건 완벽한 가식이다. 이처럼 참혹하게 배가 고프면 향기로운 내일이고 뭐고 없다. 초코파이만한 빵 몇 조각과 500ml 음료수 한 병을 사기 위해 3~4만 원씩이나 내야 한다는 게 말이나 되는가. 그 돈이면 한국에서 인터넷으로 초코파이 200개나 500ml 콜라 60병 정도를 살 수 있다. 편의점에서조차도 오슬로에서보다 월등히 많은 양을 살 수 있다. 이래서야 하루 세 끼를 다 챙겨먹을 수나 있겠는가. 이건 다 같이 굶자는 얘기다. 그게 아니라면 밥을 챙겨먹는 대신 의복 구입을 포기하고 다 같이 벗고 다니자는 얘기다. 아무리 봐도 이 도시는 물가 관리에 실패하면서 완전히 미쳐 버린 게 틀림없다.

스케이트보드 타는 소년들Junior Skateboarders, 오슬로, 노르웨이.

깊고 깊은

그

산골짜기에는

◆피오르드

오래 전부터 가보고 싶던 곳, 피오르드. 하지만 그곳까지 가는 길은 멀고 험했다. 사실 이번 여행에서 북유럽은 계획에 없었다. 여행 시작 후 며칠이 지나서까지도 북유럽의 존재를 전혀 떠올리지 못하고 있다가 우연찮게 리버풀에서 계획을 변경했다. 곰곰이 따져 보니 다음 여행지로 잡아 두었던 아일랜드를 건너뛰고 나머지 일정을 조금씩만 조정하면 빡빡하게나마 북유럽을 여행할 수 있을 것 같았다. 그래서 부랴부랴 일정을 새로 고치고 오슬로행 항공권을 예약했다. 북유럽까지 가게 된 것만 해도 감지덕지인 상황이었다. 그러니 경비도 그렇고 일정도 그렇고, 피오르드는 절대적인 현실 밖 공간일 수밖에 없었다. 게다가 피오르드까지 어떻게 가는지도 전혀 모르고 있었다. 하지만 노르웨이까지 와서 피오르드를 그냥 지나치자니 좀 억울했다. 제주도까지 와서 바닷가 한번 나가보지 못하고, 전라도까지 와서 한정식 한번 먹어보지 못하는 심정이랄까.

아무리 생각해도 무리인 것 같기는 하지만 일단 부딪혀보기라도 하자는 쪽으로 마음의 가닥을 잡았다. 관광안내소에서 피오르

드 여행에 대한 정보를 문의했다. 고맙게도 투어가 마련돼 있고 매일 출발한다는 이야기를 들을 수 있었다. 게다가 다른 여행자들의 틈에 섞여 여정을 밟기 때문에 아주 손쉽게 피오르드를 여행할 수 있단다. 홀몸으로 높은 고개와 깊은 골짜기를 타 넘어야 하는 곳인 줄 알았는데 반가운 소식이 아닐 수 없었다. 그러나 자세한 설명을 듣고 보니 시간은 빡빡하게나마 맞출 수 있을 것 같기도 한데 비용이 부담스러웠다. 예정에도 없던 오슬로행 항공 요금에, 오슬로를 포함한 북유럽 체류 비용만 해도 적은 액수가 아닌데 피오르드 투어에까지 비용을 지출하려니 적잖게 고민이 되었다. 결국 선뜻 결정을 내리지 못하고 관광안내소를 빠져나왔다. 하지만 시간이 흐를수록 아쉬움이 커졌다. 죽기 전에 피오르드를 몇 번이나 구경해보겠나 싶어서 더 속이 쓰렸다. 숙소로 돌아와 베개를 끌어안고 끙끙거리기를 한참, 출혈이 있더라도 일단 다녀오기로 마음을 바꿨다. 내일까지 바짝 오슬로를 구경하고 모레는 무조건 피오르드에 가는 거다!

다음날 시내 구경을 시작하기 전 피오르드 투어 예약을 위해 다시 관광안내소에 들렀다. 고심을 거듭해 내린 결정이건만 이번에는 모객이 마감되었다는 소식이었다. 전날에는 분명 자리가 있다고 했는데 그새 마감되다니. 피오르드가 인

기가 좋기는 좋은 모양이었다. 그러나 고지를 눈앞에 두고 허무하게 퇴각해야 하는 심정이 좋지 않았다. 그 이튿날은 자리가 있다고 했지만 그러려면 체류 일정을 더 늘려야 했다. 하루만 더 늘리면 되지만 북유럽도 어렵게 온 상황이니 더 이상 일정을 늘리기는 곤란했다.

그러나 피오르드에 다녀오기로 이미 마음을 굳혀서인지 오히려 오기가 생겼다. 일정을 늘리지 않으면서 피오르드를 여행하는 방법을 찾아보기로 했다. 문의를 더 해본 결과 관광 택시나 헬기 대절을 제외하고 이제 남은 방법은 오직 하나였다. 녹록치 않아 보이는 개인 출발만이 내가 할 수 있는 유일한 선택이자 피오르드에 닿을 수 있는 유일한 방법이었다. 그러나 그 여정이 만만치 않아 보였다.

관광안내소 직원과 함께 동선을 좀 더 구체적으로 짚어보았다. 오슬로에서 기차를 타고 뮈르달로, 뮈르달에서 기차를 타고 플롬으로, 플롬에서 배를 타고 피오르드를 구경한 후 구드반겐에서 하선, 구드반겐에서 버스를 타고 보스로, 보스에서 다시 기차를 갈아타고 베르겐으로, 마지막으로 베르겐에서 밤기차를 타고 오슬로로 돌아오는 총 24시간의 여정. 그러니까 말하자면, 한려해상국립공원을 피오르드라고 가정했을 때, 이른 새벽 서울에서 출발해 목포로, 목포에서 여수로, 여수에서 배를 타고 한려해상국립공원을 거쳐 통영에서 하선, 통영에서 진주로, 진주에서 부산으로, 부산에서 야간열차를 타고 서울로 되돌아오는 경로라 할 수 있었다. 그런데 그 여정 전체를 하루 만에 밟아야 한다. 더구나 여기는 말도 잘 안 통하는 생면부지의 땅이고, 피오르드는 그 위치조차 알 수 없는 저 깊고 깊은 어딘가에 있다. 물어물어 찾아가야 하는데 구간마다 환

승시간이 짧고, 또 여정 자체가 심산유곡을 누비는 것이라 조금만 헤매도 미아의 처지가 된다. 머릿속이 복잡해졌다.

어차피 스톡홀름행 열차표도 끊어 둬야 하니 일단 중앙역에 가서 역무원에게 도움을 청해보기로 했다. 필요한 정보를 어느 정도 얻을 수 있을 거라는 생각에 여행에 대한 기대가 다시 부풀어 올랐다. 관광안내소에서 나와 중앙역으로 향했다. 중앙역에 도착해서 보니 예매창구가 붐비고 있었다. 내 차례가 되어 예매창구 앞에 섰다. 절박한 심정으로 역무원에게 말했다.

"피오르드에 꼭 가고 싶습니다! 정말로 많이 고민해서 내린 결정입니다. 그런데 관광안내소에서는 모객이 완료되었다고 하더군요. 피오르드가 꽤 깊은 곳에 있다던데 혼자서 피오르드를 여행하는 게 많이 어렵나요?"

"쉬워요."

"쉽다고요? 어째서요?"

"투어에 필요한 교통 티켓들을 발권하고 티켓에 나와 있는 대로 움직이시면 되니까요?"

"그래요? 그럼 교통 티켓들은 어디어디 가서 구입해야 하죠?"

"여기요."

"여기요? 아, 열차표는 여기서 발권하는 게 당연하겠군요. 그런데 배표와 버스표는요?"

"그것도 모두 여기서 발권해드려요."

"아! 그래요? 배표와 버스표까지요? 흠, 아주 멋진 일이네요. 그런데 처음 여행하는 거고 혼자라서 아무래도 중간에 헤맬 것 같은데 혹시 사고가 일어나진 않을까요?"

"그럴 일은 없으실 거예요. 환승 구간마다 시간에 맞춰 여행객 무리가 나타날 거예요. 같은 교통수단을 이용해 같은 여정으로 이동하는 분들이니 그분들을 따라가시면 돼요."

"아, 그렇군요. 참으로 친절하신 분이네요. 고민을 짊어지고 있었는데 덕분에 모두 해결되었습니다. 이런 얘기가 혹시 실례가 될지 모르겠습니다만, 이렇게 도와주신 덕분에 앞으로 오슬로를 대단히 좋아하게 될 것 같습니다. 지금 바로 발권 부탁 드립니다."

피오르드는 듣던 대로 장관이었다. 피오르드 구간만 장관인 것이 아니라 전 구간이 장관의 연속이었다. 달리는 열차의 양 옆으로 펼쳐지는 울창한 삼림이며, 파고들면 파고들수록 야생미를 더해 가는 기묘한 지형들, 도처에서 물줄기를 쏟아내고 있는 수백 개의 높고 긴 폭포와 그 물줄기들을 모아 흐르는 협만, 그리고 그 곁을 병풍처럼 에워싸고 있는 길고 긴 산자락과 산골짜기마다 둥지를 틀고 있는 동화 속 배경 같이 생긴 마을들. 피오르드는 그야말

로 신이 빚어낸 오묘한 조화요, 온 자연이 한목소리로 부르는 절창이었다. 하루키와 비틀즈가 '노르웨이의 숲'을 이야기하고 노래한 데에는 다 그만한 이유가 있었던 게다.

그러나 아름답다면 분명히 아름답고 웅장하다면 분명히 웅장한 그 절경 앞에 서 있는데도 무언가 부족하고 아쉬운 느낌을 지울 수 없었다. 흐린 날씨가 한몫을 단단히 하고 있는 듯했다. 하늘이 열리면 자연이 원래의 빛깔을 되찾을 것이고, 그 결과로 풍광도 한결 더 장엄해질 것이다. 산수가 본래의 빛깔을 드러낼 때가 바로 감동이 폭포수처럼 쏟아지는 순간 아니던가. 그러나 아쉬움의 이유를 날씨 탓으로만 돌리기에는 뭔가 충분하지가 않았다.

한참이 지나서야 비로소 그 이유를 가늠해보게 되었다. 내가 꿈꿔왔던 피오르드의 이미지는 한국에서 구경한 몇 장의 사진들에서 비롯되었다. 그러나 그것은 유유자적 흐르는 유람선 위에서 게으른 하품을 하며 구경할 수 있는 풍경이 아니었다. 깎아지른 벼랑 끝에 서 있는 노련미 넘치는 여행자들과 그 아래로 내려다보이는 깊고 아찔한 협만이 한국에서 내 마음을 뺏어간 피오르드의 모습이었다. 마음을 단단히 먹고 산등성이와 계곡을 타 넘지 않는 한 최고의 계절에, 최고의 날씨를 택해, 최고의 위치에서 찍은 사진과 똑같은 풍경을 체험할 수는 없는 것이다. 그동안 마음속에 그렸던 사진 속 피오르드의 풍경을 보기 위해서는 운동화 끈을 단단히 고쳐 매고, 시간도 아주 넉넉하게 잡아서 길을 나서야 했다. 안락하게 꾸며놓은 교통수단 내부에 앉아서 대자연이 저 스스로 저 안쪽 깊은 곳에 숨겨 둔 속살을 보여주기를 바랐으니 그게 제대로 이루어질 리 없었다. 오히려 그만하면 피오르드도 자신의 진면목을 충분히 보여준 셈이었다.

　그러나 그보다 더 중요한 이유는 내가 대책 없이 기대만 키우고 있었다는 것이다. 기대가 크면 실망도 큰 법. 어마어마한 기대 속에서 나섰으니 그만큼 실망하는 게 당연했다. 기분 좋게 나서되 마음은 비웠어야 했다. 무엇이라도 보고 와야 직성이 풀릴 것처럼 욕심만 한가득 짊어지고 길을 나서기보다는 눈앞에 펼쳐지는 풍경이라면 무엇이든 기분 좋게 교감할 생각으로 피오르드로 향했어야 했다. 차비도 아까워하고, 시간도 아까워하고, 노력도 아까워했으면서 피오르드가 이미 제 모습을 고스란히 보여주고 있는데도 저 안에 뭐가 더 있을 거라며 최상의 풍경들만 골라서 구경할 생각을 하고 있었다. 차라리 소박한 마음으로 갔다면 무엇을 보았어도 감개무량했을 것을.

　그래서 피오르드에게 더 이상 섭섭해하지 않기로 했다. 내가 피오르드였어도 충분한 노력 없이 뭔가 얻어 갈 생각만 하는 이들에게는 궁극의 신비를 보여주지 않았을 것이다. 그만하면 아주 훌륭한 여행이었다. 사진 속의 장소는 기회가 되면 다음에 또 볼 수 있겠지, 뭐.

갈 매 기 가
남 겨 놓 고
간
질 문

◆스톡홀름

스톡홀름 부두에 앉아 영국 록 밴드 뮤즈의 노래를 들었다. 〈Absolution〉 앨범에 수록돼 있는 곡 '스톡홀름 신드롬Stockholm Syndrome'. 질주하는 야생마처럼 박진감 가득한 기타 리프와 격렬하고 힘찬 드러밍, 그리고 그 공격적인 사운드 위에 절규와 흐느낌이 교차하는 매튜 벨라미의 감성적 창법이 얹혀 환각적 분위기가 극에 달하는 곡. 게다가 그 드라마틱한 전개는 또 얼마나 매혹적인지. 그래서 나는 뮤즈의 수많은 곡들 중에서도 '스톡홀름 신드롬'에 가장 적극적으로 반응한다. 기운 빠지는 순간이면 '스톡홀름 신드롬'을 재생시키며 내면 깊은 곳에서 잠자고 있는 야성을 다시 흔들어 깨운다.

개인적인 애정도 애정이지만 음악의 배경이 된 곳에서 듣는 '스톡홀름 신드롬'은 그 어느 때보다 짜릿했다. 이를테면, '뉴욕 스테이트 오브 마인드New York State of Mind'를 브루클린 다리를 건너며 듣고 있다든가, '파리지엔느 워크웨이즈Parisienne Walkways'를 샹젤리제 거리의 노천카페에 앉아 듣고 있는 느낌이랄까. 내가 앉아 있

는 부두 바로 앞으로는 바다가 넘실거렸고, 그 앞으로는 셰프스홀
멘 섬이 아담하고 정갈한 자태를 드러내고 있었다. 셰프스홀멘 섬
곁으로는 범선 한 척이 정박되어 있었는데, 그게 내가 묵고 있는
숙소였다.

범선의 이름은 어브 샤프만Af Chapman. 1888년 영국에서 건조
돼 여러 차례에 걸쳐 세계를 항해했고 제2차 세계대전에도 출격했
다. 한 세기를 훌쩍 뛰어넘는 그 긴 시간 동안 온갖 풍상을 무던히
견디며 역사의 흐름을 소리 없이 체험하고 목도했다. 1923년 스웨
덴 해군 제독의 이름을 따서 어브 샤프만이라는 이름을 갖게 되었
고, 300여 개의 침상을 가진 숙소로 개조돼 여행자들을 맞이하고
있다. 함께 운영되고 있는 육상 호스텔이 바로 앞에 있었지만, 달
빛 하나만 빼고는 아무것도 존재하지 않던 하롱베이 밤바다 위에
서의 감동이 떠올라 이곳을 숙소로 잡았다. 여간해서는 경험하기
힘든 범선 위에서의 하룻밤을 오랜만에 경험하게 되었다. 어깨를
쩍 벌린 선체와 갑판 위로 우뚝 서 있는 돛대들, 그리고 그 돛대들
에 매달려 하얀 날개를 활짝 펼치고 있는 돛들. 근사하게 생긴 나
의 숙소가 바다 건너에서 위용을 자랑하고 있었다.

저녁을 먹기 위해 슈퍼마켓에서 사온 음식들을 부둣가에 쏟아
냈다. 오슬로에서 스톡홀름으로 넘어오는 길에 식비를 절감할 수
있는 방법을 한 가지 찾아냈다. 1.5리터 이상의 대용량 음료를 사
서 작은 용기 몇 개에 담아 마시는 것. 원래의 용기는 숙소에 두고,
내용물을 나눠 담은 작은 용기는 휴대용으로 가지고 다니면 하루
에 몇 천 원씩은 절약할 수 있다. 그게 여러 날이 계속되면 하룻밤
숙박비가 되고, 하룻밤 숙박비들이 모이면 다시 한 도시의 체류비
가 된다. 또래들은 수천, 수억을 운운하며 집 장만이다, 재테크다

해서 어떻게 하면 재산을 효과적으로 불릴 수 있을까를 고민하고 있는데 나는 스톡홀름 부둣가에 앉아서 몇 푼 하지도 않는 음료수를 앞에 두고 어떻게 하면 푼돈이라도 절약할 수 있을까를 궁리하고 있다. 나라는 놈은 이렇게나 대견스러운 짓만 골라서 한다. 그러고도 노상 당당하니 더더욱 대견스럽다.

500ml 페트병에 담아 둔 요거트를 꺼내 벌컥벌컥 마셨다. 질편한 점액질의 느낌이 바다 풍경과는 그다지 어울리지 않았지만 영양만큼은 체내에 잔뜩 농축되는 느낌이었다. 곁으로 시선을 돌리니 아까부터 부둣가를 어슬렁거리던 갈매기 한 마리가 몇 미터 곁에서 나를 물끄러미 바라보고 있다. 저놈도 시장한가 보다.

이번에는 비스킷 봉지를 집어 들었다. 한국에서는 보지 못한 모양새라 신기해서 샀다. 외국 여행에서 그곳만의 문화를 체험하는 것은 중요한 일이므로 이 비스킷을 통해 이 나라의 음식문화를 조금이나마 체험해볼 계획이었다. 비스킷 상자는 제법 큼직했다. 크리넥스 상자만한 크기. 악착 같이 먹어도 며칠은 걸릴 듯했다. 북유럽은 물가가 비싸니 군것질거리 삼아 두고두고 먹으면 될 것이다. 내용물이 궁금해 봉투를 열었더니 여권보다 더 큰 비스킷들이 잔뜩 들어 있었다. 오호, 이렇게 크고 실한 먹을거리를 지들끼리만 몰래 숨겨놓고 먹고 있었군.

기분 좋게 한입 베어 물었다. 그런데 치아가 아팠다. 여느 비스킷들과 비슷할 줄 알았더니만 너무 딱딱해서 씹기가 힘들었다. 입안에 들어가서도 잘 으깨지지 않아 한참을 씹은 후에야 식도로 넘길 수 있었다. 맛도 뻑뻑한 것이 이게 사람이 먹는 게 맞나 싶을 정도였다. 하나를 다 먹는 데 걸린 시간은 대략 5분쯤. 그래도 우리 돈으로는 비싼 가격을 치른 셈이니 더 먹어보기로 했다. 그러나 입

NATIONAL
GALLERIET
VIC
ULLA HANNERZ
0 - 10 år
3 våningsplan
50%
REA

이 아파서 세 개쯤에서 포기하고 말았다. 안 되겠다, 저놈에게 좀 나눠줘야겠다. 내 눈치를 살피며 곁을 배회하고 있던 아까 그 갈매기에게 비스킷을 조각내 던졌다. 순식간에 날아드는 녀석. 나는 비스킷을 던지고 그때마다 녀석은 푸다닥거리며 날아들고, 그런대로 영화 같은 장면이었다.

그러나 녀석은 비스킷을 몇 차례 입에 물어보더니 곧 시큰둥한 표정으로 저 멀리 날아가 버렸다. 그 표정이 '아무리 그래도 그렇지, 이걸 먹을 거라고 주냐?'고 말하는 듯했다. 그렇다면 내가 갈매기도 못 먹을 음식을 먹었나?

그때 문득 머릿속에 떠오르는 게 있었다. 슈퍼마켓에서 스쳐 지나간 강아지 그림들. 아마도 강아지용 제품 포장에 그 그림들이 찍혀 있었던 것 같다. 그럼 내가 그쪽 코너에서 이걸 집어 왔나? 그렇다면 이건? 화들짝 놀라 봉투를 이리저리 살피기 시작했다. 다행히도 강아지 그림은 찾을 수 없었다. 그러나 스웨덴어만 봉투에 가득 적혀 있어 대체 내가 뭘 산 건지도 알 수 없었다. 만원 전철에서 정체불명의 손길에 뒤통수를 한 대 얻어맞은 것마냥 기분이 좋지 않았다.

사실 슈퍼마켓에 간 것도, 비스킷을 고른 것도 여비를 절약하기 위해서였다. 식당에서 저녁을 사먹을까 생각하기도 했지만 식사 때마다 몇만 원씩을 들이자니 부담스러웠다. 계획에도 없던 북유럽이고, 피오르드에 다녀오느라 경비를 초과 지출했으니 가급적 돈을 아껴야 했다. 그러나 높은 물가에서 비롯된 고생이 이미 여러 날째 누적되고 있었다. 한숨이 났다. 내가 왜 여기까지 와서 이 고생을 해야 하나. 음료수 정도는 그때그때 사 마셔도 되는데 돈 몇 푼 아끼려고 그걸 작은 병에 나눠 담아야 하다니. 기분이 자꾸 가라앉아 MP3에서 '스톡홀름 신드롬'을 다시 재생시켰다.

스톡홀름 신드롬은 원래 심리적 증세를 일컫는 범죄심리학 용어다. 1973년 스톡홀름에서 벌어진 인질극이 이 용어를 만들어냈다. 당시 스톡홀름 시내의 크레디트반켄 은행에서 자동소총으로 무장한 강도 두 명이 131시간 동안 은행직원 네 명을 대상으로 인질극을 벌였다. 처음에는 범인들을 두려워했던 인질들은 시간이 지나면서 범인들에게 동질감을 느끼기 시작했고, 구출 과정에서 위험한 상황을 만들어낸 경찰들에게 오히려 적대감을 드러냈다. 구출된 이후에도 범인들에게 불리한 발언을 하지 않으려 애썼고, 심지어 범인들이 경찰들에게서 자신들을 보호해주었다는 주장까지 했다. 이 사건에 대해 범죄심리학자인 닐스 베예로트가 뉴스에서 처음으로 스톡홀름 신드롬이라는 표현을 썼고, 그때부터 이 표현이 범죄심리학 용어로 사용되기 시작했다. 그와 비슷한 심상을 표현하려고 했는지 뮤즈의 노래 '스톡홀름 신드롬' 역시 심리적 격랑이 선명하게 묘사되고 있다.

곰곰이 생각해보니 북유럽은 높은 물가만 빼고는 별로 나무랄 데가 없었다. 노르웨이도, 스웨덴도 현 사회 체제 안에서는 복지국가가 지녀야 할 모습의 최대치를 구현하고 있었다. 거주자가 아닌 여행자의 입장에서도 현지인들의 됨됨이는 대체로 단정해보였고,

사회 시스템은 기대 이상으로 편리했다. 오히려 환율 문제를 포함해 내 나라가 안팎으로 더 많은 문제점들을 가지고 있었다. 정치는 선량한 국민들을 볼모로 삼아 자주 인질극을 벌였고, 경제는 미친년 널뛰기 하듯 만날 오락가락했으며, 사회는 비만한 극소수의 상층부와 병약한 절대다수의 하층부를 끊임없이 차별하고 있었다. 그래서 나는 한국이라는 땅에서 살아가면서 자주 숨이 막혔다. 특히 생존의 문제가 시도 때도 없이 목을 조여왔다. 기대와 희망을 점차 줄여나가야 하는 나날들을 지루하고 힘겹게 견뎌내야 했다. 자아성취의 욕구를 스포츠 스타의 국제무대 선전으로 대리만족해야 하는 것이 한국에서의 내 일상이었다.

캐나다 로키 산맥을 여행했을 때의 일이 떠올랐다. 그때가 나에게는 첫 외국 나들이였는데 여행 내내 웅장한 로키 산맥의 모습에 정신을 빼앗겼다. 학교에선 분명히 삼천리금수강산이 세계 최고라고 배웠는데 내 눈 앞에서 펼쳐지는 광경은 그게 아니었다. 그동안 열심히 고개 끄덕여 가며 배운 것들이 실제와 다르다는 사실을 깨닫는 기분이 별로 좋지 않았다. 속았다는 생각이 들어 더 기분이 나빴다. 이십대 중반의 장성한 나이였음에도 애국심이란 게 무언지를 다시 생각해볼 수밖에 없었다.

외국에 나오면 원하든, 원하지 않든 애국심이라는 화두를 자주 떠올리게 된다. 국적을 이름표처럼 가슴팍에 달고 다녀야 하기 때문일 것이다. 어디에서든 뿌리를 물어오니 정체성을 끊임없이 되새길 수밖에 없다. 외국 나가면 누구나 애국자가 된다는 말도 그러한 사정에서 연유했을 것이다. 물론 나도 외국 여행을 할 때마다 종종 애국자가 되곤 했다. 교포나 한국 여행자라도 만날라치면 반가움이 샘솟았고, 한국인이라는 이유로 현지인들에게 환대라도 받게 되면 나도 모르게 우쭐해졌다. 그때마다 내 나라가 자랑스러웠다. 그러나 로키 산맥에서의 경험처럼 애국심의 근거를 되물어야 하는 순간도 있었다. 스톡홀름에서도 마찬가지였다. 이보다 더 살기 좋을 순 없다는 곳에서 보니 내 나라가 전과는 달라보였다.

스톡홀름 신드롬이 남의 일 같지 않았다. 혹시 내 처지가 그 인질들을 닮은 건 아닐까? 성장기 내내 계속된 애국교육의 여파로 충분한 자각도 없이 애국심을 불태우고 있는 건 아닐까? 내 조국이 버린 수많은 아들딸들을 가장 많이 입양해 키워준 나라 스웨덴, 그리고 그 심장부인 스톡홀름. 그 고마운 나라의 중앙에 우두커니 앉아 '스톡홀름 신드롬'을 듣고 있자니 마음이 더욱더 울적하고 무거워졌다. '스톡홀름 신드롬'을 들으며 심리현상으로서의 스톡홀름 신드롬을 생각하지 않을 수 없었다. 그리고 또 생각했다. 도대체 내 애국심의 정체는 무엇인가…….

● 코펜하겐, 오덴세

북유럽을 여행하면서 내 눈을 잡아끈 것 중 하나는 전국적으로 생활화되어 있는 자전거 문화였다. 유럽 각국에 이미 자전거 문화가 널리 정착되어 있다고 들었지만 북유럽에 와서 자전거 문화의 생활상을 직접 확인하고 나니 수많은 유럽 국가들 중에서도 자전거 문화만큼은 북유럽이 으뜸인 것 같다는 생각이 들었다. 여행을 마치고 돌아온 지금에 와서 다시 생각해보아도 그런 생각에는 큰 변화가 없으니 그때 받았던 인상이 꽤 강렬했던 모양이다.

북유럽 각국은 전반적으로 고른 수준의 자전거 문화를 보여주고 있었다. 그중에서도 자전거의 왕래가 거리에서 가장 활발하게 이루어지고 있는 곳은 덴마크였다. 보도 옆에 금만 그어 놓았지 자전거 도로가 실제로는 제대로 활용하기 어려운 상태로 방치되고 있거나, 계획성 없는 도로 설계로 유실된 구간이 속속 발견되는 우리네 사정과는 판이하게 다른 모습이었다. 덴마크에는 소통량에 적합한 도로 면적의 확보부터 대중교통과 조화를 이룬 자전거 전용 교통신호 체계와 깔끔하게 정비된 도로 상태까지 자전거 문화가 전 방면에서 안정적으로 정착돼 있었다. 코펜하겐뿐만 아니라 그 곁의 작은 도시 오덴세에서도 자전거의 물결은 유연하게 이어지고 있었다. 아담한 도시지만 안정적으로 구축된 운용 체계 안에서 수많은 자전거들이 사람과 차들 사이에서 경쾌하게 오고갔다.

오덴세에서 코펜하겐으로 돌아오는 길. 코펜하겐 중앙역에 도착해 인근에 있는 자전거 보관소를 찾았다. 코펜하겐은 관광객들을 위해 시내 여러 곳에 자전거 보관소를 설치하고 무료로 자전거를 빌려주고 있었다. 자전거 보관소들을 주요 버스 정류장 근처에 마련해 두었으므로 도시 중앙부 어디에서든 자전거 보관소를 금세 찾아낼 수 있었다. 이용도 손쉬웠다. 대형 할인마트에서 카트를 빌

리듯 자전거 핸들의 중간쯤에 마련된 홈에 동전을 집어넣어 자전거를 빼내고, 사용을 마친 후에는 자전거 보관소에 집어넣으면서 동전을 되돌려 받는 방식이었다. 동전 하나만 있으면 아주 쉽게 자전거를 빌리고 반납할 수 있는 것이다. 모든 일이 자발적으로 이루어지므로 이용하는 입장에서는 편리하고, 운영하는 입장에서는 관리 효율이 높은 시스템이었다.

코펜하겐에서 자전거 보관소를 찾은 것은 이번이 두 번째였다. 코펜하겐에 막 도착했을 때도 무료 자전거를 찾으러 돌아다녔다. 그러나 자전거 보관소에는 남아 있는 자전거가 없었다. 몇 군데를 돌아보았지만 마찬가지였다. 부지런한 여행자들이 아침부터 서둘러 자전거를 빼내간 모양이었다. 걸어서 다니기에는 큰 도시이므로 자전거는 여행자의 귀중한 발이 되어줄 것이다. 그러니 발 빠른 이들이 모두 채 가는 게 당연했다. 할 수 없이 코펜하겐 구경을 다음날로 미루고 안데르센 생가가 있는 오덴세 일정을 하루 앞당겨 열차에 올랐다. 그리고 오덴세 구경을 마친 후 이제 막 코펜하겐으로 복귀했다.

혹시 누군가가 반납한 자전거가 있지 않을까 싶어 자전거 보관소들을 돌아다니다가 마침 독야청청 폼 나게 서 있는 자전거 한 대를 발견했다. 자전거를 타고 숙소로 돌아오는 길. 이미 몇 차례 왕복한 그 길이건만 시야로 펼쳐지는 풍경이 전과는 또 다르게 느껴졌다. 주변 모든 것들이 좀 더 경쾌하게 흐르는 느낌이랄까. 그러면서도 자전거는 아날로그 양식으로 설계된 이동수단답게 세세한 풍경들을 생략하지 않았다. 연료와 엔진의 기계적인 합을 동력으로 사용하는 이동수단들이 눈 깜짝할 새에 공간 이동을 하는 것과는 달리 몸에 섭취한 영양소와 다리 근육의 합으로 동체를 움직여야 하는 자전거는 운전자가 주변 환경과 충분히 교감할 수 있도록 배려하면서 속도의 효용까지 제공하고 있었다.

숙소에 도착해 기분 좋게 샤워를 한 후 저녁식사까지 마쳤다. 온몸에 때를 벗기고 에너지도 다시 충전한 상태. 개운한 기분으로 다시 자전거에 올라탔다. 모든 짐을 호스텔 로커에 보관하고 나왔으므로 작은 소지품조차도 하나 없이 아주 가뿐한 차림이었다. 서서히 페달을 밟기 시작했다. 그동안은 여행의 흔적을 기록하거나 갑작스런 사고에 대처하기 위해 늘 무언가를 지니고 다녀야 했는데 몸 하나만 자전거에 싣고 이국의 도시를 유랑하자니 마음이 무척 홀가분했다.

대중교통으로 다니면 가보지 못할 뒷골목들을 누비기 위해 강을 건너기로 했다. 주요 관광지들이 몰려 있는 구역의 정 반대편으로 진입하려는 것. 여행자들에게는 가려진 현지인의 공간들을 깊

이 파고들어보려는 시도였다. 강바람이 상쾌해서인지 페달은 내가 밟았건만 도로가 자전거 바퀴 아래로 저 혼자 흘렀다. 곧이어 현지인만의 은밀한 일상공간들이 하나둘씩 열렸고, 그렇게 드러나는 이국의 속살들을 나는 애틋한 시선으로 어루만졌다. 저곳들에서도 내가 사는 곳과 그리 다르지 않은 일상이 매일같이 펼쳐지겠지. 페달의 회전수만큼 자전거가 달렸고, 자전거가 달리는 만큼 코펜하겐도 숨겨 둔 풍경들을 펼쳐보였다. 걸어서 다녔으면 하루를 꼬박 소모해도 부족했을 거리를 세 시간도 채 되지 않아 모두 누볐다. 기분이 유쾌하고 상쾌하고 통쾌했다.

다음날도 자전거로 일정을 시작했다. 그러나 간밤의 질주가 과했는지 초반부터 다리 근육이 힘겨움을 호소했다. 무료 자전거이다 보니 동체에 변속 기어가 없었는데 간밤에는 상쾌한 기분에 웬만한 오르막은 힘든 줄도 모르고 올랐다. 그런데 그 때문에 몸의 에너지가 방전된 듯했다. 숙소에서 4~5km 정도 떨어져 있는 칼스버그 전시장까지는 어렵사리 달려왔지만 남은 구간을 변속 기어도 없는 자전거로 달려야 한다고 생각하니 아득해졌다. 남아 있는 구간은 칼스버그 전시장부터 시작해 다시 중앙역을 거슬러 인어공주 동상까지 이르는 길. 자전거를 반납하기 위해 도시 중앙부로 되돌아와야 하는 것까지 생각하면 지금까지 달린 거리의 세 배쯤인 15km 안팎을 더 달려야 한다. 변속 기어만 있다면 아무런 문제가 되지 않겠지만 변속 기어가 없으니 불과 15km인데도 여간 부담스러운 게 아니다. 운동을 안 한 지도 꽤 되었으니 남은 구경거리들을 자전거로 소화하기에는 아무래도 무리일 것 같은데 어떻게 하는 게 좋을까. 칼스버그 전시장을 견학하는 동안 다리 근육을 어느 정도 이완시켜 놓고, 출발 전에 몸 상태를 다시 한번 살펴보

기로 했다.

칼스버그 전시장 견학을 마치고 나올 무렵 나는 살짝 취해 있었다. 입장권에 무료 맥주 시음권 두 장이 포함돼 있어 견학을 마치고 전시장 마당으로 나와 따사로운 햇살을 받으며 맥주 두 잔을 거푸 마셨다. 평소 같았으면 그 정도로는 끄떡없었을 텐데 시장기가 도는 점심시간에 안주도 없이 맥주를 마신 탓에 금세 취기가 올랐다. 맥주도 맥주지만 모든 게 신기하기만 한 이국의 정취에도 조금 취해 있었는지 모르겠다. 알딸딸한 기분으로 주변을 둘러보니 세계적인 낙농국답게 도처에서 울창한 가로수들이 초록빛으로 근사하게 빛나고 있었다. 수목이 뿜어내는 자연의 정기가 몸 안으로 들어오는지 갑자기 심장이 박동하기 시작했다. 다시 용기백배. 이 기분대로라면 자전거를 탄 채로 공중부양도 가능할 것 같다. 오랜만에 운동도 할 겸 끝까지 한번 달려보기로 했다. '니나노!'를 외치며 다시 질주 본능을 불사르기 시작했다.

인어공주 동상까지 가는 길은 생각보다 멀었다. 그러나 거리가 주는 부담감보다 음주운전의 힘이 더 강했다. 인어공주 동상까지는 술기운으로 달렸고, 돌아올 때는 몇 시간 동안 기를 쓰고 달린 것이 아까워 다시 달렸다. 코펜하겐의 최고 번화가 스트로이에 거리에 도착했을 때는 자전거를 한쪽에 세워 두고 잠시 쉬기도 했는데 운 좋게도 바로 코앞에서 거리연주가 펼쳐졌다. 자전거를 세우고 한쪽에 앉아 있는데 주변에 있던 서양 처녀 두 명이 내 앞쪽으로 걸어 나와 보면대를 세우고 바이올린을 꺼내 연주를 시작했다. 한가롭게 서 있는 자전거의 곁에서 두 대의 바이올린이 빚어내는 그 우아하고 감미로운 선율을 감상하는 호사라니. 자전거로 이국의 도시를 신나게 가르고 나서 전속악단을 거느린 귀족의 자제처럼 거리음악가의 연주를 독차지하는 기분이 그만이었다. 어디서든 거리연주를 구경할 수 있는 유럽이지만 그 어느 때보다도 만족감 높은 순간이었다.

모든 것이 신기한 지구 반대편의 도시에서 자전거로 낯선 풍경들을 가르는 재미는 생각보다 쏠쏠했다. 하늘은 맑았고, 바람은 시원했으며, 행인들의 표정은 밝았다. 도시 전역에서 안정감 있게 펼쳐지던 자전거 문화도 보기에 좋았다. 변속 기어도 없는 자전거로 질주본능을 불태우느라 제법 노곤해지긴 했지만 기분 좋은 하루였던 건 분명했다. 그날 저녁 나는 코펜하겐을 자전거의 도시로 기

억해 두기로 했다. 그리고 그 이후부터 자전거들이 신나게 질주하
는 코펜하겐 거리를 떠올릴 때마다 다리에 불끈 힘을 주는 버릇이
생겼다. 지금도 코펜하겐에서는 자전거 탄 풍경이 계속 펼쳐지고
있을 것이다.

도   대   체
당신은   어떤
국제전화카드를
쓰   십   니   까?
◆베를린

"영진, 일어나! 열차가 베를린에 도착했어, 어서 일어나라고!"

마이클의 목소리에 잠을 깼다. 시계를 보니 오전 6시. 6인용 쿠셋을 예약했는데 예약 시스템에 문제가 생기는 바람에 재수 좋게 최고급 2인실 침대칸을 배정받았다. 그걸 타고 코펜하겐에서 베를린까지 밤새 달려왔다. 베를린에서 유학 중인 덴마크 청년 마이클은 여자친구를 만나고 다시 베를린으로 돌아가는 길이라고 했다. 마이클이 객실을 빠져나간 후 주섬주섬 짐을 챙겼다. 침대칸 중에서도 가장 좋은 시설이기 때문인지 사물함에는 비누와 로션을 비롯해 하룻밤을 보내기에 충분한 양의 세면용 소모품들이 놓여 있었다. 이렇게 극진한 대접이 웬일인가 싶었으나 따지고보면 기찻삯에 포함된 것들이었다. 마이클은 생수 하나만 챙기고 나머지는 그냥 남겨 놓고 갔다. 짐을 정리하면서 혹시 나중에 필요할까 싶어 사물함에서 비누와 로션, 생수 따위를 가방 속으로 바리바리 거둬들였다.

문득 수건이 눈에 들어왔다. 리버풀 이후로 십여 일째 수건 없이 여행을 하고 있었다. 가벼운 세면이야 다 하고 나서 옷깃으로 쓱쓱 훔치면 되지만 샤워를 할 때는 속수무책이었다. 매번 샤워장 한쪽에 서서 온몸에 물기가 마를 때까지 기다려야 했다. 리버풀에서 수건을 두 장 샀지만 비틀즈 투어를 마치면서 차량 안에 두고 내렸다. 이후에도 새로운 도시에 도착할 때마다 수건을 구입할 만한 곳을 알아봤지만 시원한 답을 얻기가 어려웠다. 유럽에서도 수건은 상점에서 사는 게 아니라 선거철이나 회갑잔치에 미리미리 확보해 두는 물품인 모양이었다. 그래서인지 주인 없는 수건을 보니 마음이 동했다. 이것도 챙겨 넣을까? 그러나 세면용 소모품들과는 달리 덩어리가 크기 때문인지 도둑질을 하는 것 같은 기분이 들었다. 잠시 손에 수건을 들었다가 결국 제자리에 내려놓았다. 한국인이 머물다

간 자리에서 수건이 없어졌다는 뒷말을 만들고 싶진 않았다.

새날이 밝았으니 최소한 낮은 헹궈주는 것이 예의겠다. 가볍게 세수를 한 후 사물함에 남겨 둔 로션 하나를 꺼내서 발랐다. 투명한 액체였는데 스킨과 로션이 합쳐져 있는지 약간의 점성이 느껴졌다. 얼굴과 손에 문질렀더니 잠시 거품 같은 것이 일다가 이내 피부 속으로 스며들었다. 이렇게 단계별로 화학작용을 일으키며 피부에 스며드는 로션은 한국에서는 본 적이 없었다. 역시 유럽은 뭐가 달라도 다른 모양이었다. 손등을 만져보니 미끈미끈하면서도 부드러운 것이 피부가 다시 살아나는 느낌이었다. 게다가 이처럼 우아한 향기라니. 넉넉하게 발랐는데도 서너 번 정도는 더 사용할 수 있을 것 같아서 그것마저 가방에 챙겨 넣었다. 마이클의 몫까지 총 네 병의 로션은 이후에도 대단히 요긴하게 사용했다. 용기의 겉면에 적혀 있는 'Shower gel샤워젤'이라는 영문은 마지막 용기가 거의 다 비워질 무렵에서야 발견할 수 있었다. 그전까지는 아주 열심히, 아주 기분 좋게 얼굴과 손등에 바르고 다녔다.

객실을 빠져나와 역사 바깥으로 나가보았다. 도시는 아직 어둠에 잠겨 있었다. 베를린 카드도 구입해야 하고 숙소도 알아봐야 하는데 관광안내소는 8시나 되어야 문을 연다고 했다. 베를린 카드는 여행자를 위한 일종의 도시 자유이용권인 셈이다. 그 카드 한 장에 교통비와 박물관 입장료가 포함돼 있는데 베를린에서 3일 이상 머물 예정이라면 베를린 카드를 구입하는 것이 경제적이라고 했다. 역 로비에 앉아 동이 터오기를 기다렸다. 격자무늬 통유리 벽 너머로 동이 트는 모습이 보였다. 짙은 청남색에서 푸르스름한 청색으로, 푸르스름한 청색에서 맑은 파란색으로 하늘이 변했다. 참으로 근사한 색채의 변주였다. 역 안의 가게들도 하나둘씩 셔터

를 밀어 올리며 아침이 열리는 것을 도왔다.

관광안내소에서 5일짜리 베를린 카드를 구입한 후 역을 빠져나왔다. 숙소는 직접 구해보기로 했다. 관광안내소에서 예약을 대행해주는 대가로 알선료를 받는다고 했기 때문이다. 가이드북은 서커스 호스텔이라는 곳을 적극적으로 추천하고 있었다. 유럽 여행후 베를린 사랑에 흠뻑 빠진 지인 하나도 서커스 호스텔에서 묵었다고 했다. 버스를 타고 서커스 호스텔로 향했다. 중간에 내려 전철로 환승해야 했는데 창밖으로 펼쳐지는 시가지의 모습에 시선을 빼앗겨 정류장을 놓치고 말았다. 주변에 앉아 있는 승객들에게 지도를 내밀었더니 다행히도 버스가 숙소 앞으로 간다고 한다.

이른 시간이었지만 서커스 호스텔에는 활기가 넘쳤다. 식당에서는 아침식사를 하는 이들이, 안내 데스크에서는 각종 여행 정보를 문의하는 이들이, 라운지에서는 소파에 느긋하게 앉아 인터넷의 세계를 서핑하는 이들이, 호스텔 앞 노천카페에서는 테이블에 둘러 모여 담소를 나누는 이들이 저마다 호스텔이라는 공간에 어울리는 구색을 만들어내고 있었다. 여행자들의 아지트로서 손색없는 모습이었다. 장시간 동안 밤기차를 탄데다가 아침이 밝아올 때까지 서늘한 새벽 역사에서 시간을 보내서인지 갑자기 긴장이 풀리며 피로가 밀려왔다. 호스텔 직원은 빈 침대는 있지만 두 시나 되어야 체크인이 가능하다고 했다.

로커에 짐을 맡기고 외출할까 하다가 이참에 국제전화카드를 만들기로 했다. 한국에도 안부전화를 걸어야 하고, 긴급한 숙소 확보를 비롯해 여행 중 발생할 위험 상황에 대비해서도 국제전화카드가 꼭 필요하던 차였다. 원래는 인천공항에서 국제전화카드를 한 장 사오려고 했는데 현지에서 더 저렴하게 구입할 수 있고, 급하면 신용카드로도 국제전화를 걸 수 있다고 해서 그냥 빈손으로 유럽으로 날아왔다. 그런데 정작 현지에서 전화를 사용하려 하니 생각보다 번거로움이 많았다. 국제전화카드를 구입하려 할 때는 판매소가 눈에 띄지 않았고, 신용카드로 국제전화를 걸려 하면 공중전화가 신용카드를 거부했다.

통화료가 저렴한 국제전화카드를 인터넷으로 손쉽게 구입할 수 있다는 이야기를 일전에 들은 적이 있었다. 판매소에서 파는 물리적인 형태의 카드와는 달리 인터넷으로 구입하는 카드는 개인별 사용코드만 부여받는 형식이라고 했다. 그러니 판매 사이트를 찾아 들어가 회원가입과 함께 구입 절차를 밟으면 길어도 20~30분 안에는 모든 작업을 마무리지을 수 있을 것이다. 그러나 예상과는 달리 국제전화카드를 취급하는 사이트는 한둘이 아니었고, 각 사이트에서 판매하는 국제전화카드의 종류는 그보다 더 다양했으며, 개별 카드가 보장하는 옵션의 변화는 실로 변화무쌍했다. 대충 아무거나 고르려고 했지만 비교해야 할 부분들이 너무 많아 머리가 지끈지끈하다 못해 터질 지경이었다.

국제전화카드를 고르는 것만이 문제가 아니었다. 호스텔의 인터넷 속도가 얼마나 느려 터졌는지 페이지 하나를 넘기는 데에도 엄청난 인내가 필요했다. 한국이 인터넷 강국으로 불리는 이유를 능히 짐작하고도 남을 정도였다. 한참을 헤맨 끝에 유럽에서 사용하기에 적합한 카드를 추렸다. 그리고 그 중에서 다시 내 여행 방식

에 유용할 만한 카드를 골라냈다. 카드별로 국가별 통화료와 그 밖의 혜택을 점검한 후 마지막으로 고객평가를 확인했다. 그렇게 해서 고른 것이 외국에서 한국으로도 전화를 걸 수 있고, 외국에서 외국으로도 전화를 걸 수 있다는 블루버드라는 이름의 카드였다. 결제까지 마치고 나니 어느새 오후 2시가 가까워오고 있었다.

인터넷 속도가 빠른 한국 같았으면 절반의 시간으로 모든 과정을 마무리했을 것을 느린 인터넷 속도로 인해 반나절이나 고생을 했다. 더욱 불행한 것은 기계를 만들어낸 존재인 인간으로서 기계를 사용해 기계용 소모품을 골라내느라 기계처럼 냉정한 표정으로 골머리를 싸맸다는 점이다. 일상에서마저 기계와 기계 사이에 껴 옴짝달싹 못하는데 일상 밖으로 나와서까지 기계의 운용 체계를 기계로 분석해 기계의 동력 절감 효과를 기계로 계산하며 기계를 사용하는 데 드는 비용을 몇 푼이라도 아껴보려고 그렇게 전전

궁궁해야 했다니. 긴요한 여행 도구 하나를 저렴한 가격에 확보하긴 했지만 반나절을 들여 얻은 결과가 과연 이득인지 손해인지 도저히 판단이 서지 않았다.

그래도 좋다. 여기는 베를린. 세상의 모든 문화가 모여 다시 개화하고 있는 도시다. 장벽이 무너진 베를린에서는 천사도 시를 쓴단다. 그래서 너널너덜해진 마음을 나는 다시 훌훌 털어낸다. 그리고 북유럽 여행의 종착점이자 서유럽 여행의 출발점인 독일의 심장부에서 다시 의욕에 불을 붙인다. 다시 베를린이다.

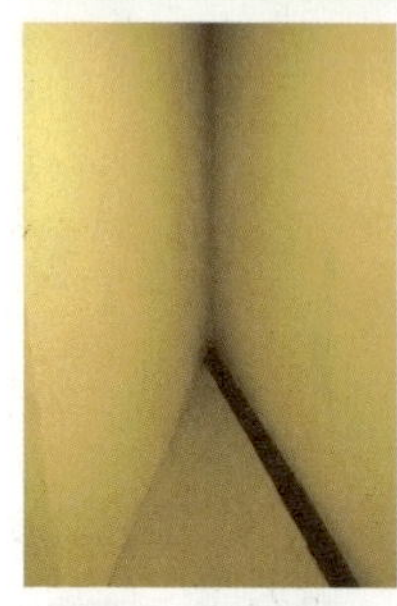

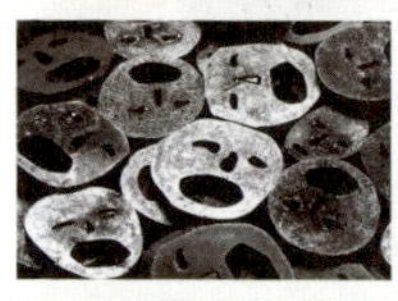

하늘을 달리는 남자와 소녀

연주를 감상하는 내내 두 사람의 관계가 궁금했다. / 저 어린 소녀가 무슨 일로 저 집시 같은 사내와 합주를 한단 말인가? / 두 사람의 인상을 비교해보니 아버지와 딸이 아닐까 싶기도 했지만 나는 두 사람이 음악으로 맺어진 좀 더 특별한 인연이었으면 좋겠다고 생각했다. / 지긋지긋한 일상사를 초월한 뭔가 뜨겁고 애절한 사연을 내가 두 눈으로 직접 확인하고 있는 것이면 좋겠다고 생각했다. / 눈에 들어오는 건 젤소미나와 잠파노의 구슬픈 유랑 같은 풍경이었지만 그보다 더 고귀하고 근사한 사연이 두 사람의 관계에 새겨져 있기를 바랐다. / 그녀와 함께여서 그가 더 뜨겁게 하늘을 달리고 있는 것이면 좋겠다고 생각했다.

거리 음악가들Street Musicians, 브란덴부르크 문 광장, 베를린, 독일

해바라기가 있는 아주 특별한 식탁

베를린 시내를 구경하다가 동양인들로 구성된 여행팀을 마주쳤다. 모두 할아버지들이었는데 머리 모양이 유독 눈에 두드러졌다. 마치 신병훈련소나 포로수용소에서 일괄적으로 밀어 버린 것처럼 한 명도 빠짐없이 짧은 머리를 하고 있었다. 거의 삭발에 가까운 머리 모양들. 서로 말 한 마디도 나누지 않고 묵묵히 여행하는 모습이 마치 팀을 급조해 여행에 나선 요양노인들 같기도 했고, 모처럼 세상 구경에 나선 수행자들 같기도 했다.

도심을 좀 더 수월하게 구경하려고 시티투어버스에 탑승해 앉아 있는데 그들이 우르르 내 뒤를 따라 버스에 올랐다. 잠시 후 그들의 인솔자로 보이는 가이드가 나타났다. 그들과 같은 나라 사람인 줄 알았더니 서양인이었다. 독일인인지 아니면 다른 나라 사람인지 잘 모르겠지만 어쨌든 노랑머리 가이드는 할아버지들을 향해 영어로 무언가를 설명하기 시작했다. 그러나 할아버지들은 영어를 전혀 못 알아듣는 표정이었다. 죄수를 다루는 간수처럼 고압적인 태도로 이야기하는 그에게 할아버지들은 궁금한 것이 있어도 차마 묻지 못하는 눈치였다. 주변마저 눈살을 찌푸리게 하는 그 무례함으로 보아 질문을 던진다고 한들 가이드가 제대로 대답을 해줄 것 같지도 않았다. 설령 질문에 응답한다고 해도 할아버지들이 알아들을 수 있는 언어로 대답할 리 만무했다.

가이드의 이야기가 길어지자 그때까지 슬금슬금 가이드의 눈치만 살피던 할아버지들이 조금씩 웅성거리기 시작했다.

"뭐라는겨?"

"조용히 해라. 왜 자꾸 씨부려쌌노. 아까매치로 또 욕 들어먹을라꼬 그러나."

"그래도 뭔 소린지는 알아야 할 꺼 아녀."

한국인들이었다. 작은 소리로라도 몇 마디 하는 할아버지들은 그마나 뱃심이 남아 있어 보이는 몇몇. 나머지 할아버지들은 주눅이 들었는지 고개만 푹 숙이고 있었다.

상황을 도저히 이해할 수 없었다. 어쩌다 여기까지 오셨는지는 모르겠지만 이송 죄수들도 아니고 왜 저렇게 비참한 모습으로 계셔야 한단 말인가. 화가 치밀었다. 할아버지들의 국적을 알게 되기 전부터 가이드의 행동이 심히 거슬리던 상황이었다. 할아버지들이 영어를 못 알아듣는 줄 알면서도 영어로만 지껄이고 있었고, 그 내용 역시 무례한 발언들로 가득했다. 자리에서 일어나 그에게로 다가갔다. 그리고 그의 어깨를 잡아 세웠다.

"이보쇼! 당신 지금 뭐하는 겁니까? 어르신들이 영어를 못 알아들으신다고 이래도 되는 겁니까? 동서고금을 막론하고 웃어른에 대한 예의라는 게 있는 법입니다. 더구나 당신은 내 나라 어르신들에게 무례를 저지르고 있습니다. 조용히 지나치려고 했는데 도저히 참지 못하겠군요."

"아, 한국에서 오셨나 보죠. 보아하니 의협심이 대단한 분 같은데 흥분하실 필요 없습니다. 이게 다 당신의 꿈속에서 벌어지는 일들이니까요."

벌떡 일어나 보니 호스텔의 침대였다. 목 언저리로 식은땀 한 줄기가 흘러내렸다. 체크인 후 침대에 짐을 풀어놓고는 그대로 잠이 들어 버렸다. 어지간히도 피곤했었나 보다. 한국에서 한참 동안 편히 지내다가 영어 한 마디조차 부담을 느껴야 하는 유럽을 여행하느라 그동안 알게 모르게 스트레스가 쌓였나 보다. 시계를 보니 두 시간 넘게 잠에 빠져 있었다. 이번 여행 중 처음 누려보는 낮잠이었다. 사지가 오글거리는 불쾌한 꿈을 꾸긴 했지만 단잠이었는지

심신이 개운했다.

저녁식사를 하기 위해 숙소를 나섰다. 서커스 호스텔은 로터리 건너편에 있는 같은 이름의 호텔과 함께 운영되고 있었는데 호스텔에 체크인을 하면서 호텔 식당에서 음료 한 잔과 함께 무료로 식사를 할 수 있는 쿠폰을 받았다. 예상 밖의 혜택에 적어도 유럽이라면 여행자에 대한 배려가 이 정도는 되어야 한다고 생각하며 아주 흡족한 표정으로 쿠폰을 챙겨 두었다.

호텔 식당으로 들어서니 종업원이 나를 해바라기가 담긴 꽃병이 놓인 자리로 이끌었다. 무료 식사권에 이어 해바라기가 있는 식탁이라. 특별한 저녁식사가 될 것 같은 예감이 밀려왔다. 혹시나 싶어서 쿠폰을 보여주며 정말로 음료를 무료로 제공하는지 물었다. 혹시 내가 혜택을 잘못 이해한 경우 나중에 식당을 가득 메운 독일인들 틈에서 망신을 톡톡히 당하게 될 테니 미리 확인해 두는 게 안전할 것이다. 기대했던 대로 답변은 "예스!" 내가 주문할 수 있는 요리는 무엇인지 물었더니 메뉴판에 있는 것은 무엇이든 가

EST Ships Stores

능하다고 했다. 오케이! 더 망설일 것도 없이 제일 비싼 요리를 그 자리에서 바로 주문했다. 이름도 처음 들어보는 아주 멋진 어감의 스테이크였다. 독일식으로 요리한 것이므로 특별한 저녁식사가 될 거라고 해 더욱 기대가 되었다. 쿠폰을 건네며 이 요리에 어울리는 맥주를 하나 골라달라고 했더니 종업원이 메뉴판에 적혀 있는 여러 종의 맥주들 중 고급 맥주 한 종을 권했다. 아니 저렴한 맥주도 많은데 왜 손실을 감수하면서까지 굳이 값비싼 맥주를 권하는 걸까. 혹시 맥주로 수입을 뽑아내려는 수작이 아닌가 싶어서 고급 맥주도 쿠폰이 적용되는지 물었다. 역시나 그렇다는 대답. 퍼펙트!

스테이크는 아주 근사한 맛이었다. 공짜여서 맛있게 느낀 것이 아니라 돈을 내고 먹어도 아깝지 않을 맛이었다. 오랜만의 향미 가득한 식탁 위에 해바라기까지 카메오로 참여해 분위기를 돋우니 마치 온 세상의 낭만이 나에게로 달려드는 것 같았다. 맥주대국 독일에서 마시는 고급 맥주는 또 얼마나 달콤쌉싸름하던지. 여행자가 누릴 수 있는 최고의 식탁이란 바로 이런 것일 터였다. 저녁식사를 만끽한 후 조용히 자리에서 일어섰다. 그리고 조용히 식당을 빠져나왔다. 계산대 앞에서 종업원과 눈이 마주쳤을 때 엄지손가락을 치켜올리며 만면 가득 흡족한 웃음을 보여주는 것도 잊지 않았다.

호스텔로 돌아가기 위해 횡단보도 앞에 서 있는데 누군가 어깨를 두드렸다. 식당 종업원이었다. 만족감이 미처 가시지 않은 상태라 그를 향해 환한 표정을 지어보이며 덕분에 아주 근사한 저녁식사가 되었다고 감사인사를 전했다. 그 역시 밝은 웃음으로 화답했다. 그러나 그는 곧 웃음을 거두고는 겸연쩍은 표정으로 계산이 이상한 것 같다고 이야기했다. 주문을 받은 이와 계산을 맡은 이가 달라 종업원들 사이에 오해가 생겼나 보다. 내부에서 풀어야 할 문제를 나에게까지 확대하는 게 별로 유쾌하지 않았지만 저녁식사가 워낙 근사했으므로 기꺼이 그를 안심시켜주기로 했다. 그의 어깨를 기분 좋게 두드리며 식사 전에 쿠폰을 제시하면서 무료 음료를 마실 수 있고 식사는 아무거나 시켜도 된다는 사실을 확인했다고 설명해주었다. 내 설명을 들은 그가 말꼬리를 흐리며 자기네 쪽에서 의사소통이 잘 안 된 것 같다는 식의 반응을 보였다. 그러나 아직까지 상황을 완전히 납득하지 못한 것 같은 표정이었다. 개운치 않은 느낌이 들어 확실하게 하고 싶다는 의사를 밝히며 그와 함께 다시 식당으로 돌아갔다. 그리고 주문을 받은 종업원을 불러 상황을 확인했다.

알고 보니 그 쿠폰은 요리와 음료를 모두 무료로 제공하는 것이 아니라 요리를 주문했을 때 음료 한잔을 무료로 제공하는 쿠폰이었다. 당연히 요리에 대해서는 비용을 지불해야 한다. 종업원의 입장에서는 내가 쿠폰을 제시하면서 음료를 무료로 마실 수 있냐고 질문한 것에 대해 그렇다고 대답하는 것이 당연했고, 요리는 어떤 것을 주문할 수 있느냐는 질문에 무엇이든 주문할 수 있다고 답변하는 것도 당연했다. 차라리 쿠폰을 제시하면서 질문 순서를 바꿨으면 문제가 생기지 않았을 것을 반대로 질문하는 바람에 무단취식을 한 꼴이 되었다. 어쩐지 꿈이 뒤숭숭하더라니. 책임감이니 자

립심이니를 운운하며 고등학생 시절부터 어른 행세를 하는 유럽
놈들이 나 같은 허름한 여행자에게 최고급 음식을 공짜로 내어줄
리가 없지. 그나저나 최고로 비싼 음식을 시켜 먹고는 어깨에 힘을
잔뜩 준 채로 계산도 안 하고 위풍당당하게 나가 버린 나를 그들은
어떻게 생각했을까.

갑자기 멍해졌다. 왜 오해가 생길 수도 있는 부분을 사전에 나
에게 숙지시키지 않았느냐고 정중하게 반문하며 상황을 만회해보
려 했지만 얼굴이 화끈거리는 것은 어쩔 수 없었다. 이 정도 식사
는 군것질에 지나지 않는다는 듯 당당하게 신용카드를 내밀었지
만 이미 붉어진 얼굴은 쉽사리 회복되지 않았다.

계산을 마치고 황급히 식당을 빠져나와 다시 횡단보도 앞에 섰
다. 일단 안도의 한숨부터 쉬었다. 그런데 다시 누군가가 내 어깨
를 두드렸다. 이번엔 또 뭐가 문제란 말인가. 역시나 뒤를 돌아보
니 아까 나를 가게로 불러들인 그 종업원이 서 있었다. 더 이상의
악운은 없길 간절히 바라며 그에게 의문의 표정을 던졌다. 또 다른
문젯거리를 제시할까 싶어 심장이 콩알만해졌으나 다행히도 그는
다른 말을 했다. 급히 빠져나가서 인사를 못 했는데 여러 가지로
정말 미안하게 됐다는 것이었다. 말의 내용도 정중했지만 태도는
그보다 훨씬 더 정중했다. 그래서 나도 그에게 정중하게 마무리 인
사를 건넸다.

"비용이 아깝지 않을 만큼 훌륭한 식사였습니다. 워낙 특별한 시
간이어서 오래도록 잊지 못할 것 같네요. 저는 괜찮으니 어서 가서
손님들을 맞이하세요. 가게가 바빠 보이니 어서 가세요. 어서요!"

포 르 투 갈 에 서

온

사   내

◆베를린

페라가몬 박물관에서 우연히 안드레를 만났다. 안드레는 같은 숙소, 같은 방에서 묵고 있는 친구. 뜻밖의 재회라 무척 반가웠지만 나는 관람을 거의 마쳐 가는 시점이고 안드레는 이제 막 관람을 시작하는 입장이라 반가운 마음만 주고받고 헤어졌다. 안드레가 빠른 관람으로 나를 따라잡아 보겠다고 했으나 유럽에서도 규모와 내용 면에서 손꼽히는 페라가몬 박물관을 단시간에 관람하기에는 아무래도 무리일 듯했다. 관람을 마치고 밖으로 나서니 거리에 비가 내리고 있었다. 빗방울이 어찌나 을씨년스럽게 흩날리는지 혼자 다니면 마음이 너무 싱숭생숭할 것 같았다. 한국인을 좀처럼 구경하기 어려운 북유럽을 여행한 직후고, 일정이 바빠 외국인 여행자들과도 별로 어울릴 새가 없었다. 사람이 점점 그리워지고 있었다. 다행히 입장권을 버리지 않은 상태라 박물관에 다시 입장했다. 그리고 안드레를 찾아내 밖으로 끌고 나왔다. 안드레 역시

중요한 전시물들은 대강 훑었으니 퇴장을 해도 좋다고 했다.

우리는 전날 저녁 처음 인사를 나눴다. 하루 일정을 마치고 숙소로 돌아왔을 때 방에는 아무도 없었다. 부산스럽게 짐을 정리하는데 잠잠했던 침대들이 부스럭거리기 시작했다. 침대들 위로 이불이 곱게 덮여 있어서 아무도 없는 줄 알았는데 몇 명이 이불을 뒤집어쓴 채로 잠들어 있었다. 이불 위로 빠끔 얼굴을 드러내는 이들을 보니 마리아, 소피아, 안젤라. 칠레에서 왔다는 여대생 삼인방이었다. 세 명 다 체구가 작아 이불 속에 들어 있어도 티가 나지 않았던 게다. 이 시간에 어째 자고 있느냐고 물었더니 일정을 일찍 마치고 숙소로 돌아왔는데 갑자기 피곤이 밀려와 낮잠을 자게 되었다고 했다.

그때 방으로 들어온 사람이 안드레였다. 우리에게 인사를 건넨 그는 곧바로 자신을 소개했다. 리스본에서 휴대폰 게임 프로그램 매니저로 일하고 있고, 마침 일주일간의 휴가가 생겨 베를린으로 여행을 왔단다. 그리고 칠레 여대생 삼인방에게도 서글서글하게

말을 건네며 방안의 분위기를 돋웠다. 사용하는 언어가 서로 다르므로 양쪽 다 영어를 사용할 줄 알았는데 예상 밖으로 안드레는 포르투갈어를, 칠레 여대생 삼인방은 스페인어를 사용하며 대화를 이어 나갔다. 내가 듣기에는 외계의 언어들이 허공 위로 무질서하게 떠다니는 것 같은데도 두 언어가 비슷한 구조를 가지고 있어서인지 서로 알아듣는 표정이었다. 참 신기했다. 무엇보다 대화 속에서 드러나는 안드레의 성품이 인상적이었다. 시트콤의 캐릭터만큼이나 낙천적이고 쾌활하면서도 뭔가 긍정적이고 기운찬 모습. 그것이 안드레의 첫인상이었다.

그날 밤 숙소 앞에 있는 노천카페로 나섰다가 다시 안드레를 만났다. 처음 보았을 때처럼 그가 성큼 다가와 나에게 먼저 말을 건넸는데 워낙 활달한 성격을 가진 친구이기 때문인지 금세 서로 대화를 틀 수 있었다. 여기는 어쩐 일로 내려왔느냐, 저녁은 먹었느냐, 어디 좋은 데 아는 데 있느냐 따위의 가벼운 질문들로 시작된 이야기는 이내 꼬리에 꼬리를 물기 시작했다. 여행의 이유를 나누고 얼터너티브 문화에 대한 토론까지 접어들었던 대화는 어느덧 삶의 문제로 그 중심을 바꿨다. 뜻하지 않은 대화의 진전이었다. 무엇보다 이베리아 반도 출신 사내를 상대로 이런 이야기들을 이렇듯 진지하게 나눌 수 있으리라고는 전혀 생각치도 못했다.

내가 기억하는 이베리아 반도는 유희와 쾌락을 삶의 가장 중요한 가치로 여기는 곳이었다. 그래서 이베리아 반도 출신들을 만날 때마다 그들의 행동이 어디로 튈지 종잡을 수 없어 자주 당황하곤 했다. 그러나 그날그날 즐겁게 산다는 게 나쁜 것도 아니고, 워낙 다혈질의 성향을 가진 사람들이기도 해서 럭비공 같은 그들의 행동을 그냥 멍하니 구경만 하곤 했다. 안드레도 전 생애를 쾌락으로 채우기 위해서는 오늘을 어떻게 즐겨야 하는지 따위에 대해 침 튀기게 이야기할 줄 알았다. 게다가 안드레는 "인생 뭐 있어!"를 외치며 맥주를 벌컥벌컥 들이켠 후 옆 테이블의 처자에게 추파를 던져도 별로 어색하지 않을 인상을 가지고 있기도 했다. 이름마저도 쾌락의 정점을 묘사하는 '곤드레만드레'라는 표현과 아주 잘 어울렸다. '곤드레안드레', '안드레만드레', '곤드레안드레만드레', 셋 다 훌륭한 운율로써 쾌락의 극단적인 상태를 암시해주고 있었다.

그러나 예상과는 달리 안드레는 자본주의의 병폐를 언급하면서 이 사회의 구성원으로서 우리가 해야 할 일을 역설했다. 내세에는 우리가 어떻게 될지 모르지만 적어도 현재의 삶은 의미 있게 가꿔야 하지 않겠느냐는 것이었다. 개인으로서 인격을 올바르게 키워나가고, 이웃으로서 서로 아낌없이 돕는다면 세상이 그만큼 좋아지지 않겠느냐는 설명이었다. 무거운 주제를 포르투갈인 특유의 천연덕스러운 말투로 경쾌하게 요리하고 있는 그의 모습을 바라보자니 기분이 좋아졌다. 윤리주의자는 너무 무거워서 상대방을

지치게 만들기 쉽고, 쾌락주의자는 너무 무질서해서 상대방을 혼란스럽게 만들 때가 많다. 그러나 곧은 됨됨이 위에 낙천적인 성품을 쌓아올린 안드레는 윤리와 쾌락의 화목한 동거 가능성을 그 태도로써 보여주고 있었다. 그리고 이웃사랑을 실천해야 할 때가 지금이라며 맥주를 내 앞으로 계속 배달시켰다. 잠시 바람이나 쐴 요량으로 지갑을 사물함에 두고 나온 나를 위한 물심양면의 배려였다. 안드레는 진정한 이웃사랑을 온몸으로 실천할 줄 아는 아주 훌륭한 놈이었던 것이다.

몇 시간이나 함께했을까. 노천카페를 가득 채웠던 여행자들은 어느새 잠자리로 돌아가고 안드레와 나만 남았다. 맥주 몇 병에 얼굴빛이 검붉어진 사내 둘을 둥근달이 빛을 내려 은은하게 비춰주고 있었다. 케니가 나타난 것은 그리고 나서도 한참 후였다. 행인들마저 저마다의 보금자리로 돌아갔을 때쯤 건장한 체격에 레게 머리를 한 그가 나타났다. 케니의 본명은 캄팜바. 유러피언 드림을 이루기 위해 바다를 건너와 몇 년째 베를린을 전전하고 있는 잠비아 출신의 청년이었다. 아프리카인답게 싱글거리며 사람 좋은 웃음으로 다가오는 케니를 안드레는 두 팔 벌려 반겼다. 케니는 지난밤 거리를 걷다가 우연히 안드레를 만나 밤늦게까지 이야기를 나눴다고 했다. 그리고 안드레의 친화력에 이끌려 다시 찾아왔다고 했다.

케니의 가세로 대화는 다시 힘을 얻었다. 인생 예찬이 몇 시간째 대동소이하게 반복되고 있었지만 케니도 그런 이야기들이 싫지 않았는지 안드레가 이야기를 할 때마다 연신 공감을 표시했다. 하지만 몇 년간 타향살이를 해온 정력 넘치는 사내로서 가슴속에 꽤나 깊은 외로움이 들어차 있었나 보다. 케니는 이따금씩 원색적

인 몇 마디 말로 여자의 존재를 더듬기 시작했다. 그러나 그 야릇한 표현들에 맞장구도 치지 못하고 거북한 내색도 보이지 못하는 나와는 달리 안드레는 적절한 동조로써 케니의 외로움을 보듬었다. 그리고 다시 명랑한 말투로 케니의 관심을 긍정적인 소재들로 되돌렸다. 아프리카인 특유의 이완된 제스처와 포르투갈인 특유의 과장된 제스처가 소동 없이 교차하는 모습이 꽤나 인상적이었다. 깊어 가는 한밤의 좌담회에 몇 차례 파문을 일으킨 케니는 고적한 뒷모습을 보이며 멀어져 갔다. 안드레는 저 멀리 사라져 가는 케니를 향해 다음날 같은 시간에 다시 오라고 소리쳤다.

페라가몬 박물관에서 안드레를 불러낸 것도 지난밤을 같이 보내며 그를 인격적으로 신뢰하게 된 때문이었다. 박물관을 빠져나와서 보니 다행스럽게도 비가 옅어져 있었다. 박물관 좌우로 길게 뻗은 도로에는 주말 예술시장이 들어서 있었다. 우리는 눈동자 밑에 호기심을 잔뜩 매단 채로 작가들이 자신의 점포 앞으로 내다놓은 온갖 예술 작품들 사이를 누비기 시작했다. 안드레는 친구들에게 선물할 거라며 지갑을 열어 몇 점의 소품들을 가방 속으로 거둬들였고, 나는 그 모습을 바라보며 흐뭇하게 웃었다.

걸음을 옮겨 도착한 이스트사이드 갤러리에는 세계 평화의 염원을 담은 벽화들이 가득했다. 한때는 베를린을 동서로 가른 삭막한 콘크리트 벽이었으나 이제는 세태 비판과 인류애를 담은 작품들로 전체 면을 꽉 채운 또 하나의 얼터너티브 문화 공간. 그 벽면 위에 새겨진 수많은 메시지들을 무거운 마음으로 읽으며 우리는 다시 한번 서로의 마음을 묶었다. 이스트사이드 갤러리를 돌아본 안드레는 나를 향해 깊고 진한 눈동자를 깜빡거리며 예정에 전혀 없던 이곳까지 자신을 데려와줘서 고맙다고 말했다.

잠시 후에는 안드레가 나를 베를린에서 꽃피고 있는 새로운 문화형식 중 하나인 비치 바Beach Bar로 이끌었다. 전날 밤 그가 혈압을 높여 가며 비치 바에 대해 설명을 해주었는데 직접 와서 보니 기대 이상으로 흥미로웠다. 서베를린의 또 하나의 중심지라는 크로이츠베르크는 생각보다 좀 심심했지만 초입에서 맛본 독일식 정통 소시지는 맛있었다. 저녁식사로 택한 터키식당의 케밥도 꽤 먹을 만했다. 브라질 카페에서 에스프레소를 한 잔씩 마신 우리는 어스름한 저녁 길을 거슬러 숙소로 돌아왔고, 나는 다른 곳으로 숙소를 바꿔볼까 했던 생각을 접고 숙박기간을 며칠 더 연장했다. 잠자리에서 포르투갈은 생각보다 괜찮은 나라일 수도 있겠다는 생각을 했다. 안드레가 자신의 친구들은 대부분 자기와 비슷하다고 이야기해주었기 때문이다. 그리고 사람을 매혹하는 것은 성격보다는 인격이 한 수 위일 수도 있겠다는 생각을 하며 서서히 잠에 빠져들었다.

갤러리, 그리고 승용차 두 대

진행 방향이 달라서 비극을 맞을지도 모르는 어떤 안타까운 인연에 대한 상념.

함께 있을 때는 좋아서 방방 뛰었지만 지나쳐 버리고 나면 영영 만날 수 없을지도 모르는.

그러나 정작 본인들은 그 사실을 전혀 모르고 있는.

그런데, 한 가지 다행인 점은 지구는 둥글다는 것.

이스트사이트 갤러리East Side Gallery, 베를린, 독일

그   녀   는

베 를 린 에   없 고,

일   정   은

끝 나   가 고

◆ 베를린

　베를린에 친구 하나가 살고 있었다. 서양인 아버지와 한국인 어머니 사이에서 태어난 한국계 독일인 레베카. 프리랜서 저널리스트인 그녀는 예전에 독일의 어느 라디오 방송국이 주관한 해외 문화예술 취재 프로그램에 파견 인력으로 선발돼 여러 달 동안 한국에 머무르며 한국 문화예술의 이모저모를 취재했다. 그녀의 오래된 벗 선열 군이 그녀의 한국 생활을 도왔고, 그 와중에 나도 어느 저녁자리에 불려나가 그녀와 친분을 맺게 되었다.

　레베카는 독일인답게 태도가 가지런하고 예의발랐다. 그러나 어머니에게 한국인 고유의 성품을 물려받았는지 정감 있고 온정적인 속내도 품고 있는 듯했다. 가장 인상적이었던 부분은 이름과 성의 중간에 자신의 한국 이름 수미를 잊지 않고 사용하고 있다는 점이었다. 레베카 수미 로스Rebecca Sumi Roth. 그녀가 명함에 새겨놓은 이름이었다. 어머니의 나라를 취재국으로 정한 것도 자신의 뿌리를 탐구하고 싶어서였는지 모르겠다. 그러니 그녀와 나 사이에는 한국에서 나눈 기분 좋은 몇 조각의 추억 외에도 동포로서의 연대감이 알게 모르게 놓여 있었을 것이다.

　베를린을 여정에 포함하면서 그녀와 재회할 수 있기를 내심 고대했다. 그녀가 한국에서 체류하던 시절, 베를린에 가게 되면 연락할 테니 꼭 만나자고 서로 다짐을 해 둔 터였다. 대안문화가 융성하게 꽃피고 있는 베를린이니 문화예술 전문 저널리스트인 그녀에게서 긴요한 도움을 받을 수 있을 테지만 그보다는 담백하고 반듯한 성품으로 기억 속에 남아 있는 그녀와의 재회 그 자체를 기대하고 있었다. 그러나 내가 베를린에 도착했을 때 레베카는 독일에 없었다. 한국 체류 때와 비슷한 방식으로 이번에는 중국에서 취재 활동을 하고 있었던 것이다. 유럽으로 출발하기 전 그녀의 거취를 수소문했다가 중국에 있다는 소식을 전해 듣고는 어쩔 수 없이 재회의 욕심을 접었다. 하지만 그녀는 자신의 부재를 미안해하며 자기 대신 도움을 줄 지인들을 소개해주겠노라고 약속했다. 고마운 일이었다.

베를린에 도착하기 전 레베카에게 메일을 띄웠다. 그러나 베를린에 도착해 며칠을 보낸 후까지도 답장은 도착하지 않았다. 어찌된 일인지 궁금해하던 차, 잘못된 주소로 메일을 보냈다는 사실을 알게 되었다. 주소를 바로잡아 급히 메일을 재전송했더니 아니나 다를까 레베카가 다음날 바로 답장을 보내왔다. 지인들에게 나의 베를린 체류 소식을 알려 두었으니 그들과 맛있는 것도 먹으러 가고 재미있는 곳도 구경 다니라는 내용이었다. 더불어 베를린의 대안문화 공간을 선별해 그 목록을 담은 것은 물론 각 공간을 세심하게 요약한 정보도 답신에 함께 적어 넣었다. 그녀의 지인들이 그들만의 명소들로 이끌어줄 것을 생각하니 기대감이 부풀어 올랐다. 그러나 휴대폰을 한국에 두고 온 상태라 레베카의 지인들이 나에게 연락을 취할 방법이 마땅치 않았다. 결국 레베카와 메일을 교환하며 그들과 닿을 방법을 모색해야 했는데 중국과 유럽 사이의 시차 때문에 대화의 속도가 더뎠다. 미처 방법을 찾지도 못했는데 어느새 베를린 일정이 끝나 가고 있었다.

베를린 일정이 막바지에 접어든 어느 날, 나는 미처 돌아보지 못한 베를린의 구경거리들을 돌아보고 숙소로 돌아왔다. 그때까지만해도 나는 그녀의 지인들과 만나지 못한 채 베를린에서의 여정을 마무리하게 될 것이라고 생각하고 있었다. 그런데 메일함을 열었을 때 기대치 않은 메일이 도착해 있었다. 레베카의 남자친구 코드가 보낸 메일이었다. 저녁에 시간을 낼 수 있다는 것 같아 메일에

RAMADA
chilena
Programa:
"Los Chicheros"
18 de sept. 2009
a las 18.00 horas
Interkulturelles Frauenzentrum S.U.S.I.
Linienstr. 138, 10115 Berlin
(U-Bahn Oranienburger Tor,
S-Bahn Oranienburgerstr., Tram 1, 6, 12)

적힌 휴대폰 번호로 급히 전화를 돌렸다. 수화기 저편에서 자상한 목소리가 흘러나왔다. 코드였다. 잠깐의 대화 끝에 두 시간 후 내가 묵고 있는 호스텔 앞에서 만나기로 약속을 잡았다. 그리고 수화기를 내려놓으며 안도의 한숨을 쉬었다.

그러나 코드는 약속시간이 지났는데도 숙소 앞에 나타나지 않았다. 무슨 문제가 생겼을까? 아니면 서로 의사소통이 잘못된 것일까? 내가 휴대폰을 가지고 있지 않아서 전화 연락도 못할 텐데. 코드가 언제 나타날지 모르니 숙소 앞을 이탈할 수가 없었다. 교차로 건너편의 공중전화 부스가 시야에 들어왔으나 강 건너 저편이었다. 그때 숙소 앞 노천카페에서 진을 치고 있던 여행자 무리가 시야에 들어왔다. 며칠간 가깝게 지낸 친구들이 여느 때와 다름없이 테이블에 둥글게 모여 앉아 한담을 나누고 있었다. 노트북과 아이폰 등 각종 첨단장비들로 무장하고 베를린에서 장기 체류 중인 호주 여행자 리암에게 휴대폰을 빌렸다. 전화를 해보니 코드는 교차로 건너편에 있는 서커스 호텔 앞에서 기다리고 있었다. 그렇게 해서 코드를 만나는 데 성공!

저녁이 이미 허리춤에 걸렸으므로 우리에게 허락된 시간은 많지 않았다. 코드는 먼저 내 취향과 원하는 목적지를 확인하고는 나에게 유익할 만한 장소들로 나를 이끌기 시작했다. 공장을 개조한 콘서트홀을 거쳐 배를 개조한 바와 수영장을 개조한 바를 구경한 후 그의 친구가 공연 중이라는 어느 라이브 클럽으로 향했다. 알고 보니 코드는 재즈 드러머였고, 그의 친구는 그와 자주 연주를 맞추는 기타리스트였다. 코드는 라이브 클럽으로 가는 길에도 이색적인 구경거리가 되겠다 싶은 곳 앞에서는 어김없이 멈춰 서서 그곳의 내력과 특징을 조목조목 설명해주었다. 코드의 도움으로 짧은

U
Heinrich-Heine-Straße

시간에 베를린의 요지들을 두루 구경하고 있는 셈이었다. 새로운 시도가 적지 않은 홍대 앞 뒷골목에서 감각을 단련한 나였지만 홍대 앞과는 또 다른 볼거리들이 내 눈을 즐겁게 했다.

라이브 클럽에 도착해 아랍인들로 구성된 크로스오버 밴드의 공연을 구경하던 우리는 객석 한쪽에 서 있던 코드의 친구 요헨을 끌고 밖으로 나왔다. 독일을 친히 방문해준 손님에게 맛있는 맥주를 맛보게 해주고 싶다는 코드의 제안에 의해서였다. 근처의 바를 찾아 들어갈까 하다가 사내놈들 셋이서 분위기를 잡을 일도 없고 해서 그냥 길모퉁이에서 맥주를 마시기로 했다. 대중교통이 끊길 시간도 멀지 않아 어딘가에 자리를 틀기에도 무리였다. 라이브 클럽 옆에 있는 작은 상점에서 병맥주를 사들고 나온 우리는 근처의 길가에 자리를 잡고 맥주를 마시기 시작했다. 얼굴 아랫부분이 수염으로 가득한 요헨은 잎담배를 말아 피우며 한국은 어떤 곳이냐고 나에게 물었고, 나는 그런대로 사람 살기 나쁘지 않은 곳이라고 대답해주었다.

맥주가 동이 났다. 이제는 우리가 헤어져야 할 시간. 다음에 또 만날 것을 기약해야 하는 순간이 왔다. 자리를 털고 일어난 코드가 빈병을 가방에 넣었다. 곁에 쓰레기통이 있었지만 걸인이나 취객에 의해 쓰레기통 속의 빈병이 밖으로 나와 깨지게 되면 사람이 다칠 수 있기 때문이라는 설명이었다. 야외에서 맥주를 마신 후에는 늘 빈병을 가방에 싸 가지고 귀가한다고 했다. 이것이 바로 독일인의 철저한 시민의식인 걸까. 코드는 쓰레기통에 버리는 것도 나쁘지 않은 방법이니 편한 대로 하라고 했지만 나도 그를 따라 빈병을 가방에 넣었다. 생각 없이 사는 놈이라는 걸 국제적으로까지 티낼 필요는 없을 것 같았기 때문이다. 그러나 빈병을 가방에 담은 채

전철역으로 향하는 기분이 이상했다. 이웃 학교로 패싸움을 하러 가는 고교생도 아닌데 가방 속의 빈병이라니. 그러나 눈에 보이지도 않는 익명의 시민들을 염려하고, 그 실천의 일환으로 빈병을 수기해 귀가하는 코드의 모습은 작지만 신선한 충격이었다.

연인의 장기간의 외유를 자아실현의 노력으로서 존중해주고, 그녀의 소소한 인간관계마저 자상하게 대신 돌봐주며, 이 사회의 그늘진 곳 어디에서도 자신으로 인해 불행한 일이 생기지 않도록 작은 행동 하나에도 정성을 아끼지 않는 반듯하고 자상한 사내 코드. 토박이 독일인이지만 뒤늦게 익힌 어머니 나라의 말을 제법 능숙하게 구사할 줄 알고, 자신의 뿌리에 대한 고민을 게을리하지 않으며, 자아실현을 위해서는 세계를 겁 없이 누빌 줄도 아는 온화하지만 열정적이기도 한 여성 레베카. 비록 그녀와 깊은 우정을 나눈 사이는 아니었지만 코드와의 만남을 마치고 돌아오는 길이 적잖이 흐뭇했다. 그런데 숙소에 거의 다다랐을 무렵 몇 가지 궁금증이 생겼다. 그들이 훗날 결혼을 하게 된다면 코드가 가지고 귀가한 빈병들의 청소는 누구의 몫일까? 맥주에 열광하는 독일인답게 그들은 한 달에 한 번쯤은 잔뜩 쌓인 빈병들을 팔아 밥을 짓게 될까?

라 이 프 치 히 에 서

가 장 위 험 한

선 택 은

핫 도 그

◆라이프치히

　바흐, 바그너, 멘델스존 등 저명한 음악가들을 배출한 세계적인 음악 도시이자 괴테의 걸작 중 하나인 파우스트의 무대로 널리 알려져 있는 곳. 그러나 그 같은 수식어가 아니더라도 라이프치히는 꽤나 멋진 모습을 보여주고 있었다. 도시 곳곳에는 고풍스러운 건물들이 줄지어 서 있었고, 그 사이로는 시민들이 생동감 있게 활보하고 있었다. 유학을 했던 이들은 라이프치히를 심심한 도시라고 설명했지만 여행자들에게는 거리를 거니는 것만으로도 충분히 즐거움을 누릴 수 있는 도시인 듯했다.

　라이프치히를 좀 더 근사하게 만들어주는 것은 그 안에 숨어 있는 역사였다. 독일 통일의 불씨가 된 비폭력 촛불집회가 처음 시작된 곳이 바로 라이프치히였다. 1989년 가을 니콜라이 교회에서 크리스티안 휘러 목사의 주도로 민주적 통일을 기원하는 기도집회가 열렸다. 이후 그 규모가 점차 확대돼 광장 촛불시위로까지 이어졌다. 시위 인파의 걷잡을 수 없는 확산에 급기야는 동독정부가 탱크를 앞세워 무력 진압을 시도했지만 7만 명이 운집한 시위 현장에서 경찰과 군인들은 오히려 민중의 외침에 감동을 받았다. 그리고 결국 진압을 포기하고 하나둘씩 시위대에 가담해 공산당 퇴진과 평화통일을 외치기 시작했다. 자칫 잘못하면 수많은 사상자가 나올 상황이었으나 폭력 앞에서도 당당하게 목숨을 걸고 민주통일을 외친 시민들 덕분에 시위는 평화적으로 막을 내렸다. 그게 꼭 20년 전 이맘때의 일이었다.

　라이프치히의 여러 가지 볼거리 가운데 내가 선택한 주제는 바흐였다. 요한 세바스찬 바흐의 생전의 흔적이 라이프치히에 남아 있었다. 바흐는 1723년부터 생을 마감한 1750년까지 라이프치히 시내의 토마스 교회에서 오르간 연주자 겸 합창단 지휘자로 근무

했다. 그리고 현재 바흐 박물관으로 단장돼 일반인에게 공개되고 있는, 토마스 교회 맞은편의 건물을 생활공간으로 사용했다. 바흐의 흔적을 밟으며 그 생애와 음악세계를 되새겨보는 것이 내가 라이프치히에 온 이유였던 셈이다.

그렇게 바흐의 발자취를 밟는 것은 뜻 깊은 일이었지만 토마스 교회와 바흐 박물관은 그 규모도, 내부의 구경거리도 단출했다. 게다가 따로따로 찾아갈 필요 없이 서로 마주보고 있어 얼마 지나지 않아 구경이 끝나 버렸다. 도시의 감상 초점을 바흐 하나만으로 정해놓았던 탓인지 갑자기 할 일이 없어졌다. 베를린에서 가깝고 도시의 규모도 비교적 아담해 여장을 모두 베를린에 둔 채 당일여행을 왔다. 구경을 마친 후에는 베를린으로 되돌아가야 하는데 그러기에는 아직 시간이 일렀다. 현대사 포럼까지 구경하고 나왔는데도 시간이 남아돌았다. 뭘 더 할까 고민하고 있는데 점심식사가 부족했는지 갑자기 배가 고파왔다. 음식문화 체험도 할 겸 거리음식을 찾아 라이프치히 최고의 번화가 마르크트 광장으로 향했다.

군것질거리를 찾아 돌아다니던 중 핫도그를 파는 노점이 눈에 띄었다. 가격표를 보니 하나에 1유로 50센트. 가격도 비싸지 않고 양도 적당한 것 같아 5유로짜리 지폐를 내밀며 핫도그 하나를 주문했다. 손바닥만한 빵의 배를 갈라 그 안에 소시지를 집어넣었는데 그 위에 케첩과 겨자소스를 바르고 나니 제법 먹음직스러워보였다. 그런데 핫도그 장사는 한참을 기다려도 거스름돈을 내주지 않았다. 좀 더 기다려보았으나 오히려 딴청을 부리는 모습이었다.

"거스름돈을 아직 안 주셨는데요."

"다스 데스 뎀 다스 이히 리베 디히 소 비 두 미히 암 아 벤드 운트 암 모르겐……."

AUER
E BERLIN WALL
27.10.1961
US ARMY CHECKP

YOU ARE LEAVING
THE AMERICAN SECTOR
ВЫ ВЫЕЗЖАЕТЕ ИЗ
АМЕРИКАНСКОГО СЕКТОРА
VOUS SORTEZ
DU SECTEUR AMERICAIN
SIE VERLASSEN DEN AMERIKANISCHEN SEKTOR

그는 시큰둥한 표정으로 독일어를 쏟아냈다. 영어를 못하는 듯했다. 어쩔 수 없이 바디랭귀지로 상황을 다시 설명했다. 그러나 그는 고개를 설레설레 흔들며 어서 가라는 듯 손을 휘저었다. 상대하고 싶지 않다는 것이었다. 무시를 당하는 것 같아서 기분이 좋지 않았으나 먼 곳까지 와서 시비에 휘말릴 필요는 없었다. 다시 감정을 가라앉히고 주문을 할 때부터 거스름돈을 요청하기 전까지의 상황을 그에게 바디랭귀지로 좀 더 소상히 설명했다. 그러나 그는 귀찮다는 표정만 지을 뿐 내 말에 전혀 귀를 기울이지 않았다. 어서 가라는 동작만 반복하고 있었다. 인내심이 흔들리기 시작했다.

"이것 봐요. 내가 지갑에서 꺼낸 5유로짜리 지폐를 당신이 직접 받았잖소. 당신 앞에 있는 그 지폐가 내가 낸 거잖아요. 어서 거스름돈 주세요."

"난 몰라. 장사해야 되니까 빨리 가."

"아니, 영어를 할 줄 알면서 딴청을 피우는 건 뭡니까. 당신 일부러 그러는 것 같은데 빨리 갈 테니 어서 거스름돈 주쇼."

"함부르크 로텐부르크 브란덴부르크 뷔르츠부르크 밤베르크 뉘른베르크 하이델베르크……."

자신이 하고 싶은 말을 제외하고는 다시 독일어만 쏟아내는 모습. 어이가 없었다. 내가 독일어를 알아들을 수 없다는 점을 최대한 활용하고 있는 것 같았다. 내가 계속 거스름돈을 요구하자 그는 주변에 있던 독일인 상인들을 향해 다시 독일어로 뭔가를 지껄였다. 상인들의 표정으로 보아 나를 대상으로 해 우스갯소리를 만들어낸 것 같았다. 그런데 그의 농담에 반응하는 상인들의 모습이 어딘지 모르게 조심스러워보였다. 웃기는 웃되 다들 자신의 인격을 방어하고 있는 모양새였다. 별로 공감하지는 않으나 이웃지간이라

적당히 동조만 해주고 있는 것 같았다. 불현듯 상황을 이해할 수 있었다. 그가 인종차별을 하고 있었던 것이다. 계속 거스름돈을 요구했으나 핫도그 장사는 무반응으로 일관했다. 핫도그를 먹여주었으니 이제는 가라는 게 그가 나에게 보내는 무언의 명령이었다.

곁에 서 있던 사람 하나에게 도움을 요청했다. 깔끔한 옷차림에 명석한 인상을 가진 독일 청년. 핫도그 장사가 언어불통을 가장하고 있으니 청년에게 통역사의 역할을 맡기면 주변 사람들이 다 보고 있는 이 상황에서 핫도그 장사도 내 요구를 무작정 회피할 수만은 없을 것이다. 먼저 청년에게 영어를 할 수 있는지 물은 후, 도움을 요청한 이유와 그 전까지 벌어진 상황을 설명해주었다. 그리고 핫도그 장사에게 내 얘기를 전달해달라고 부탁했다.

청년의 설명 앞에서 그는 갑자기 태도를 고분고분하게 바꿨다. 애당초 그는 감정의 동요가 없었다. 나만 얼굴을 붉으락푸르락하고 있는 형국이었다. 이미 이익을 챙겼으니 그로서는 아쉬울 게 없을 것이다. 주변의 시선을 의식했는지 핫도그 장사는 비교적 신사적인 태도로 청년의 설명을 경청한 후 자신의 입장을 청년에게 정중히 밝혔다. 청년을 통해 나에게 되돌아온 내용은 내 주장이 거짓이라는 것. 다시 청년에게 핫도그 장사와 나 사이에서 일어났던 일들을 조목조목 설명했다. 빈틈없이 설명이 잘 되었는지 청년의 얼굴에 모두 알겠다는 표정이 떠올랐다. 그리고 다시 청년을 거쳐 대화가 오고가기를 몇 차례. 이윽고 핫도그 장사가 동전통에 손을 넣었다. 그러고는 1유로짜리 동전 하나를 나에게 내밀었다.

3유로 50센트를 거슬러줘야 하는데 지금 장난하는 건가. 청년을 통해 금액이 부족하다는 이야기를 전달했더니 핫도그 장사는 손을 설레설레 흔들며 나를 향해 다시 독일어를 퍼부었다. 거스름돈

도 거스름돈이지만 청년과 나를 차별하는 모습이 더더욱 마음에 들지 않아 나도 지지 않고 내 권리를 다시 주장했다. 상황 정돈의 역할을 맡고 있던 청년은 사건 당사자 두 사람이 서로를 향해 다시 으르렁거리자 다소 난처한 표정을 보였다. 몇 분간의 공방 끝에 핫도그 장사는 이상한 놈 다 보겠다는 듯이 어이없어하는 표정으로 1유로짜리 동전을 거둬들이고 2유로짜리 동전 하나를 다시 나에게 내밀었다.

내가 다시 한번 항의를 하자 청년이 얼굴을 가까이 대고 나에게 소곤거렸다.

"어떤 상황인지 짐작은 가지만 제가 경과를 직접 본 게 아니라서 더 이상 어떻게 해드릴 수가 없네요. 죄송해요. 그리고 제가 이야기를 주고받으면서 느낀 건데 더 이야기를 하더라도 저 사람이 잔돈을 다 거슬러줄 것 같지 않아요. 더 손해 보지 마시고 2유로라도 받아 두세요."

여전히 억울했지만 진실을 감지한 것 같은 청년의 말투가 그나마 위로가 되었다. 낯선 환경 때문에, 서툰 언어 때문에, 생경한 현지물정 때문에 늘 이런 식으로 고생하고 다니는 일상이었다. 정황을 소상하게 이해한 이들은 내 억울함을 이해했겠지만 현장을 스치듯 바라본 이들은 나를 낯선 곳에서 온 소란스럽고 이상스러운 놈이라고 생각했을 것이다.

좋은 놈 독일 청년은 가던 길을 향해 걸음을 옮겼고, 나쁜 놈 핫도그 장사는 다시 장사를 재개했다. 그리고 현지인들에게는 출처 불명의 이상한 놈이었을 나는 2유로짜리 동전을 주머니에 집어넣으며 수많은 감정들이 용해된 표정으로 핫도그 장사를 쏘아보았다. 그리고 입 주변의 근육을 죄다 끌어모아 보란 듯이 핫도그 장사를 향해 핫도그를 씹어보였다. 그러나 그걸 보고도 핫도그 장사는 미동조차 없었다. 그래서 더더욱 화가 치밀었다.

걸음을 옮겼으나 분이 풀리지 않았다. 차라리 그가 독일어로 딴청을 피울 때 나도 우리말로 몇 마디 쏘아붙여줄 걸 그랬나 보다. 나에게도 소중한 조국이 있고, 거기서도 사람들이 영토의 형상을 닮은 언어를 오래도록 자랑스럽게 사용하고 있다는 걸 알려줄 걸 그랬나 보다.

공교롭게도 20년 전 이맘때 비폭력 촛불집회가 벌어진 라이프치히에서 나는 한때 평화통일을 바라는 동독시민이었을지도 모르는 어느 현지인에게 인종차별을 당했다. 그때의 찬란한 정신이 지금도 도시 어디에선가 계승되고 있는지는 잘 모르겠다. 벌써 20년이 흘렀으니 독일도, 독일 국민들도, 라이프치히도, 라이프치히 시민들도 많이 변했을 것이다. 순간의 감정을 참지 못해 싸움을 보기 흉하게 키웠다거나, 원한의 씨앗을 새로이 뿌렸다거나 하지 않은 건 다행이었다. 그러나 인종차별은 감동적인 역사를 지닌 라이프치히와는 도무지 어울리지 않아 보였다.

라이프치히를 빠져나오는 길, 꽤나 심정이 복잡했지만 나를 낳고 키워준 조국의 존재가 크나큰 위로가 되어주고 있었다. 그제야 내 애국심의 생김새를 어렴풋이 알 것 같았다. 그것은, 작고 약하지만 숭고하고 끈질긴 어느 무수한 풀뿌리 같은 존재들을 닮아 있었다. 머리에 기름 바른 양반들과 그들이 자랑하는 번지르르한 업적들이 내 애국심을 자주 흐트러뜨렸지만 그에 질세라 풀뿌리처럼 끈질기게 자라온 내 애국심은 다시금 제 모양을 되찾아 가곤 했다. 볼프강 하이히틀러 게슈타포처럼 생겨먹은 저 억수로 싸가지 없고 허벌나게 가식적인 핫도그 장사를 묵은지 독에 사흘 동안 단디 절여 된장에 푹 찍어 쌈 싸묵어불지 못한 건 아쉬웠지만 그래도 내 뒤를 받쳐주는 무수한 존재들이 있어 베를린으로 돌아오는 길이 외롭지 않았다.

◆ 베를린

암스테르담으로 넘어가기로 한 날이었다. 이미 20유로를 들여 야간열차 침대칸도 예매해 두었다. 그러나 플랫폼에서 열차를 기다리다가 예매가 잘못되었다는 사실을 알게 되었다. 자정을 조금 넘어 출발하는 기차를 예매했는데 티켓을 보니 날짜가 하루 전으로 찍혀 있었던 것이다. 그러니까 내 열차는 전날 같은 시간에 내 자리를 빈자리로 남겨 둔 채 이미 암스테르담으로 출발해 버렸다.

라이프치히에 다녀올 때도 열차표가 잘못 발행돼 있었다. 아차 싶어 급히 역무원에게 문의를 했더니 다행히 다시 표를 끊지 말고 그냥 타라고 했다. 나중에 알게 된 일이지만 독일에서 유레일패스 소지자는 야간열차 침대칸이나 외국행 열차를 제외하고는 예매 없이 무료로 열차를 이용할 수 있었다. 좌석이 붐빌 경우에만 정해진 비용을 치르고 예매를 하면 되니 좌석도 충분하고 운행회수도 많은 라이프치히행 열차는 비용을 들여 예매할 필요가 없었던 것이다.

그러나 그때는 열차가 국경 내에 위치한 라이프치히행이라서 상황을 무난하게 수습할 수 있었던 것이고, 이번에는 국경을 넘는 암스테르담행이었다. 그것도 예약 없이는 탈 수 없는 야간열차 침대칸. 더 난감한 상황은 야간열차 중에서도 막차라는 점이었다. 매표소에 가서 새로 표를 구입하거나, 매표창구 직원에게 어떻게 말을 잘해 추가 비용 없이 표를 바꿀 수 있다손 치더라도 내가 매표소를 왔다 갔다 하며 부산을 떠는 사이 열차는 나를 남겨 둔 채 떠나 버릴 것이다. 그렇게 되면 자정이 넘은 시간에 숙소를 찾아 다시 한번 베를린을 헤매야 하고 이튿날 돈을 들여 표를 다시 예약해야 한다. 당일 밤 출발하는 열차에 자리가 없으면 계획한 일정을 모두 미루고 베를린에서 며칠을 더 보내야 한다.

암스테르담행과 라이프치히행 열차표를 잘못 끊은 건 언어장벽 때문이었다. 열차를 예매할 때 나를 상대한 역무원은 영어를 못 하는 오십대 아줌마였다. 나도 영어가 능통한 편이 아닌데 저쪽에서는 아예 하지를 못 하니 서로 손짓발짓에, 종이에 그림까지 그려가며 의사소통을 해야 했다. 암스테르담행을 예매할 때 나는 원하는 날짜와 함께 '야간'이라는 글자를 종이에 영문으로 써서 그녀에게 건넸다. 그녀는 종이에 적힌 내용을 확인한 후 전산을 검색해보더니 자정 전에는 좌석이 없고, 자정 넘어 출발하는 기차에 좌석이 있다고 했다. 다행이다 싶어 얼른 예매를 해달라고 했는데 그게 화근이었다. 의사소통 과정이 여간 피곤했던 게 아닌지라 역무원 아줌마도 나도 자정이 넘으면 날짜가 다음날로 넘어간다는 걸 헤아리지 못했던 것이다. 둘 다 횡설수설하다보니 라이프치히행 열차표까지 잘못 끊고 말았다.

암스테르담행 열차가 어느새 플랫폼으로 들어와 출발을 준비하고 있었다. 플랫폼에서 승객들의 탑승을 돕고 있던 차장의 모습이 눈에 들어왔다. 그에게 다가가 자초지종을 설명하며 혹시 열차에 탑승할 수 있는 방법이 없는지 물었다. 내 열차표에서 요금 지불 내역을 확인한 그는 나를 위아래로 훑어보더니 일단 타라고 했다. 빈자리가 있으면 만들어주겠다는 것이었다. 드디어 기차가 출발했고, 그는 검표를 하면서 빈자리를 확인해보겠다고 이야기하고는 나를 떠났다. 15분쯤 후 다시 나타난 그는 빈 좌석을 주겠다며 나를 마지막 침대차로 데리고 갔다. 그리고 마지막 칸에 자리 하나를 만들어주었다. 고맙게도 추가 요금에 대해서는 전혀 언급하지 않았다.

나에게 배정된 침대칸은 6인용 쿠셋이었다. 내부로 들어서니 맨 아래 칸 침대에서 20대 중반쯤으로 보이는 서양 아가씨가 혼자 휴식을 취하고 있었다. 차장의 지시대로 나는 그녀의 건너편 침대에 짐을 풀었다. 혼자 있는 동안 적적했는지 그녀가 말을 걸어왔다.

"어디서 왔니?"

"한국."

"남한? 아니면 북한?"

"당연히 남한이지. 북한사람은 아주 특별한 경우가 아니면 외국에 나오기 힘들다는 것 같아. 그런데 너는 어디서 왔니?"

"난 호주. 회사에서 휴가를 받아서 왔어. 어딜 갈까 하다가 친한 친구가 있는 이곳 베를린에 오기로 결정했지. 며칠 동안 친구네 집에서 있다가 휴가가 아직 남아서 다른 나라들을 구경하러 가는 중이야."

"그렇구나. 좋은 구경 많이 하길 바랄게. 나는 좀 피곤해서 이만 누워야 할 것 같아."

피곤했다. 부푼 기대를 안고 왔건만 베를린에서는 가는 곳마다 신음소리가 들렸다. 냉전시대에 동베를린과 서베를린 사이의 유

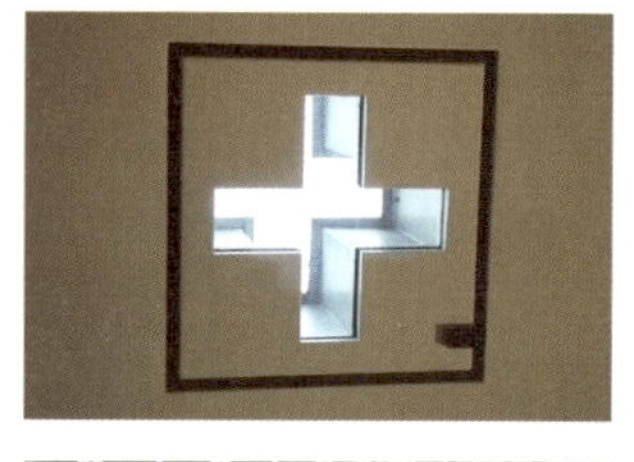

일한 통로였던 베를린 장벽 검문소 체크 포인트 찰리에서는 그때의 군복을 입고 기념 촬영 가격표를 허리에 매단 사내들이 관광객을 상대로 냉전의 기억을 아무렇지도 않은 표정으로 팔고 있었다. 그 근처 포츠담 광장에서는 소니 센터라는 이름의 첨단 버전의 바벨탑이 과학기술의 힘으로 인류의 미래를 구원해주겠다는 듯 은색비늘을 거만하게 번쩍이고 있었다. 유러피언 드림을 안고 바다를 건너온 아프리카인들은 현지에 제대로 뿌리를 내리기가 왜 이렇게 힘드냐는 듯 밤마다 강변에 모여 마리화나 연기를 하늘로 공허하게 뿜어댔고, 저항 문화의 산실이자 실천 예술의 장으로서 한때 뜨거운 예술혼이 꽃피었던 청년 예술가들의 낡고 허름한 아지트 타헤레스에서는 그 입구에서부터 지난밤 누군가가 지려놓은 소변 냄새가 진동하고 있었다. 한때는 서베를린 최고의 번화가였으나 독일 통일 후 그 명성을 서서히 잃어 가고 있는 쿠담 거리에서는 유리 진열장들이 명품을 가슴에 가득 품고서 영혼을 팔아 물질 소비의 즐거움을 누리라고 외치며 행인들을 유혹하고 있었다. 바로 곁에 서 있는 카이저 빌헬름 교회는 전쟁의 잔혹한 기억들을 훑어 내리고 있는 관광객들의 시선을 제2차 세계대전에서의 폭격으로 커다랗게 구멍나 버린 지붕을 통해 끊임없이 허공으로 뱉어 내고 있었다.

냉전의 아픔을 뚫고 새살이 돋아나오는 곳에서도, 동서가 한데 뭉쳐 내일을 향해 달려가는 곳에서도 신음소리는 어김없이 터져 나왔다. 그 소리를 들을 때마다 괴로웠다. 처음에는 들릴 듯 말 듯 작았던 신음소리가 이제는 아우성으로 바뀌어 가고 있었다. 더 이상은 견디지 못할 것 같을 때 베를린을 떠나오게 된 게 그나마 다행이었다. 덜컹거리는 야간열차의 침대 위에서라도 나는 쉬어야 했다.

　기차가 어둠 속으로 빨려 들어가고 있었다. 아마도 베를린을 벗어난 것 같았다. 비어 있는 남은 침대들을 누군가가 채울 것으로 예상했으니 아무도 우리 칸으로 들어오지 않았다. 자신의 침대에서 잠잠히 누워 있던 호주 아가씨가 몸을 뒤척였다. 그러거나 말거나 나는 조용히 잠을 청했다. 다시 한 번 몸을 뒤척인 그녀가 혼잣말을 중얼거렸다. 들어달라는 투의 읊조림이었다.

　"그런데 여기 왜 이렇게 더운 거야!"

　이내 그녀의 침대에서 쿵쾅거리는 소리가 들렸다. 고개를 돌려보니 그녀가 비좁은 틈새에서 끙끙거리며 겉옷을 벗고 있었다. 흰색 민소매 차림이 된 그녀는 나와 눈이 마주치자 무안한 웃음을 지어보였다. 말없이 조용히 옷을 벗어도 될 텐데 왜 내 귀에 다 들리게 혼잣말을 하고 옷을 벗었을까. 가만히 생각해보니 문 닫힌 좁은 공간에는 낯선 여행지에서 일어날 낭만적인 일들로 잔뜩 기대가 부푼 젊은 호주 아가씨와 동양에서 날아온 짐승 같은 인상의 사내 단 둘뿐이었다. 차마 웃지 못할 상황에 머리가 지끈거리기 시작했다. 천하의 베를린이 자존심마저 버리고 동양에서 온 별 볼일 없는 녀석에게까지 자신의 아픔과 통증을 호소하는 마당이었다. 그 아우성을 잠재우기 위해서라도 나는 쉬어야 했다.

　곤히 잠든 나를 자주 깨웠을 정도로 그녀는 밤새 심하게 뒤척였다. 새벽녘에는 쿠셋의 문도 여러 차례 열리고 닫혔다. 그녀가 왜 그렇게 밤새 심하게 뒤척거렸는지는 나도 잘 모르겠다. 그저 몇 가지 상징들이 그녀가 만들어낸 소음들 위로 너덧 번쯤 떠올랐을 뿐이다. 그러거나 말거나 나는 베를린을 떠나오는 길에서 마저 끙끙 앓아야 했다. 여파가 짧지는 않을 것 같았다.

우 리 　삶 에 서

정　　　말　　　로

중 요 한　　 것 은

◆암스테르담

　이른 아침, 열차가 암스테르담에 도착했다. 열차에서 내려 플랫폼을 걷는데 우연히 짐과 레이첼을 만났다. 둘 다 베를린에서 같은 숙소에 묵었던 친구들인데 내가 탄 열차를 같이 타고 온 모양이었다. 고대 그리스의 철학자처럼 금발 수염을 덥수룩하게 기른 짐은 호주에서 왔고, 아담한 체격에 보헤미안 차림을 한 레이첼은 미국에서 왔다. 레이첼은 가끔 스치기만 했지만 짐과는 비교적 가깝게 지냈다. 암스테르담의 청신한 아침 공기 속에서 향긋한 커피를 한잔 하자는 짐의 제안으로 중앙역 앞 뒷골목으로 카페를 찾아 나섰다.

　아침 기운이 상쾌했던 중앙역 부근과는 달리 뒷골목에서는 묘한 냄새가 피어나고 있었다. 금세 없어질 줄 알았으나 나른하고 몽환적인 그 냄새는 우리 뒤를 끊임없이 따라다녔다. 출처가 궁금했으나 지금 중요한 건 향긋한 커피 한 잔. 적당한 카페 하나를 발견하고 내부로 들어섰다. 그런데 거리에서 피어나던 그 냄새가 카페 안을 가득 채우고 있었다. 아, 이게 그거구나. 특유의 야릇한 느낌 때문에 누구라도 금세 식별할 수 있는 그 냄새. 바로 마리화나 냄새였다. 아마도 암스테르담의 명물이라는 브라운 카페에 들어와 있는 듯했다.

암스테르담에서는 오래된 가구들과 벽지, 어두운 조명과 시가 연기에 그을린 흔적들로 갈색 빛을 띠게 된 카페를 브라운 카페라 부르고 있었다. 반면 최근 생긴 깔끔하고 밝은 분위기의 카페는 화이트 카페라고 불렀다. 내부의 분위기가 느와르 영화의 배경 같아서인지 커피의 맛은 여느 때와 달랐다. 어두운 내부 색깔과의 대조로 커피 잔 위로 솟아오르는 김은 선명했고, 카페 고유의 냄새와 뒤섞여 코끝으로 감겨드는 커피의 향은 진했다.

누구나 상상하듯 목가적인 풍경이 온 땅을 채우고 있을 것 같은 나라, 네덜란드. 그러나 튤립이 지천으로 흐드러진 들판에서 풍차가 한가로이 도는 모습을 상상한 건 다만 소년시절의 일이었다. 방죽에 생긴 구멍을 주먹으로 막아 조국을 침수의 위기에서 구했다는 어느 어린 소년의 이야기도 이제 내 머릿속에서 거의 지워지고 없었다. 삼십대의 나는 네덜란드를 완전히 다른 모습들로 이해하고 있었다.

최근 네덜란드가 국제적으로 선전하고 있는 분야 중 내 시아에 가장 자주 포착되고 있는 것은 스포츠였다. 명장 히딩크 감독과 오렌지 군단으로 대표되는 축구, 그리고 입식 격투 스포츠인 K-1이 네덜란드의 위상을 세계무대 위에 부각시키고 있었다. K-1은 1993년부터 매년 말 연내 최고의 선수를 뽑는 월드 그랑프리를 열고 있는데, 2010년까지 열린 총 18회의 월드 그랑프리 가운데 네덜란드 선수가 챔피언 벨트를 가져간 것만 열다섯 차례였다. 어네스트 호스트가 네 차례, 세미 슐츠가 네 차례, 피터 아츠가 세 차례, 레미 본야스키가 세 차례, 알리스타 오브레임이 한 차례. 그 밖에도 네덜란드 출신의 수많은 격투가들이 무쇠팔 무쇠다리를 무기로 세계무대를 뒤흔들고 있었다. 현재의 입식 격투기 최강국은 단연 네덜란드였다.

업적은 이미지를 생산하는 법. K-1의 흐름을 인상 깊게 지켜본 내가 인식하는 네덜란드는 이제 풍차의 나라라기보다는 격투의 왕국에 더 가까웠다. 그리고 네덜란드의 수도 암스테르담은 그 격투 왕국의 메카로서 우리로 말하면 가장 강력한 조직폭력배 집단들이 활동하고 있는 목포쯤이라 할 수 있었다. 물론 거리에 도복 차림의 장골들이 활보하거나 상인들이 풍찻날 격파 시범을 보이며 기념품을 팔고 있지는 않겠지만 도시가 무언가 강력한 기운을 내뿜고 있을 것 같았다. 거친 바다에서 단련된 뱃사람들이 오고가는 항구도시로서 특유의 야성적 분위기를 보여줄 것만 같았다. 그런데 공교롭게도 암스테르담에 도착하자마자 처음 발을 들여놓은 곳이 마리화나 향으로 진동하고 있는 브라운 카페였다.

카페에서 나온 우리는 숙소를 찾아 다시 걸었다. 잠시 후 짐과 나는 같은 숙소에 여장을 풀었고, 우리를 따라온 레이첼은 짐과 내가 안전하게 입실하는 것을 확인한 후 미리 점찍어 둔 숙소를 향해 걸음을 옮겼다. 자신의 체격보다 더 큰 배낭을 메고 뒤뚱뒤뚱 걷는 레이첼의 모습이 안쓰러웠는지 이번에는 짐이 레이첼을 돕겠다며 거리로 나섰다. 그리고 레이첼의 배낭을 가로채 등에 둘러멨다. 이대로 인연을 끝내도 누가 뭐라 하지 않을 텐데, 레이첼에게 무언가를 보답해야 할 만큼 큰 신세를 진 것도 아닐 텐데, 베를린에서의 짧았던 인연을 다시 우정으로 끌어올리는 모습이 뭉클했다. 가만 보니 그것은 예전 어느 날엔가 내가 잃어버린 모습이기도 했다. 큼지막한 배낭을 메고 앞장서서 걷는 짐의 뒷모습을 두 눈에 조용히 새겨 넣었다. 짐을 멘 짐의 뒷모습이 그 어느 때보다 듬직해보였다.

격투가들의 도시를 한층 더 그럴싸하게 만들어주는 것은 홍등
가였다. 암스테르담 최고의 관광명소를 수놓고 있는 그 붉은 등불
의 향연을 구경하러 나온 여행객들은 아침부터 인산인해를 이루
며 좁고 음험한 뒷골목들로 흘러들었다. 그리고 좌우로 도열한 반
라의 여인들은 끈적끈적한 시선을 뻗어 타지 사내들의 가슴팍을
핥았다. 시내 어디를 가든 거쳐야 하는 요지이자, 인파의 물살에
휘말리기라도 하면 어쩔 수 없이 방류지점까지 따라 흘러야 하는
곳. 위험하다는 이야기를 어디에선가 들었지만 터질 듯한 인파가
경호원 노릇을 톡톡히 하고 있었다. 세계 최고의 격투왕국과 세계
최고의 홍등가는 그렇게 세기에 다시없을 쾌락의 입맞춤을 하고
있었다.

그런데 나는 그런 암스테르담이 마음에 들었다. 질서라는 명분
을 앞세워 시민들의 행동을 함부로 통제하고 기본적인 욕구마저
가차 없이 거세해 버리는 공권력의 독선을 찾아보기 힘들었기 때
문이다. 오히려 진취적이고 진보적인 기운이 도시 전체에 가득해
보였고, 모든 가능성도 열려 있는 것 같았다. 존 레논과 오노 요코
가 신혼의 침대 맡으로 언론을 불러들여 평화의 메시지를 강변할
장소로 암스테르담을 선택한 건 당연한 일이었다. 도시 분위기가
전체적으로 좀 거칠어보이긴 해도 인위적으로 깎고 다듬은 것 같
지 않아 오히려 그 생김새가 더 보기 좋았다.

반지하의 숙소 라운지에서는 하드록과 헤비메탈이 싸구려 스피
커를 통해 쉴 새 없이 증폭되었다. 그리고 청년 여행자들은 격투
가나 뱃사람이라도 된 것처럼 고래고래 소리치며 노래를 따라 불
렀다. 밤이면 누구나 맥주병을 손에 쥐었고, 모처럼 미쳐보고 싶던
놈들은 여행의 힘을 빌려 마리화나를 입에 물었다. 그리고 스피커

의 시끄러운 요동 속에서 느긋하게 마리화나를 빨며 객기 가득한 눈동자를 이완시켰다. 나는 화학물질의 도움 없이도 정신을 원하는 대로 조절할 수 있어야 한다고 생각하는 사람이지만, 흡연자의 권리를 법으로 보장해주는 곳에서 자신의 욕구에 충실하기 위해 애쓰는 모습은 그리 나빠 보이지 않았다.

그런 암스테르담에서 나는 두 번 싸웠다. 한 번은 벼룩시장 상인과의 싸움이었다. 희한한 물건들이 좌판에 잔뜩 깔려 있어 사진을 몇 컷 찍었는데 미리 양해를 구하지 않았다며 상인이 시비를 걸어왔다. 나 말고도 사진 찍는 사람들이 많았지만 그들에게는 아무 소리도 하지 않기에 이유를 따져 물었다. 그게 싸움으로 번졌다. 점잖게 대응하려 했지만 오는 말이 험해 가는 말도 험했다. 그런데 어이없게도 세차게 욕을 주고받고 나서는 다시 서로 친구라고 부르며 악수를 나눴다. 언짢기도 하고, 우습기도 했다.

또 한번은 암스테르담 최고의 록음악 공연장 파라디소에서였다. 벼룩시장에서의 싸움이 기억나 집채만한 덩치 뒤로 말꼬랑지 머리를 휘날리고 있던 공연 관계자에게 혹시 사진을 찍어도 되느냐고 물었다가 카메라를 압수당한 채 입장했다. 객석으로 들어서니 휴대용 카메라부터 DSLR 카메라까지 오만 가지 카메라들이 플래시를 터뜨리고 있어 다시 관계자를 찾아가 항의했다. 그러나 그는 완강했다. 나를 금지시키려면 저 수많은 관객들도 금지시키라는 내 격렬한 항의에 공연장의 규칙이니 뭐니 석연치 않은 이유들을 나열하면서 처음의 결정을 끝끝내 거둬들이지 않았다. 겉으로는 불쾌한 척했지만 '낙장불입'이라는 록커의 불문율을 온몸으로 실행에 옮기고 있는 그 모습에 오히려 흐뭇해졌다. 그래놓고는 미안했는지 그는 덩치에 어울리지도 않는 연분홍 진달래 같은 미소로 나에게 사과의 말을 전했다. 한 번 결정을 내린 이상 번복할 수 없음을 이해해달라는 게 겉으로 드러난 형식이었다면, 록커로서 자존심을 구기지 않도록 도와달라는 게 그 안에 들어 있는 내용이었다.

아무것도 미리 거르지 않고 경험으로만 생존의 지혜를 터득하는 곳. 그럼으로써 도시도 사람도 자연스럽게 커지고 넓어지는 곳. 내 눈에 비친 암스테르담은 그런 곳이었다. 누군가에게는 거친 인상과 쓸쓸한 경험으로 기억되는 도시일지 모르겠지만 나에게 암스테르담은 현지인들과 서로 치고받는 과정에서 오랜만에 균형감각을 조율할 수 있게 해준 곳이었다. 그리고 그 결과들은 길고 긴 인생길을 버텨줄 작지만 소중한 밑천이 되어줄 터였다.

물론 암스테르담은 투박하기만 한 도시는 아니었다. 시민들은 대체로 교양 있었고, 도시 전체를 여러 겹으로 에워싸고 있는 운하는 아름다웠다. 담 광장을 비롯해 도시 곳곳에서 벌어지고 있는 거리 예술은 활기찼고, 튤립과 해바라기와 그 밖의 소품들이 가득한 꽃시장도 이채로웠다. 다른 쪽에서는 안네 프랑크의 생가와 렘브란트의 생가 그리고 반 고흐 미술관이 시민들에게 비옥한 문화적 토양을 마련해주고 있었다. 생긴 건 좀 거칠어도 암스테르담은 꽤 풍요로운 도시였다.

알고 보면 시대의 흐름을 한발 더 앞서가고 있는 고도로 성숙한 사회이면서, 노골적인 범죄만 빼고는 좋은 것이든 나쁜 것이든 모든 가능성을 열어놓은 네덜란드 그리고 암스테르담. 그러니까 뭔가 색즉시공하면서 공즉시색하기도 한 그 나라 그리고 그 수도. 어느덧 나는 더 이상 거리에서 피어나는 마리화나 냄새를 느낄 수 없게 되었다. 우리 삶에서 중요한 것은 마리화나 냄새를 식별하는 능력이 아니라 부딪히고 깨지면서 인생의 나이테를 넓혀 가는 것임을 다시 한번 깨닫게 된 때문이었다. 그래서 나는 암스테르담에서 머무는 동안 지치도록 걸었다. 낯선 경험이 숨어 있는 길모퉁이든, 광장 한복판을 활보하는 험한 인상의 행인이든, 암스테르담에서 만나는 모든 것들과 더 열심히 부딪쳐 가며 여행의 밀도를 높이기 위해 애썼다. 발바닥은 더럽게 아팠지만 끈기를 쥐어짜고 또 쥐어 짜며 걷고 또 걸었다.

한밤의 산책을
망설이지
말 것!
◆룩셈부르크

여행 정보에 비교적 관심이 많은 편이지만 나는 도착 직전까지도 룩셈부르크에 대해 별로 아는 게 없었다. 영토의 면적이 도쿄 정도에 불과하고 꽤 잘 산다는 것 외에는 그다지 알려진 바가 없는 나라라서 볼거리는 과연 얼마나 있겠나 싶었다. 파리, 런던, 로마 등의 세계적인 도시들은 따로 두더라도 퓌센의 노이슈반슈타인 성, 잔세스칸스의 풍차, 아를의 고흐 카페처럼 작은 도시들마저도 하나씩은 품고 있는 상징물도 룩셈부르크의 겉모습에서는 쉽게 찾을 수 없었다. 그래서 여행자들 중에는 룩셈부르크에 절대 가지 말라고 당부하는 이도 있었다. 역시 볼 게 별로 없더라는 것. 자주 올 수 있는 곳이 아니니 잠시라도 들러보자고 마음을 고쳐먹지 않았더라면 나 역시 룩셈부르크를 그냥 지나쳤을 것이다.

그러나 룩셈부르크에 도착해 숙소를 향해 걷는 내내 나는 입을 다물지 못했다. 세상에 이런 곳이 다 있나 싶었다. 중세 마을의 원형을 고스란히 간직한 채 도시 중앙부 저 아래로 펼쳐지고 있는 그룬트 지구와 그 테두리를 형성하고 있는 평균 고도 300m의 높은

성벽과 절벽들, 그리고 그 위에 형성된 구시가와 신시가. 호빗족의 아랫세상과 신들의 윗세상이 공존하는, 마치 영화 〈반지의 제왕〉의 배경 같은 신비로운 풍경이 눈앞에서 펼쳐지고 있었다. 그룬트 지구가 내려다보이는 까마득한 다리 위에서, 외세의 침략에 대항하기 위해 세운 높은 요새 위에서 나는 후들거리는 다리를 좀처럼 주체할 수 없었다. 저 아래로 펼쳐지는 것은 언제나 아찔한 풍경들이었다. 유럽의 스카이라운지. 시야로 쏟아져 들어온 크고 작은 경관들이 나에게 소개한 룩셈부르크의 또 다른 이름이었다. 와서 보니 이렇게 멋진 곳이거늘 그들은 왜 별 볼일 없는 곳이라고 했을까. 도시의 크기가 작다느니, 볼거리가 몇 개 안 된다느니 하며 여행을 만류한 그들은 도대체 얼마나 더 대단한 것들이 눈앞에 펼쳐져야 비로소 만족을 한단 말인가. 나는 하루 정도 묵으며 중심가나 대강 구경하려던 계획을 바꿔 호스텔에 도착하자마자 이틀치 숙박비를 지불했다. 이 작지만 근사한 도시에서 몸과 마음을 재충전하기로 했다.

첫날 밤 절벽 위에 있는 작은 공원에 올랐다. 숙소는 그룬트 지구 한쪽에 자리 잡고 있었는데, 그 옆으로 난 외길을 따라 올라가니 꼭대기에 한적한 공원이 나왔다. 인적이 끊긴 공원 주변으로는 오직 어둠만이 공간을 독차지하고 있었다. 공원 모서리에서 내려다보는 룩셈부르크의 야경은 주경 못지않게 아름다웠다. 24시간 내내 이처럼 오묘한 자태로 서 있는 도시라니. 한참을 서서 저 아래 경치를 바라보고 있는데 누군가 내 등을 두드렸다. 뒤를 돌아보니 아담한 벤치 하나가 나를 물끄러미 바라보고 있었다.

벤치에 앉아 음악을 들었다. 신비하고 영험하게 생긴 이 도시의 기운을 빌려 모처럼 감성을 열어보고 싶었다. 계속되는 강행군으

로 마음이 좀 퍽퍽해져 있는 것 같았고, 아무도 없는 어두운 공원에 혼자 앉아 있으려니 음악을 듣는 것 말고는 딱히 할 일도 없었다. 더욱이 나에게는 여행 때마다 영감의 원천이 되어준 것이 음악이었다. 나뭇잎 떨어지는 소리마저 메아리로 울려 퍼질 것 같은 이 고요한 공원에서 차분히 음악을 듣다 보면 맑은 기운이 천천히 봄 안으로 흘러 들어올 것 같았다.

모든 게 새롭게 들리고 보이는 날이 있다. 오감이 생생하게 살아나 보고 듣는 모든 것들마다 그 정수를 기막히게 읽어낼 수 있는 날. 바로 그날이었나 보다. 몸과 마음이 지쳐 있을 거라는 나의 예상은 기우였다. 이미 반나절 새에 이 도시의 맑고 신선한 기운이 온몸에 스며들었는지 음악들이 비 개인 풍경처럼 선명하게 머릿속에서 그려졌다. 가사와 멜로디는 물론이고 악기를 어떻게 편성했는지, 각각의 악기들은 어떤 음률을 만들어내고 있는지도 모두 선명하게 느껴졌다. 평소에는 몰랐는데 가만히 들어보니 어떤 노래는 봄날의 교정을 닮았고, 어떤 노래는 한적한 갯마을 풍경을 닮았으며, 어떤 노래는 소년의 힘줄을 닮아 있었다.

노래 한 곡조에도 서러움이 해일처럼 밀려오는 날이 있다. 감춰두었던 슬픔이 손가락 끝으로 빠져나와 다시 가슴을 향해 달려드는 날. 바로 그날이었나 보다. 이별의 아픔을 무상한 심정으로 읊조린 어떤 노래를 듣고 있다가 '햇살이 눈부셔 눈물이 난다'는 대목에서 갑자기 한숨이 쏟아져 나왔다. 거침없던 내 청춘은 어디로 갔나. 이렇게 멀리까지 왔는데도 떠난 세월은 잡을 수가 없구나. 노래는 노래대로 나는 나대로 오랫동안 묵어 있던 한을 달빛 아래로 토해내고 있었다. 명랑하고 씩씩한 여행자 같지만 따지고 보면 한낱 연약한 인간에 지나지 않는 내 자신. 어둠이 숨 쉬는 소리 외

에는 아무것도 들리지 않는 룩셈부르크 절벽 꼭대기 작은 공원에
서 나는 영문도 모른 채 갑자기 뜨거워진 눈두덩을 두 손으로 감싸
야 했다. 노래는 구슬펐고, 가로등 불빛은 눈부셨다.

　정신을 차리고 나니 어느새 마음이 맑아져 있었다. 역시 바닥은
치라고 있는 모양이었다. 기분이 한결 상쾌해진 것 같아서 노래를
하나씩 따라 부르기 시작했다. 큰 소리로 한참을 노래했건만 아무
도 말리는 이 없었다. 여행을 와서 그렇게나 열심히 노래를 한 적
은 처음이었다. 다른 곳이라면 모르겠지만 룩셈부르크 절벽 꼭대
기 작은 공원에서는 미친놈처럼 그악스럽게 노래를 불러도 아무
도 뭐라 하지 않았다.

　이튿날 밤에도 거리로 나섰다. 이번에는 답답한 방에서 잠시나
마 탈출하고 싶어서였다. 내가 묵고 있는 4인실 도미토리에는 아
침저녁으로 고요가 흘렀다. 나를 제외한 나머지 두 명의 여행자들
이 만들어내고 있는 적막이었다. 눈알이 쏟아져 나올 것처럼 아주
극단적으로 부리부리한 눈매를 가진 2m 장신의 흑인 청년과 숲에
서 이제 막 사냥을 마치고 돌아온 것 같은 야성적인 장발의 라틴
사내는 점심시간 이후 몇 시간을 빼고는 아침저녁으로 시체처럼
누워 잠을 잤다. 판타지 영화의 등장인물 같은 그 생김새들이 오묘
한 자태를 가진 이 도시와 잘 어울리는 듯했지만 기력이 쇠했는지
그들은 방안에서 늘 시들시들했다.

　워낙 침묵이 깊어 가방 여는 소리조차 죄악이 되는 공간. 그게
우리 방이었다. 내가 짐 정리로 조금이라도 부스럭거릴라치면 두
사내는 이불 위로 얼굴을 내밀어서는 경멸에 찬 눈초리로 나를 쏘
아보았다. 숙소로 들어오자마자 나는 이불 속으로 몸을 숨겨야 했
고, 아침도 평소보다 늦게 시작해야 했다. 워낙 분위기가 삼엄해

라틴 사내와는 한 마디도 나누지 못했다. 흑인 청년과는 딱 한 마디를 나눴는데 아침식사 후 시내 구경을 나가려는 찰나였다. 그는 이불 밖으로 얼굴을 내밀어 나에게 아침식사 시간이 언제까지냐고 물었다. 숙박비에 아침식사가 포함돼 있으므로 느지막하게 아침을 먹을 요량이었나 보다. 경멸에 찬 시선을 수도 없이 보내와 내심 불쾌하게 생각하고 있었는데 겉보기와는 달리 말투는 선량했다. 알고 보면 착한 놈이겠구나 싶어 친절한 목소리로 대답해주었다. "아침식사는 이미 끝났어!"

두 녀석이 적막을 만들어내고 있는 방을 빠져나와서인지 답답한 기분이 금세 풀리는 것 같았다. 이번에는 그룬트 지구로 향하기로 했다. 오전에도 한 차례 거닐었는데 길목들이 너무 아름다웠다. 한국의 급조된 '걷고 싶은 길'과는 비교가 안 되는 '진짜로 걷고 싶은 길'들이었다. 자정이 다 되어 가는 시간. 이름 모를 골목들이 나를 맞이했다. 가옥들은 이미 단잠에 빠져 있었고, 이따금씩 들려오는 시냇물 소리만이 한밤의 정적을 깨뜨렸다. 비좁은 첫 골목을 통과하니 중세의 분위기가 물씬 풍기는 널따란 길이 나왔다. 도시가 비로소 민낯을 공개하는 순간이었다. 걸음이 깊어질수록 룩셈부르크도 솔직한 표정을 지으며 가슴팍을 열어보였다. 달빛과 교차하는 몽환적인 가로등 조명이 그룬트 지구를 신화 속의 동네로 바꿔 놓고 있었다.

어디까지 걸어 들어갔을까. 거리의 끝에서 분홍색 등 네 개가 걸린 굴다리 모양의 출입구를 발견했다. 사유지처럼 생겨 잠시 망설이다가 조심스럽게 안쪽으로 걸음을 옮겼다. 출입구를 통과하자마자 큼지막한 광장이 나왔다. 광장 위로는 수십 개의 오색등이 빼곡하게 매달려 있었다. 산책이나 할까 해서 나온 것이었는데 바람이

불 때마다 허공에서 덩실덩실 어깻짓을 하는 저 화려한 빛깔들의 향연이라니. 갑자기 어딘가에서 수십 명의 요정들이 쏟아져 나와 매혹적인 춤사위라도 선보일 것 같았다. 꿈인지 생시인지 종잡을 수 없는 기묘한 광경. 내 생애 가장 신비로운 밤풍경이었다. 광장 끝에는 바 하나가 영업을 하고 있었다. 지나치면서 보니 정장 차림의 웨이터가 바에 앉은 손님 하나를 정중하게 응대하고 있었다. 테이블에도 한 팀이 둘러앉아 서로 조용히 마주보고 있었다.

광장을 지나쳤을 때 너무 깊이 들어와 버렸다는 사실을 깨달았다. 저 안쪽에서 더욱더 기묘한 일들이 기다리고 있을 것 같았지만 밤이 깊어 어쩔 수 없이 걸음을 되돌렸다. 숙소를 나설 때와는 달리 돌아오는 길에는 드물게나마 사람 몇이 곁을 스쳐 지나갔다. 그들이 시야에서 사라졌을 때 문득 공포가 밀려왔다. 사방으로 아무도 보이지 않는 순간, 갑자기 세련된 차림의 미녀가 나타나 서너 세기 전의 억양으로 말을 걸어온다면 그녀는 필시 유령일 것이다. 말끔한 수트 차림에 이마에 굵은 주름살이 나 있고 볼은 깊게 파인 호남형의 신사를 만난다면 그 역시 유령일 것이다. 현실인지 상상인지 도무지 분간할 수 없는 시간. 그것이 내가 룩셈부르크에서 맞이한 마지막 밤이었다.

신비롭게 물든 그룬트 지구 야경

베네룩스 3국 중 가장 작은 나라. / 전체 면적이 도쿄 정도에 불과한 아주 아담하고 앙증맞은 그곳 룩셈부르크.

그러나 작다고 함부로 무시해서는 안 된다. / 오랜 세월에 걸쳐 면면히 쌓아온 역사가 거기에도 있다. / 거리는 단정하고, 시민들의 교양 수준도 높다. / 자연환경도 풍요롭고, 생활 수준은 서유럽 국가들 중 최상위권이다.

그러니 당신과 나도 기운을 내야 한다. / 유명인도 아니고, 졸부의 자식도 아니지만 당신과 나의 인생 역시 가진 자들의 것 못지않게 소중한 까닭이다.

그룬트 지구Grund, 룩셈부르크, 룩셈부르크.

비둘기와 연인들

사랑과 평화,
난 그거 두 개면 돼요.

빅토리 보트의 무라노 질주극

저쪽에서 보트 한 대가 달려오고 있었다. / 그 모습이 제법 경쾌해보여 카메라를 겨눴다.

보트 위의 남자는 앞만 보고 있었다. 내 쪽에 가까워 올 무렵에도 계속 그랬다. / 그런데 그가 갑자기 손을 들어 빅토리 싸인을 만들었다. / 그리고 그렇게 만든 빅토리 싸인을 나를 향해 날려주었다. / 마음껏 촬영하라는 듯 움직이지도 않고 그대로 있었다. / 멀리서 찾아온 여행자를 위한 일종의 현지 모델 서비스였던 셈.

환영의 방식이 유쾌해 황급히 집중력을 모았다. / 빠른 속도로 지나칠 것이므로 한두 방에 해결을 봐야 한다. / 쓸 만한 컷을 만들지 못하면 환대를 무시한 셈이나 마찬가지다. / 긴박하게 슈팅을 날렸는데 다행히 그중 한 컷이 걸려들었다. 나이스~!

나를 지나친 남자는 다시 손을 내리고 보트를 달린다. / 무표정한 얼굴은 처음과 다름없이 계속 전방을 향하고 있다. / 동양에서 날아온 시커먼 이방인과 운하를 질주하는 중년의 현지남. / 이제 그 두 사람은 비공식적인 방법으로나마 서로 인사를 나눈 사이가 되었다.

서로 누군지도 모르고, 다시 만날 일도 없겠지만 소리도 없고 표정도 없던 그 인사법만큼은 유쾌하고 신통한 기억으로 남았다. / 보트는 물살을 일으키며 계속 질주하고 두 사내는 다시 각자의 길을 걸어간다. / 운하 위로 신나게 미끄러지는 보트의 뒷모습이 이제 막 출발한 마라토너의 뜀박질처럼 경쾌하다.

오늘의 BGM은 다이어 스트레이츠의 'Walk of Life'.

무라노 섬Murano, 베네치아, 이탈리아.

제로니모스 수도원Mosteiro dos Jeronimos, 벨렝 지구, 리스본, 포르투갈.

싼타키아라 성당 앞 광장에서 책 읽는 남자

역시 가을은 독서의 계절인가 보다. / 이탈리아 하고도 아씨시, / 아씨시 하고도 싼타키아라 성당, / 싼타키아라 성당 하고도 그 앞 광장. / 가을이 계절감을 온몸으로 뿜어대고 있던 그곳에서도 / 독서 삼매경에 푹 빠져 있는 남자 하나를 발견할 수 있었다. / 먼 발치에서 바라보긴 했지만 남자는 확실히 잘 생겼더랬다. / 그러면 그걸로 충분한 거 아닌가? / 뭘 더 어떻게 하려고 책까지 읽어대고 있는가?! / 저들의 미친 존재감을 견제하려면 우리는 저들보다 더 많은 책을 읽어야 한다. / 그런데 달력을 보니 아직 가을이 오려면 멀었구나. / 흐음, 조금 더 게으름을 피워볼까나......!

싼타키아라 성당 앞 광장Piazza Basilica di Santa Chiara, 아씨시, 이탈리아.

진실아, 어디 한번 말해보아라

어찌하여 너, 진실은 늘 뒤늦게서야 도착한단 말인가. / 모든 것 물러가고, 이젠 남은 것도 하나 없는데 / 어쩌자고 이제야 도착해 상황을 다시 어지럽히려고 하는가. / 섭섭한 게 있다면 차라리 그때 말할 것이지, / 못마땅한 게 있다면 차라리 그때 화를 낼 것이지, / 어찌하여 가혹한 현실 뒤에서 비겁하게 숨어만 지내다가 / 왜 아무것도 되돌릴 수 없는 지금에 와서야 존재를 드러내는가.

그게 뭐 대수냐는 듯 그렇게 말똥말똥 쳐다보지만 말고 / 그 잔인한 입을 열어 도대체 왜 그랬는지 한번 말해보아라. / 왜 아무 죄도 없는 사람들만 골라 그렇게 괴롭히고 다니는지 / 어디 그 잘난 입을 벌려 그 고상한 이유를 한번 떠들어보아라. /

너, 진실, 당분간은 어두운 뒷골목에서 뒤통수를 조심해라. / 네 잘난 꼴이 도저히 못마땅하여 내가 응징을 준비하고 있으니.

오늘의 BGM은 Haven의 'Say Something'.

진실의 입Bocca del Verità, 싼타마리아 인 꼬스메딘 성당. 로마, 이탈리아.

그 나이에만
외치고 싶은
이야기

　베를린에 있을 때 나는 다국적 여행자 집단에 섞여 있었다. 내가 호스텔에 체크인을 할 때 이미 라운지를 장악하고 있던 그 무리였다. 그들 대부분이 이십대 초반이라 어쩐지 행동이 과장돼 보였고, 당면한 문제나 집중하고 있는 주제도 나와 다를 것 같아서 나로서는 그들과 어울릴 이유가 별로 없었다. 그러다가 일찌감치 그 무리와 친해진 또 한 명의 삼십대 여행자 안드레가 나를 그들 틈에 밀어 넣었다. 그렇게 내 의지와는 상관없이 우리들은 친분을 맺게 되었다. 물론 딱히 그들을 거부해야 할 이유도 없었다.

　안면을 트자마자 그들은 나와 마주칠 때마다 오랜 친구마냥 시끄럽게 인사를 건넸고, 곧이어 하루 혹은 몇 시간 동안의 안부를 캐물었다. 내 또래들에게서는 찾아보기 힘든 그 부산스러움이 조금 부담스러웠다. 그러나 생각해보니 그땐 나도 그랬다. 기운차게 움직이고 주도적으로 행동해야만 주인공처럼 보일 것 같았다. 그렇게 친구를 사귀고 늘려 나가는 것도 재미있었다. 그러나 십 몇 년 전의 행동을 그때와는 다른 정서로 반복하려니 멋쩍었다. 다만 그 시절이 나에게도 있었으므로 그들이 그렇게 행동하는 이유를 이해하기는 어렵지 않았다. 힙합 식의 악수와 큼직한 몸동작 그리고 떠들썩한 언행. 그게 다소 과장은 되었어도 진심이 아니라고는 할 수 없는, 그들이 나에게 호의를 표현하는 방식이었다. 그들의 기분을 이해할 수 있었으므로 나도 같은 방식으로 그 호의에 보답했다.

　'보이 클럽' 정도로 칭할 수 있는 그 무리에는 호주, 브라질, 영국, 미국, 포르투갈 등 여러 나라에서 온 청년 여행자들이 뒤섞여 있었다. 유일한 동양인인 내가 아시아를 대표했다. 삼십대인 안드레와 내가 클럽의 평균 연령을 높였지만 우리들 사이에 나이의 경계는 없었다. 여행이란 그런 것이었다. 애써 어른스러운 척하지 않아도 되는 것, 사회적 조건 따위는 배낭 깊은 곳에 처박아 두고 여행자라는 이름만으로 서로 어깨동무를 하는 것. 청년을 만나면 다시 청년으로 돌아가고, 소년을 만나면 다시 소년으로 돌아가는 것.

우리는 밤마다 맥주를 앞에 두고 하루 동안의 여행담을 쏟아냈다. 그러다가 누군가의 입에서 지난날의 여행일기가 우르르 쏟아져 나오기도 했다. 가끔은 밤참을 먹으러 숙소 주변의 허름한 식당을 찾아다녔다. 피자나 케밥 따위의 음식 곁에는 언제나 맥주가 놓였다. 그리고 계속되는 청춘의 백서들. 기억도 안 나는 오래 전의 화두들은 조금 지루했지만 녀석들의 활기찬 기백은 꽤 마음에 들었다. 여행을 좋아하는 녀석들은 건강하고 바른 구석이 있다는 사실을 새삼 확인한 시간이기도 했다.

브뤼셀에 도착한 첫날에도 청년 여행자 하나와 안면을 텄다. 이제 막 브뤼셀에 도착한 이십대 중반의 터키인 유학생 마호메트였다. 이슬람의 계율을 알지 못하는 입장에서 '마호메트'는 아무래도 마음 편히 부르기 어려운 이름이었지만 '알라'보다는 덜 부담스러워서 다행이었다. 그는 갈증을 수돗물로 아무렇지도 않게 해결하는 털털한 성격을 가지고 있었다. 한국에 대해서도 친근감을 가지고 있다는 것 같았다. 터키는 유럽이 아니라 아시아라고 설명하는 서구적인 생김새의 그에게서 동질감과 이질감 사이에 놓인 어떤 미묘한 감정을 느꼈다. 물론 이질감보다는 동질감에 가까운 감정이었다.

그날 밤 숙소 앞에서 그와 대화를 나누고 있을 때, 이번에는 파리에서 온 흑인 여대생 엠마가 다가왔다. 그녀는 열쇠를 방안에 두고 나왔다며 우리에게 도움을 청했고, 우리가 도움을 줄 방법이 없

다고 하자 갑자기 인종차별의 문제점에 대해 한바탕 떠들었다. 마호메트가 성스런 이름의 기운으로 그녀를 진정시켰고, 그녀는 환한 웃음을 지어보이며 사라져 갔다. 방안으로 들어갈 방법을 아직 찾지 못했다는 건 어느새 까먹은 듯한 뒷모습이었다. 멀어져 가는 그녀의 뒷모습을 바라보던 마호메트가 입을 열었다. "저 친구, 한 잔 됐군……."

내가 묵은 곳은 반 고흐라는 이름의 호스텔이었다. 이름도 마음에 들었고 로비에서 마주친 자유분방한 분위기도 마음에 들었다. 나는 길 건너편의 별관에 묵었는데 허름한 복도와 아담한 방, 그리고 햇살을 보드랍게 쏟아내는 계단 쪽 천정의 통유리가 반 고흐라는 이름과 잘 어울려보였다. 그러나 위생상태가 좋지 않았다. 방문을 열면 오래 묵은 곰팡이 냄새가 도적떼처럼 달려들었고, 침대에 걸터앉으면 미처 마르지 않은 습기가 치한처럼 엉덩이를 더듬었다. 밤새 곰팡이 냄새와 습한 기운을 상대로 불쾌한 싸움을 벌여야 했다. 수더분한 마호메트도 별관의 위생 상태에는 고개를 가로저었다. 나는 결국 숙소를 바꾸기로 했다. 새로운 숙소는 '슬립 웰 Sleep Well' 호스텔. 이름 때문에라도 최소한 잠은 잘 잘 수 있을 것 같았다.

새 호스텔에서 체크인을 마치고 방으로 들어섰을 때 나에게 가장 먼저 인사를 건넨 이는 알리였다. 곧이어 호의의 표현으로 초콜릿도 나눠주었다. 레바논 출신인 그는 폴란드에서 유학을 하고 있다고 했다. 선심 쓰는 모습도 그렇고, 너그러워보이는 태도도 그렇고, 두루두루 선량해보였다. 겨드랑이 털만큼이나 짙은 눈썹이 미관을 관통해 15cm가량 일자로 정확하게 붙어 있다는 점과 미역줄거리 같은 가슴털이 티셔츠 위로 수북이 삐져나와 있다는 점만 빼고는 모든 면에서 괜찮은 친구 같았다.

자정이 다 되었을 때 알리는 나에게 배가 고프지 않은지 물었다. 밤참을 먹으러 갈까 하는데 같이 가자는 것이었다. 브뤼셀의 뒷골목도 구경할 겸 그를 따라나섰다. 식료품점에 도착해서 알리는 나를 밖에 세워 두고 가격을 체크하러 식료품점 안으로 들어갔다. 잠시 후 밖으로 나와서는 가격이 다른 곳보다 몇십 센트 비싸다며 주변의 식료품점들을 좀 더 돌아보자고 했다. 다음 식료품점에서도 마찬가지였다. 가격을 확인한 후 발길을 돌리기를 여러 차례. 다른 일들에는 무한정 관대하던 알리는 가격 문제에서만큼은 한없이 까다로웠다.

어느새 나는 그 소모적인 상황에 지쳐 가고 있었다. 워낙 여기저기를 기웃거렸더니 브뤼셀의 식료품 소매산업 현황이 머릿속에 선명하게 그려지고 있었다. 이 녀석이랑 같이 있다가는 결국 굶어 죽고 말겠다는 깨달음이 왔을 찰나 알리가 케밥집 한 곳을 찾아냈다. 한국인의 최후의 보루가 라면이듯 아랍인의 최후의 보루는 역시 케밥인 모양이었다. 케밥집에서 알리는 또다시 메뉴판을 두고 한참을 고민했다. 이 메뉴에는 무엇이 어떻게 들어가느냐, 저 메뉴는 이 메뉴와 무엇이 어떻게 다르냐. 종업원에게 한참을 질문을 던진 알리는 적당한 가격의 케밥 하나를 골랐다. 그러나 나는 이미 입맛이 떨어진 상태였다.

숙소로 돌아가는 길. 케밥을 우악스럽게 씹어먹던 알리가 나에게 말을 건넸다.

"나 혼자만 먹으니 미안하긴 하지만 그래도 네 덕분에 즐거운 밤이 된 것 같아. 혹시 폴란드에도 올 거니? 오게 되면 꼭 연락해. 내 방에 남는 침대가 하나 있어서 널 재워줄 수 있거든. 미리 연락을

해주면 시간도 비워놓을게. 수업을 조금 미루면 되거든. 내가 살고 있는 도시는 당연히 구경시켜 줄 거고, 독일도 멀지 않으니 그쪽 도시 몇 개도 구경시켜 줄 수 있어. 그런데 혹시 나이트클럽 좋아하니? 숙소에 들어가서 옷 갈아입고 나이트클럽에 갈까 하는데 생각 있니?"

아무런 소득도 없이 그에게 끌려다녀야 했지만 타향살이 중인 유학생의 절약정신은 충분히 이해할 수 있었다. 그 알뜰한 생활태도는 기나긴 그의 인생에서 긍정적인 작용을 할 것이다. 이십대 중반이라고 하니 여행을 와서 나이트클럽에 가보는 것도 좋은 경험이 될 것이다. 누구나 그 나이에만 외치고 싶은 이야기가 있는 법이니 홀을 쩌렁쩌렁 뒤흔드는 광란의 소음 속에 온몸을 던져보는 것도 좋을 것이다. 마주치는 이성을 향해 남성다운 강렬한 눈빛을 유감없이 과시해보는 것도 괜찮을 것이다. 눈썹이 겨드랑이 털이면 어떻고, 가슴털이 미역줄거리면 어떤가. 그 순간이 왔을 때는 힘차게 외칠 줄도 알아야 하는 것 아니겠는가. 그런 게 다 청년시절의 통과의례가 아니던가. 그러나 그의 곁에 있다가는 아무래도 고생을 면치 못할 것 같았다. 원하는 것을 다 채우고 나서 흐뭇하게 배를 두드리고 있는 알리의 곁에서 손가락만 쪽쪽 빨고 있을 내 모습이 머릿속에 그려졌다.

누구나 그렇듯 나 역시 다른 세대들과도 깊이 이해하고 교감하고 싶었다. 사오십대에게는 배울 게 많았다. 이십대의 경우 조금 소란스럽긴 해도 젊음의 활기로서 언제나 나를 북돋웠고, 잃어버린 것들을 되돌아볼 기회를 마련해주었다. 그래서 개인적으로도 이십대에게 애정을 많이 가지고 있었다. 이해득실의 측면을 떠나 동등한 인격으로서 그들과 부대끼고 싶기도 했다. 적극적으로 관계에 임해 즐거움을 만들어내고 그것을 다시 즐기고 싶었다. 그러나 알리는 좀 자신이 없었다. 만일 알리네 동네에 간다면 알리가 지쳐 가는 나를 초콜릿으로 가끔 위로해주긴 하겠지만 그 이상의 즐거움은 누리기 어려울 것 같았다. 별 관심도 없는 나이트클럽에 가서 시간을 허비할 이유도 없었다. 먼 곳까지 어렵게 왔으니 감상적으로 호의를 남발하는 것보다는 가급적 실속 있게 움직이는 편이 나을 것 같았다. 그래서 나는 그가 사는 동네에는 절대 가지 않을 것 같은 표정으로, 혹시 가게 되더라도 절대 연락을 하지 않을 것 같은 표정으로 그에게 말했다.

"나이트클럽은 피곤해서 좀 그렇고, 네가 사는 곳에는 꼭 갈게. 가서 꼭 연락할 테니까 앞으로 몇 달 간은 전화기를 자주 들여다보도록 하렴."

맛 있 는
여 행 지 를
원 하 십 니 까?

●브뤼셀

"오! 아이 라이크 벨지움 쏘 머치!"

베를린에서 서커스 호스텔에 묵을 당시, 보이 클럽의 얼굴마담 격이던 지성파 꽃미남 리암은 벨기에 이야기만 나오면 정색을 하며 벨기에를 예찬하기에 바빴다. 국토의 면적도 작고 다른 유럽 강대국들에 비해 알려진 것도 그리 많지 않지만 대단히 활기차고 아름다운 나라라는 것이었다. 브뤼셀, 브뤼헤, 안트베르펜까지 자신이 가본 곳은 어느 하나 나무랄 데가 없었다고 했다.

브뤼셀을 반나절쯤 구경했을 때 나는 정색까지 해 가며 벨기에를 예찬했던 리암의 얼굴을 떠올렸다. '벨기에가 작은 나라라고 내 이야기를 우습게 생각하는 것 같은데 너희들도 가보면 알 거다.' 그것이 리암의 표정 속에 담겨 있던 의미였다. 리암의 말대로 브뤼셀은 활기차고 아름다웠다. 그리고 처음 방문한 주제에 이런 말이 어울릴지 모르겠지만, 모든 것들이 예전과 다름없이 잘 지내고 있는 것 같았다. '브뤼셀, 너 여전하구나!' 이런 말을 브뤼셀에게 정말로 건네고 싶었다.

흠이라고 한다면 종종 공사현장을 발견하게 된다는 점이었다. 브뤼셀에 도착해서 가장 먼저 마주친 것도 중앙역 앞에서 벌어지고 있던 공사현장이었다. 그러나 유럽은 전체가 공사판이었다. 나라를 불문하고 어디에서든 괴물처럼 우뚝 솟아오른 대형 크레인이 도시의 경관을 망가뜨리고 있었다. 그것들이

바르셀로나의 사그라다 파밀리아 대성당처럼 인류 문화사를 화려하게 장식할 만한 공사들이었다면 나는 당연히 고개를 끄덕였을 것이다. 그러나 그런 건 별로 눈에 띄지 않았다. 대형 크레인 아래에 놓여 있던 것들은 그저 덩치만 크고 자본의 악취만 잔뜩 나는, 기껏해야 세련된 외양 정도를 갖추게 될 영혼 없는 콘크리트 넝어리들이 대부분이었다. 글로벌화를 슬로건으로 내건 개발주의의 망령이 이제는 개발도상국들을 지나쳐 유럽까지도 배회하고 있는 것이다. 그러니 브뤼셀의 공사현장들은 그저 당대의 유행을 충실히 따르고 있는 작은 흔적들에 불과할 뿐이었다. 언제부터인지는 모르겠지만 믿었던 유럽마저도 문명 건설이라는 인간의 위대한 성취에 관심을 끊은 게 분명했다. 상서롭지 않은 징후였다.

여행자들 사이에서 호불호가 분분하던 오줌싸개 동상도 나는 그런대로 마음에 들었다. 기대에 비해 너무 작고 초라하다고 불평하는 이들이 적지 않았지만 내가 보기에는 그 정도면 크기와 분위기가 모두 적당한 것 같았다. 동상을 너무 크게 만든다면 오줌싸개 소년의 이미지를 고스란히 살릴 수 없을 것이고, 너무 고급스럽게 만들어도 구경꾼들에게 친근감을 줄 수 없을 것이다. 게다가 그 고급스럽고 거대한 동상이 뿜어내는 폭포수 같은 오줌줄기는 또 어떻게 할 것인가. 만화 박물관, 벼룩시장, X-게임 트랙 같은 이색 볼거리들까지 가지고 있는 브뤼셀이 나는 두루두루 마음에 들었다.

브뤼셀이 좀 더 각별했던 것은 입맛에 잘 맞는 음식들 때문이었다. 나는 식도락에는 취미가 없는 편이었다. 취향으로서 식도락을 존중하지만 나돌아다니기를 좋아하는 나에게 식도락이라는 취향은 그다지 어울리지 않았다. 계획 없이 훌쩍 떠나는 놈은 아무 데서나 잘 자고, 아무것이나 잘 먹고, 아무하고나 잘 어울려야 한다.

제자리로 돌아가서도 주어진 조건들에 대해 불평하기보다는 그날 그날 벌어지는 일들이 그저 숙명이려니 하며 사는 게 마음 편했다. 하지만 나는 애써 음식을 찾아다니지 않는다는 것일 뿐 눈앞에 펼쳐진 맛있는 밥상까지 마다할 정도로 어리석진 않았다. 미치지 않고서야 누가 그걸 마다할까. 브뤼셀에서 맛본 벨기에 음식들을 봉해 행복감을 느낀 것도 그래서였다.

나에게 벨기에 음식 중 으뜸은 홍합요리인 물Moule이었다. 브뤼셀의 심장부인 그랑쁠라스 주변에 아예 푸줏간 거리Rue des Bouchers라는 전문점 골목이 형성돼 있을 정도였으니 물은 벨기에의 자부심이 담긴 요리라고 해도 좋을 듯했다. 브뤼셀에 와서 물을 먹지 않으면 진정한 여행이 될 수 없다는 듯 가이드북들도 앞다퉈 물을 소개하고 있었다. 워낙 많은 관광객들이 찾는 음식이므로 식당들이 꼼수를 부리기도 하니 바가지를 각별히 주의하라고 일침도 놓았다.

그러나 물이 식탁 위로 올라왔을 때 나는 이 음식이 왜 그렇게 유명한지 심히 의심스러웠다. 뭔가 특별한 모습을 기대했던 것과는 달리, 물이 그저 국물을 조린 한국식 홍합탕처럼 생긴 탓이었다. 벨기에 특유의 멋진 음식을 기대했는데 한국의 선술집에서 서비스 안주로 나오는 홍합탕이라니. 이걸 먹겠다고 사람들이 그렇게 벌떼처럼 달려든다는 말인가. 빵과 감자튀김 등 보조음식이 함께 나오긴 했지만 덩어리감이 느껴지는 건 눈을 씻고 찾아봐도 없으니 배를 채우기도 글렀다 싶었다. 한마디로 물 먹은 기분이었다.

그러나 홍합 껍데기가 하나둘씩 수거통으로 들어갈수록 내 표정도 변해 갔다. 한국의 홍합탕과 비슷한 맛일 줄 알았는데 그게 아니었기 때문이다. 물은 홍합의 맛을 바탕으로 하고 있으면서도

홍합탕과는 또 다른 맛깔스러움을 보여주고 있었다. 급기야 분주히 오가는 종업원들의 눈을 피해 나는 냄비째로 국물을 마시기 시작했다. 주변을 훑어보았지만 나처럼 냄비째로 국물을 들이키는 이는 없었다. 서양요리는 약간 남기는 것이 예의라던데 내가 일어난 자리에는 야채 조각 하나도 찾아볼 수 없는 빈 접시들만이 휑뎅그렁하게 남아 있었다. 초토화. 그것이 내가 브뤼셀의 어느 식당 테이블 위에 남긴 미덕이었다. 대한민국의 위신을 생각해 더 이상의 궁핍한 행동을 하지 않은 게 그나마 다행이었다.

세계적으로 소문난 벨기에 초콜릿 역시 그 농도와 향에서 고급스러운 품격을 보여주고 있었다. 그러나 한국에서도 고급 초콜릿을 먹을 기회가 적지 않았으니 그건 그렇다 칠 수 있었다. 하지만 재미삼아 먹어본 와플은 그야말로 별미 중의 별미였다. 한입을 베어 물자마자 입안에서 사르르 녹는 것이 왜 사람들이 벨기에 와플, 벨기에 와플 하는지 그 이유를 알 것 같았다. 원조 벨기에 와플과 비교했을 때 한국의 대학가나 시내 번화가에서 파는 와플은 맛과 질 모두 반쪽짜리였다. 그것도 모르고 '수제'라는 문구에 속아 줄 서서 기다리느라 시간을 낭비하곤 했다. 한국에서 맛본 와플과 맛의 차이가 확연해서인지 때깔 좋은 와플 위로 달콤한 크림이 나른하게 얹혀 있는 그 모습이 두고두고 기억날 것 같았다.

벨기에는 수백 종의 맥주를 보유한 맥주왕국이기도 했다. 유럽 각국의 맥주들 중 일반적으로는 독일이나 체코 맥주를 으뜸으로 치지만 벨기에 맥주도 그에 뒤지지 않았다. 수많은 벨기에 맥주들 중 최고로 꼽히는 건 수도사들이 양조한 흑맥주였다. 슈퍼마켓에 갔다가 현지인으로 보이는 한 남자에게 벨기에 맥주를 추천해달라고 부탁했다. 아니나 다를까. 그는 특색 있는 맥주 몇 종과 함께 수도사들이 만든 흑맥주를 추천했다. 수도사들이 만든 흑맥주는 여러 종이 나와 있었는데 도수가 일반 맥주의 두 배에 육박했다. 맥주를 권해준 그에게 당신에게 최고의 맥주는 무어냐고 물었더니 그는 11.3%짜리 맥주를 집어 들었다. 이거 두 병이면 홍콩엘 갈 수 있다는 것이었다.

그가 권한 11.3%짜리 한 병, 9.2%짜리 한 병, 레페브라운 한 병, 이렇게 세 병의 맥주를 사들고 나와 그랑쁠라스 광장으로 향했다. 그리고 광장 한쪽에 앉아 맥주를 마시기 시작했다. 역시나 11.3%짜리 맥주는 목구멍을 타 넘는 것부터 요란스러웠다. 맥주치고는 상당히 독한데다가 탄산까지 이글거려 맥주를 삼킬 때 식도가 따끔할 지경이었다. 그런데도 오히려 첫맛은 부드럽고 뒷맛만 강했다. 처음 경험해보는 오묘한 맛이었다. 그렇게 계속 홀짝홀짝하다 보니 첫 번째 병을 비웠을 때쯤 취기가 올라오기 시작했다. 그러나 새로운 곳에서는 무엇이든 경험이 되고 추억이 되는 법. 레페브라운의 뚜껑을 마저 땄다. 광장 모서리에 앉아 밤거리를 유랑하는 인파를 바라보며 계속 맥주를 마셨다. 그 맛이 제법 알싸했다.

그동안 식도락 여행을 하는 이들을 보면서 멀리까지 와서 왜 그렇게들 음식만 찾아다니는지 이해하기 어려웠다. 한국에서야 그럴수도 있겠지만 큰돈 들여 외국에 나와서까지 음식을 쫓아 여행하는 건 취향의 과잉 같았다. 그러나 벨기에에서 맛있는 음식들로 호사를 누려보니 그들의 심정을 이해할 수 있을 것도 같았다. 아마도 그들은 맛있는 음식을 찾아다니는 유전자를 가졌거나 인체가 미각을 통해 행복감을 높이도록 설계되었을 것이다. 그래서 나는 그랑쁠라스 광장에서 맥주를 홀짝이며 나와는 다른 취향을 가진 사람들을 좀 더 이해해야겠다고 생각했다. 그리고 한참을 사람 구경을 하다가 남아 있는 맥주 한 병을 가방에 집어넣고 숙소로 향했다. 마지막 병까지 비우고 나면 숙소를 향해 걸어가는 내내 다리가 꽈배기처럼 꼬일 것 같았기 때문이다.

나는 지금도 벨기에만 떠올리면 그 맛깔난 음식들이 생각나 파블로프의 개처럼 군침을 흘린다. 생각해보니 그 이전의 여행들에서도 내 입맛을 매혹시킨 음식들이 있었다. 방콕 카오산 로드 길거리에서 맛본 싸구려 볶음국수와 피피 섬에서 맛본 야구방망이만한 가재와 솥뚜껑만한 대게를 포함한 해산물 바비큐, 오사카 시장통에서 한참 동안 차례를 기다려서야 간신히 먹을 수 있었던 질펀한 해물카레우동과 요코하마 차이나타운에서 일행 모두에게 포만감을 선사했던 산해진미들, 호이안 어느 노점에서 진하게 우린 육

수에 말아먹었던 현지인 식의 쌀국수와 비엔티안의 어느 초등학
교 앞에서 교복을 입은 꼬마들과 나란히 서서 먹었던 불량 색소 선
연하던 정체불명의 빙수, 황량한 고비사막을 가로지르는 지프 안
에서 때만 되면 습관처럼 홀짝거렸던 싸구려 몽골리안 보드카와
지역마다 다른 특색을 지닌 베트남 전국 각지의 로컬 맥주들. 생각
해보면 이런 것들을 떠올릴 때도 나는 자주 군침을 흘리곤 했다.
벨기에서도 맛있는 음식들 덕분에 여행이 즐거웠다. 맛있는 여
행지를 몇 개 정도 떠올릴 수 있다는 건 제법 유쾌한 일인 것 같다.
어차피 이게 다 먹고 살자고 하는 짓 아니겠는가!

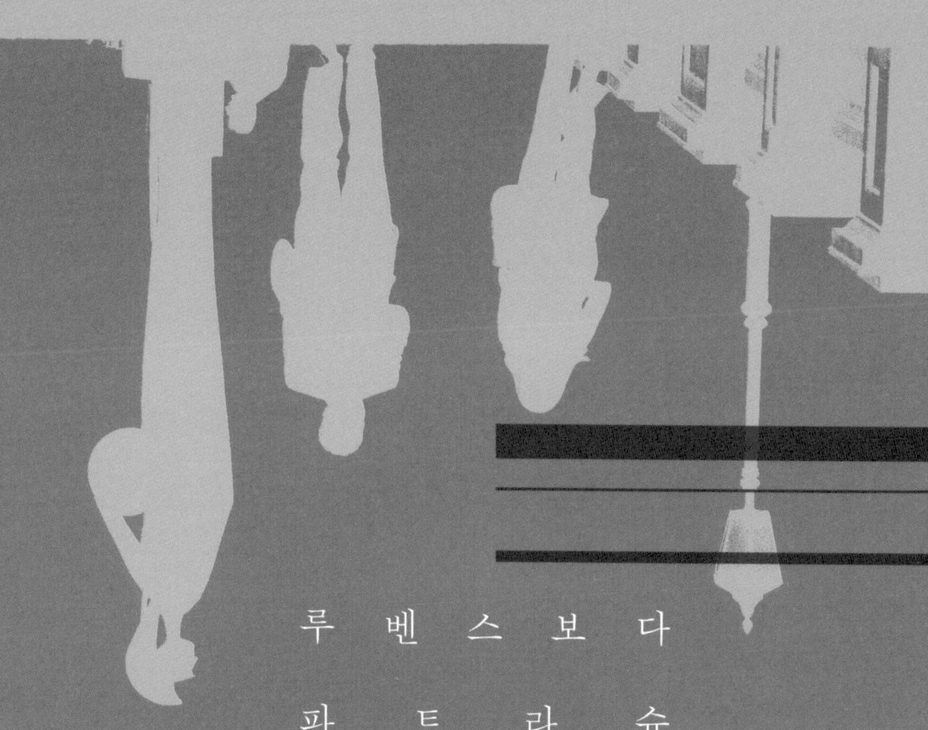

루벤스보다
파트라슈

◆안트베르펜

성모 대성당이 내 앞에 우뚝 솟아 있었다. 안트베르펜을 상징하는 건축물인 건 알고 있었지만 이렇게까지 화려한 자태를 가졌을 거라고는 생각하지 못했다. 이미 유명한 성당들을 여러 군데 거쳐온 까닭에 대성당을 너무 얕잡아봤나 보다. 지난 시절의 영화를 황제복처럼 걸쳐 입은 성모 대성당의 웅장한 모습은 한눈에도 근사해보였다. 그 뒤편으로는 깊이를 가늠할 수 없을 만큼 파랗게 익어 있는 하늘이 버티고 있었다. 그 빛깔이 어찌나 파란지 하늘을 향해 붉은 사과를 던지면 파랗게 물들어 떨어질 것만 같았다. 그 아래로 유유히 흐르는 뭉게구름까지 주변을 둘러싼 모든 것들이 성모 대성당을 찬미하기 위해 모여든 것 같았다. 가히 한 폭의 그림 같은 풍경이 내 앞에 있었다.

루벤스의 대표작들이 성모 대성당 안에 모여 있다고 했다. 루벤스의 생가에도 많은 작품들이 전시돼 있었지만 성모 대성당이야말로 루벤스의 정수를 느낄 수 있는 곳이라고 했다. 성모 대성당 안에 걸려 있다는 많은 작품들 중에서 나는 '성모승천'이 가장 궁금했다. 이제 그 실체를 확인할 차례였다. 성모 대성당 안으로 조심스럽게 발을 들여놓았다. 루벤스의 성화들은 신앙의 메시지를 경건하게 보여주고 있었다. 복도를 흐르는 관광객들의 발걸음도 그만큼 경건했다. 그림들을 순서대로 감상하다가 드디어 '성모승천' 앞에 다다랐다. 이게 바로 그거구나. 그림의 육중한 무게감 때문인지, 등장인물들의 성스러운 표정 때문인지, 아니면 드디어 그 앞에 섰다는 감개무량함 때문인지 그림에 제법 압도되는 느낌이었다. 한참 동안 그 앞에 서 있다가 조용히 성당을 빠져나왔다.

여운을 다스리며 성당을 바라보았다. 오래도록 꿈꾸던 곳에 내가 와 있구나. 루벤스를 만나게 된다는 기대도 작지 않았지만 어린 시절의 기억과 마주치게 될 거라는 사실에 더 많이 설레며 여기까지 왔다. 그러니까 나를 안트베르펜으로 이끈 건 동심의 추억이었던 셈이다. 어린 시절 즐겨보았던 만화영화 〈플란다스의 개〉의 배경이 된 도시가 안트베르펜이었다. 너무도 처연해 아름답기까지 했던 마지막 장면은 지금까지도 내 머릿속에 그대로 남아 있다.

할아버지를 도와 우유배달을 하는 가난한 소년 네로와 충견 파트라슈의 우정을 그린 〈플란다스의 개〉. 내 또래라면 누구나 공감하겠지만 이 작품은 〈엄마 찾아 삼만리〉와 함께 당시 TV에서 방영한 만화영화들 중에서는 손꼽히는 명작이었다. 특히 드라마를 포함한 어린이 대상의 방영물들 중에서 드물게 비극적인 결말로 끝을 맺어 수많은 어린이들을 슬픔에 잠기게 했다. 그 슬픔 뒤에 내려앉은 카타르시스의 기억을 통해 훗날 내가 장르로서 비극의 미학을 배웠듯 다른 어린이들도 자신의 방식대로 슬픔을 받아들이고 극복하는 법을 배웠을 것이다. 우리나라에서도 그랬지만 작품을 제작한 일본에서도 이 작품의 인기는 대단했던 모양이다. 당시 시청률이 20%를 기록했고, 네로와 파트라슈가 모두 죽게 되는 슬픈 결말 때문에 주인공을 살려달라는 일본 어린이들의 요청이 쇄도했었다고 한다.

작품 속에서 네로의 꿈은 화가가 되는 것과 엄마와의 추억이 담긴 루벤스의 그림 '성모승천'을 직접 보는 것이었다. 변변한 미술 도구 하나 갖추지 못했을 만큼 어려운 형편 속에서도 네로는 그림을 향한 열정을 놓지 않았다. 여자 친구 아로아의 아버지가 아로아와의 교제를 금지시켰지만 네로는 그 슬픔을 딛고 미술전에 그림을 출품했다. 그러나 미술전의 결과를 미처 확인하기도 전에 할아버지가 돌아가셨고, 미술전의 결과가 발표되는 크리스마스 이브에는 낙선 소식을 들어야 했다. 네로는 실의에 빠진 채 파트라슈를 끌고 성모 대성당으로 향했다. 그리고 그동안 꿈꿔왔던 루벤스의 그림 '성모승천' 앞에서 행복한 미소를 지으며 하늘나라로 떠났다.

그 장면이 오래도록 인상적으로 남아 있었기에 나는 안트베르펜에 오고 싶었다. 그리고 루벤스의 그림 '성모승천' 앞에 서고 싶었다. 성모 대성당에 가면 네로와 파트라슈를 만날 수 있을 것 같기도 했다. 최소한 어린 시절의 어떤 감정과 마주칠 수 있을 것 같았다. 그러니 〈플란다스의 개〉가 아니었다면 나는 안트베르펜까지 오지 않았을지도 모른다.

성모 대성당을 바라보며 작품 속 장면들을 추억하고 있자니 감회가 새로웠다. 여기가 거기구나 생각하니 가슴이 벅찼다. 작품 속 배경과는 달리 지극히 현대적인 풍경이 주변으로 펼쳐지고 있는데도 어디선가 네로와 파트라슈가 정말로 튀어나올 것 같았다.

그런 생각을 하고 있을 때, 낯선 사내 하나가 마치 군중 속에 숨어든 예언자가 낮은 음성으로 말을 걸듯 나에게 말을 걸어왔다. 사마리아인도 아니고, 바리새인도 아니고, 사두개인도 아닌, 그렇다고 세례 요한도 아닌, 벨기에인 요한이었다. 그는 나에게 성당 출입문 위쪽에 있는 돋을새김 형식의 부조를 자세히 보았느냐고 물었다. 평화로워보이는 부조 한쪽에 지옥도가 그려져 있다는 것이었다. 내가 호기심을 보이자 그는 지옥도 속의 상징들과 그것이 새겨진 역사적 배경을 설명하기 시작했다. 들어보니 제법 설득력 있는 내용이었다. 직접 다가가서 보니 실제로 그가 설명한 내용이 부조 속에 그대로 들어 있었다. '도를 아십니까?' 문득, 한국에서 거리를 걸을 때마다 뜬금없는 질문으로 접근해오던 이들의 모습이 떠올랐다. 아니, 그게 여기까지 퍼졌단 말인가? 부조 앞에 선 채로

요한이 지금까지 했던 행동들을 찬찬히 되짚었다. 그러나 요한은 포교나 그 밖의 불순한 목적으로 나에게 접근한 것 같지 않았다. 어째서 처음 보는 나에게 먼저 다가와 그렇듯 정성을 들여 설명을 해주냐고 물었더니 그는 내가 자신의 나라를 방문한 손님이므로 더 좋은 경험을 얻어 가길 바라기 때문이라고 대답했다. 자신도 여행을 다닐 때마다 뜻하지 않은 도움을 많이 얻었으므로 안트베르펜을 방문하는 여행자들에게 조금이라도 도움을 주고 싶다는 생각을 평소부터 해왔다고 했다. 생각과는 달리 그동안은 기회가 많지 않았는데 모처럼 외국에서 온 손님에게 작은 도움이라도 줄 수 있게 돼 뿌듯하다고 했다. 내가 성모 대성당의 내력을 좀 더 자세히 알 수 있도록 그가 나에게 도움을 준 것인지, 그가 평소 원하던 바를 실천할 수 있도록 내가 그에게 도움을 준 것인지 헷갈렸지만 그 순수한 마음만큼은 고맙게 다가왔다. 단정한 표정에 약간 내성적인 성격까지 여러모로 선량한 사람 같다고 생각하던 차였다.

안트베르펜에서 어딜 더 가보고 싶은지 묻기에 강을 보고 싶다고 했더니 그가 함께 가보자며 자리에서 일어났다. 시청 앞 광장을 지나치면서 그는 분수대 중앙에 서 있는 동상의 내력에 대해 설명해주었다. 오래전 실존했던 한 권력자의 횡포를 의로운 사내 하나가 응징한 사연이 동상 안에 숨어 있다고 했다. 가이드북에서 이미 다 읽은 내용이었지만 그가 보람으로 가득한 시간을 만끽하고 있었으므로 나는 동상의 내력에 대해 전혀 모르는 양 감탄사를 연발해주었다. 설명을 마친 요한은 고맙게도 내가 사진 촬영을 마무리할 때까지 지루한 기색 없이 조용히 기다려주었다. 그리고 다시 나를 강변으로 이끌었다. 만난 지 한 시간도 채 되지 않은 상태에서 손님인 나를 돕겠다며 앞장서서 걸어가는 그의 뒷모습이 파트라

ANTWERPEN

슈처럼 충직해보였다.

잠시 후 강변 풍경이 눈앞에 펼쳐졌다. 쉘트 강이었다. 과거 어느 전람회에서 안트베르펜의 강변 풍경을 담은 그림들을 구경하며 언젠가 저곳에 한번 가보고 싶다고 생각한 적이 있었다. 〈플란다스의 개〉와는 따로 떼어 생각하고 있었기에 성모 대성당과 강변이 지척에 있다는 사실은 전혀 모르고 있었다. 그 그림들 속의 풍경이 여기구나 생각하니 다시 가슴이 흥분으로 차올랐다. 요한도 뿌듯했는지 감격에 겨워하는 나를 바라보며 흐뭇하게 웃음을 지었다.

어느새 요한과 헤어질 시간이 되었다. 곁에 더 있어주고 싶지만 친구네 집에서 열리는 저녁파티에 초대를 받은 상태라 이제 가봐야 한단다. 그는 이메일 주소를 적어주며 안트베르펜에 대해 궁금한 점이 생기면 언제든 연락하라고 했다. 저만치 멀어져 가는 그의 어깨 위로 붉은 석양이 제법 멋지게 걸려 있었다. 그러고 보니 날이 저무는 줄도 모르고 있었다. 네로처럼 평소 꿈꾸던 것들을 찾아와 그 앞에 서서 감격을 누리고, 파트라슈 같은 친구를 만나 흐뭇한 시간을 보내느라 정신이 없었나 보다.

루벤스를 만나고, 만화영화 〈플란다스의 개〉의 흔적을 밟아본 것은 안트베르펜 여행에서 얻은 큰 소득이었다. 그러나 최고의 소득은 따로 있었다. 드디어 수건을 샀다는 것. 샤워용품점에도 있고, 편의점에도 있고, 대형 마트에도 있을 것 같았던 수건은 그곳들을 아무리 뒤지고 돌아다녀보아도 좀처럼 찾을 수 없었다. 치약은 슈퍼마켓에 있을 것이고, 빵은 제과점에 있을 것이며, 엽서는 기념품점에 있을 것이지만, 수건은 어디에 있는지 도무지 종잡을 수가 없었다. 수건의 정체성이 그토록 모호할 줄은 이전에는 미처

몰랐다. 안트베르펜에서 산 수건은 일반 수건이 아니라 손수건보다 조금 더 큰 휴대용 수건이었다. 하지만 휴대용이면 어떠랴. 이제 몸에 물기가 마를 때까지 샤워장 구석에서 벌거벗은 몸으로 서 있어야 하는 나날들을 벗어날 수 있게 되었는데. 이왕 지갑을 여는 김에 시원한 향의 애프터셰이브 로션도 하나 구입했다. 이제 사람다운 모습으로 여행할 수 있게 되었다.

나에게도 동심이 있었다

믿을지 모르겠지만, / 나에게도 동심이 있었다. / 아버지가 구해주신 굴렁쇠를 동네 곳곳으로 신나게 몰고 다니기도 했고, / 큰길 겉으로 흐르는 작은 도랑에 흰 종이로 접은 종이배도 여러 번 띄웠다. 초등학교 때는 나무를 깎아 배를 만들기도 했다……

어린 시절의 기억들은 이렇게 차곡차곡 거슬러올라가 더듬어지건만, / 언제 내가 어른이 되었는지는 생각이 나지 않는다. / 도대체 어떤 순간에 기억이 점프를 한 걸까. / 왜 불현듯 고개 들었을 때야 비로소 어른이 된 것을 발견하게 되는 걸까……

저 녀석도 나처럼 언젠가는 어른이 될 것이다. / 그러므로 녀석의 오동통한 엉덩이를 내가 기억해 두겠다. / 그리고 저 아이를 더 사랑스럽게 만드는 / 저 쪼그려앉은 자세도 눈속에 고이 담아 두겠다. / 누군가는 너의 순수하고 곱던 모습을 기억해주어야 하지 않겠는가. / 네가 얼마나 아름다운 존재였는지 누군가는 증명해줘야 하지 않겠는가.

네 곁에서는 몇 기의 풍차가 그림처럼 돌아가고 있었다. / 너처럼 생긴 오리 두 마리도 너를 쫓아 강변에 엉덩이를 내리깔았다. / 내가 그랬듯 그 티끌 없이 맑은 풍경 속에 네가 있었다. / 그러므로 그날의 네 모습을 내가 소중히 간직해 두겠다.

꼬마와 오리들A Boy and Ducks, 잔세스칸스, 네덜란드.

눈빛과 눈빛이 만나던 순간

'TGIF'의 시대란다. / Twitter, Google, Iphone, Facebook, / 이들의 약자를 모아 'TGIF'.
그런데 어쩌나. / 나는 눈과 눈을 맞춰 소통하는 것이 좋은데. / 시대에 뒤떨어지지 않기 위해 어쩔
수 없이 따라가야 할지는 모르겠지만 / 소통은 수단이기 이전에 목적임을 잊어서는 안 되겠다.
오늘의 BGM은 숙명가야금연주단의 'I Want to hold your hand'.

풍차 마을Windmill Village, 잔세스칸스, 네덜란드.

파 리 는
하 루 아 침 에
이 루 어 지 지
않 았 다
◆파리

　파리에 도착했을 때 가장 먼저 눈에 띈 풍경은 헤드폰을 쓴 세련된 차림의 여대생이 역 안 벤치에 앉아 연습장에 무언가를 스케치하는 모습이었다. 예술의 도시 파리에서는 누구라도 저런 식의 일상을 누리는 걸까. 그 모습에 감탄하며 출구를 향해 걸어가다가 믿을 수 없는 풍경과 마주쳤다. 힙합 복장의 흑인 청년이 출구 바로 앞에 쪼그리고 앉아 여자처럼 용변을 보고 있었다. 파리에 이렇듯 기괴하고 망측한 종족이 살고 있으리라고는 전혀 예상 못했다. 불알을 덜렁거리며 속옷과 바지를 끌어올리는 모습에 기막혀하며 거리로 나섰는데 이번에는 햇살이 시야로 한가득 쏟아져 들어왔다. 감당하기 힘들 만큼 찬란하고 눈부신 햇살이었다. 내가 서 있는 곳뿐만 아니라 거리 곳곳으로도 햇살이 부서져 내리고 있었다.

　다들 파리, 파리 했지만 나는 사람 사는 곳은 다 거기서 거기일 거라고 생각했다. 워낙 명성이 자자한 도시이므로 기대감이 전혀 없지는 않았지만 가서 직접 봐야 그 명성의 진위를 확인할 수 있을 터였다. 결국 다른 도시들처럼 비슷비슷한 사람들이 모여 비슷비

숫한 삶을 살고 있는 곳이겠지 생각하며 다소 냉소적인 마음으로 파리에 첫발을 디뎠다. 그러나 역 안 벤치에서 그림 그리는 여대생에, 공공장소에서 용변을 보는 청년에, 온 거리로 쏟아져 내리는 눈부신 햇살까지, 파리는 지독스럽게도 상큼한 첫인상을 보여주고 있었다. 잠시 그 느낌에 취해 있는데 이번에는 빈곤층으로 보이는 아랍계 여성들이 주변으로 몰려들었다. 구걸이었다. 한 명을 따돌리니 다른 한 명이, 그를 다시 따돌리니 이번에는 떼거지로. 아우성에 가까운 그들의 쇄도를 따돌리느라 잠시 동안 진땀을 쏟아야 했다. 이 도시는 도대체 어떻게 생겨먹었기에 밝은 표정과 어두운 표정을 이렇게 쉴 새 없이 교차하며 초장부터 여행자를 쥐락펴락하는가.

성수기를 지났으니 큰 탈 없이 잠자리를 구할 것으로 예상하고 찾아간 호스텔에는 빈자리가 없었다. 그 근처에 사설 호스텔이 하나 더 있었지만 역시 빈자리가 없었다. 파리가 성수기와 비성수기를 구분할 수 없는 세계 최고의 관광도시라는 사실을 간과한 대가였다. 숙소를 확보하기 위해 다시 한번 전쟁을 치러야 할 터였다. 내 몸 하나 뉠 공간 없는 낯선 도시를 표류해야 하는 심정이 막막했다. 도움을 기대할 이도 없고 숙박 정보도 충분치 않아 난처하기 이를 데 없었다. 그러나 유럽의 다른 나라들처럼 내 쪽에서 적극적으로 도움을 청하지 않는 이상은 무심할 줄 알았던 파리 시민들은 의외로 친절하고 너그러웠다.

새침해보이던 사설 호스텔 직원은 빈자리가 없다는 말을 듣고 난감해하는 나에게 무선 인터넷과 호스텔 전화를 대가 없이 사용할 수 있도록 배려했다. 덕분에 호스텔 로비에서 한 시간가량 인터넷을 뒤지고 여기저기 전화를 돌린 끝에 간신히 한인민박 한 곳을

잡을 수 있었다. 다른 도시의 호스텔에서는 미처 경험하지 못한 친절이었다. 전철역에서는 영어를 하지 못하는 불친절한 역무원과 상대하느라 표 구입에 애를 먹고 있는 나를 또 다른 파리 시민이 도왔다. 내가 매표소 앞에서 쩔쩔매고 있는 것을 보고는 신뜻 다가와 모든 일이 해결될 때까지 세심하게 나를 돌봤다.

그의 도움으로 표 구입을 무사히 마친 후 개찰구로 향했다. 그런데 표에 문제가 생겼는지 이번에는 개찰구가 열리지 않았다. 일주일권을 샀는데 시작부터 이런 일이 벌어지니 낭패가 아닐 수 없었다. 나중에 알게 된 사실이지만 불친절한 역무원이 다음 주 월요일이 되어야 사용을 시작할 수 있는 표를 아무런 안내 없이 나에게 팔아 버렸던 것이다. 한참을 쩔쩔매고 있는데 이번에는 곁에서 개찰구를 통과하고 있던 할머니 한 분이 나를 품에 안아 안쪽으로 입장시켰다. 그러고는 수다스럽게 웃으며 프랑스어로 몇 마디를 하고 사라졌다. 표정으로 미루어 "괜찮아. 우리도 다 그렇게 살아. 규칙이 사람을 섬겨야지 사람이 규칙을 섬기면 안 되잖아. 그리고 서로 도와가면서 기분 좋게 사는 게 좋잖아."라고 하는 것 같았다. 꽤나 유쾌하고 기분 좋은 목소리였다. 다른 유럽들과 크게 다를 바 없는 것 같으면서도 무언가 원초적으로 배려를 받고 있는 느낌을 나는 파리에서 자주 경험했다.

물론 모든 파리 시민들이 친절한 건 아니었다. 프랑스인들은 영어를 알면서도 일부러 프랑스어를 한다는 이야기를 한국에서 일찌감치 들었다. 프랑스인들의 꼿꼿한 자존심을 가장 자주 경험하게 되는 도시가 파리라고 했다. 와서 보니 실제로 그래 보이는 사람들도 있었다. 더러는 묻는 말에만 짧게 대답하고 찬바람을 날리며 지나가기도 했다. 꽤나 도도한 뒷모습이었다. 하지만 대부분의

파리 시민들은 내가 위기에 처할 때마다 먼저 다가와 나를 돕거나, 내 쪽에서 도움을 청하면 잠시 까칠한 태도를 보이는가 싶다가도 이내 적극적으로 도움의 손길을 펼치기 시작했다.

고생 끝에 도착한 숙소는 다행히도 마음에 들었다. 작은 벤치기 놓인 아담한 마당도 보기 좋았고, 마당 한쪽에 걸린 빨랫줄 위에서 바짝 마른 옷가지들이 펄럭이는 소리도 듣기에 좋았다. 무엇보다 고흐의 방 같은 소박하지만 아늑한 침실이 마음에 들었다. 조용한 곳에서 편히 쉬라는 민박집 아주머니의 배려 덕분에 도미토리 가격으로 사용하게 된 독방이었다. 침대 머리맡에 예쁜 꽃이 담긴 화병이 놓여 있고, 그 곁에는 그림도 한 점 걸려 있어 '해바라기'라는 숙소 이름과도 썩 잘 어울리는 듯했다.

짐을 풀고 시내 구경을 하러 나섰다. 오페라 역에서 내려 계단을 올라가는데 저 위 출구 난간에 폼 나게 기대 있는 젊은 여자의 다리가 보였다. 그곳에 닿으려는 찰나 찬란한 햇살이 시야로 가득 쏟아져 들어왔다. 아까 북역에서 마주쳤던 그 햇살이 나보다 먼저 거기에 도착해 있었다. 프랑스 최고의 백화점 라파에트와 쁘렝땅이 오페라 가르니에를 보좌하고 있는 그 거리. 하늘은 못 견디게 푸르고 햇살은 지독히 눈부셔 나는 한참 동안 오페라 가르니에 앞을 떠나지 못했다. 횡단보도를 건넜다가 다시 제자리로 돌아오기를 몇 차례. 그러고도 아쉬워서 오페라 가르니에를 넋 놓고 바라보며 한참 동안 그 길목에 서 있었다.

내 발걸음은 루브르 박물관 앞에서 다시 시작되었다. 루브르 박물관은 그 규모가 예상보다 훨씬 더 장대했고, 그 곁으로 이어진 튈르리 공원은 녹음으로 눈부셨다. 한없이 쳐다보고 있다가는 그 선명한 초록빛에 눈이 베일 것 같아 서둘러 걸음을 옮겼다. 이번에는 콩코르드 광장이 온갖 낭만의 풍경을 몸통 위에 얹어놓고 나를 기다리고 있었다. 분수대에서는 힘차게 물살이 솟아올랐고, 갈매기들이 유유자적 유영하는 원형 연못 주변에서는 시민들이 오후의 여유를 만끽했다. 개선문까지 뻗은 샹젤리제 거리는 더욱 근사했다. 길은 넓고 시원하게 뻗어 있었고, 그 가장자리로는 큼직한 가로수들이 풍요롭게 이어져 있었다.

이튿날 찾은 몽마르트 언덕은 차라리 그림이었다. 언덕 꼭대기에 우뚝 솟아 있는 사크레쾨르 대성당과 그 아래로 비탈진 널따란 잔디밭 하며, 그 푸른빛 넘실대는 잔디밭 위에서 휴식을 취하고 있는 수많은 시민들의 낭만적인 표정들, 그리고 평평한 공간마다 어김없이 펼쳐지는 거리 예술가들의 활기찬 공연까지 무엇 하나 탐나지 않는 게 없었다. 사크레쾨르 대성당 앞에서 내려다보는 파리 전경은 한 점의 파노라마 사진이었고, 성당 뒤편에 있는 화가들의 거리는 예술영화의 한 장면 같았다. 규모는 생각보다 크지 않았지만 창조적인 에너지가 꽉 차 있어 대강 훑어보아도 그 명성의 이유를 능히 짐작할 수 있을 듯했다. 과거에 비해 많이 상업화되었다고는 하지만 오늘날에도 그 거리에서 펼쳐지는 예술의 향연은 화가와 여행자들을 싣고 한길로 흐르고 있었다.

방송과 사진과 책과 인터넷을 통해 숱하게 접했건만 파리에서 마주친 풍경들은 예상과 같은 것이 하나도 없었다. 외려 듣도 보도 못한 장관이 자주 펼쳐졌다. 그 앞에서 나는 내 빈한한 상상력과 나를 그렇게 만든 내 조국의 왜소한 스케일을 안타까워했다. 파리 도처에서 펼쳐지고 있는 그 풍요로운 문화적 결실들이 돈과 인력을 들여 한순간에 가꾼 화려한 정원 같았다면 나는 그저 눈이 호강한다고만 생각했을 것이다. 그러나 파리가 이룬 성취는 절대 하루 아침에는 불가능한 것이었다. 이런 것이 가능할 거라는 생각을 왜 못했을까. 이런 곳이 세상 어딘가에는 존재할 거라는 생각을 왜 못했을까. 우물 안 개구리가 어디에 있나 했더니만 바로 내 안에 있었다.

사 랑 한 다 면
에 펠 탑 으 로

◆ 파리

파리에는 놀라운 풍경이 한둘이 아니었지만 단연 압권은 에펠탑이었다. 이쯤에서 철없던 과거를 솔직하게 고백해야겠다. 대부분의 사람들은 에펠탑을 떠올리면서 문화적 가치나 미학적 완성도를 먼저 생각할 것이다. 그러나 나는 한국에서 에펠탑 사진을 볼 때마다 낙하산을 타고 내려오다가 저 꼭대기에 주저앉기라도 한다면 큰일 나겠다는 생각을 하곤 했다. 그 위에 주저앉는 대상이 테러리스트라고 해도 너무 가혹한 일일 것 같았다. 에펠탑은 그래도 양반이었다. 쿠알라룸푸르 최고의 상징물 페트로나스 트윈 타워는 에펠탑보다 더 길고 날카로운 침을 머리에 두 개나 이고 있었다. 그걸 바로 앞에서 올려다보았는데 그 침들이 어찌나 길고 날카롭던지 나도 모르게 괄약근을 조여 버리고 말았다. 그것도 좌로 한 번, 우로 한 번, 합이 두 번. 확실히 생각은 됨됨이를 닮은 모양이었다. 그러나 그런 나도 마음 한편으로는 에펠탑을 무척이나 인상적인 구조물이라고 생각하고 있었다. 한번쯤은 꼭 가보고 싶다는 생각도 했다.

실제로 가서 보니 에펠탑은 그 생김새와 분위기가 기대 이상으로 독특했다. 세계 어디에서도 에펠탑만큼 독보적인 랜드마크는 쉽게 찾을 수 없을 것 같았다. 이렇게 멋진 상징물이 건설 당시에는 소설가 모파상, 작곡가 구노 등의 현지 예술가들로부터 '추악한 철덩어리', '천박한 이미지', '공업기술을 예술도시 파리에 끌어들인 졸작', '공업의 문화재 파괴' 같은 말들로 비판을 받았다니 시대의 감성이 아름다움의 기준 형성에 미치는 영향을 새감 실감할 수 있었다. 에펠탑 건립의 대표적인 반대파 인사 모파상의 일화는 여행자들 사이에서도 널리 회자되고 있었다. 에펠탑 건설을 그렇게 반대해놓고도 에펠탑을 매일 방문한 이유가 파리에서 에펠탑을 볼 수 없는 곳이 에펠탑 내부 밖에는 없었기 때문이라니 그의 입장을 생각했을 때도, 에펠탑이 전성기를 누리고 있는 시대를 살고 있는 후세로서도 웃지 못할 일화가 아닐 수 없었다.

베르사유에 다녀오던 날 나는 파리 시내로 복귀하자마자 부리나케 에펠탑으로 달려갔다. 그동안 기다려왔던 에펠탑 방문이 드디어 현실로 이루어지는 순간이었기 때문이다. 그리고 에펠탑에 도착해서 드디어 그곳에 왔다는 사실에 감개무량해하며 한참 동안 에펠탑 아래에 앉아 있었다. 에펠탑을 올려다보고 있자니 그저 기분이 좋았다. 에펠탑의 바로 아래에서는 저 꼭대기에 뾰족하게 솟아 있는 침도 전혀 보이지 않았다. 에펠탑을 보지 않기 위해 그 내부로 찾아들어온 모파상의 심정을 조금은 헤아릴 수 있을 것 같았다. 상기된 표정으로 기념촬영을 하고 있는 연인들의 모습도 여간 사랑스러운 게 아니었다. 그 낭만적인 기운이 나에게도 전해졌는지 혼자였지만 외롭지 않았다.

그렇게 한 차례 다녀와서도 아쉬워 나는 에펠탑에 도합 네 번을 갔다. 한 번은 에펠탑 꼭대기에 있는 전망대에도 올라갔다. 이미 몇 차례에 걸쳐 에펠탑을 실컷 구경한 터라 굳이 전망대까지 올라갈 필요는 없겠다고 판단을 내릴 즈음이었다. 에펠탑 전망대의 가장 빼어난 볼거리라는 파리 전경도 몽마르트 언덕에서 아쉽지 않게 구경한 터였다. 게다가 에펠탑 전망대는 입장료도 예상보다 비쌌다. 그러나 민박집 아주머니가 에펠탑 전망대에 오를 것을 강력히 권유했다. 아주 따끔한 일갈이었다.

"파리까지 왔으면 에펠탑 꼭대기에도 올라가봐야지. 거기서 내려다보는 파리 경치가 얼마나 멋진지 구경해봐야지. 그리고 작가라면서? 그러면 당연히 에펠탑 꼭대기에 올라가서 그 전망을 느껴

봐야지. 그리고 독자들에게 파리가 얼마나 멋있는지, 에펠탑에서 내려다보는 전망이 얼마나 근사한지 알려줘야지. 밑에서만 기웃 거리다가 기념사진이나 한두 장 찍어 가면 뭘해? 그래서야 진정한 여행이라 할 수 있겠어? 여기까지 왔으면 직접 올라보고 느껴봐야 지. 작가라면 당연히 그래야지."

아주머니의 말을 한마디도 거부할 수 없었다. 일사천리로 이어 지는 훈계에 찍 소리조차 못했다. 직업을 운운하지 않더라도 나는 살아가면서 많이 보고 듣고 경험하고 싶었다. 그래서 그런대로 쓸 만한 사람 정도는 되고 싶었다. 그런데 이미 몇 차례 구경했다는 점과 비싼 입장료 따위의 이유를 들어 에펠탑 전망대에 오르는 것 을 망설이고 있었다. 아주머니에게 핀잔을 들은 바로 다음날 에펠 탑 전망대에 올랐다. 그리고 파리는 얼마나 붉은 석양을 가졌는지 내 눈으로 직접 확인했다. 사방으로 넓게 펼쳐진 파리의 전경과 온 도시를 통째로 뒤덮은 눈부신 저녁놀 앞에서 나는 짜릿한 오르가 즘을 체험했다. 에펠탑 전망대가 아니면 볼 수 없는 그 비경을 마 음껏 누렸다.

어느 저녁에는 잊지 못할 경험도 했다. 야경을 보기 위해 에펠탑 으로 향하고 있는데 드디어 저 멀리로 에펠탑이 보였다. 그리고 매 일 밤 정시에 10분간 펼쳐진다는 조명쇼가 시작되었다. 마침 삼각 대를 가지고 나간 터라 사진이라도 찍어 두려고 거리 한쪽에 삼각 대를 세웠다. 그때 백인 사내 하나가 급한 걸음으로 나를 향해 다 가왔다. 무슨 일인가 싶어 쳐다보았더니 그가 여자 하나의 손을 이 끌고 있었다. 그러나 여자는 백인과는 잘 어울리지 않는 피부색과 외모를 가지고 있었다. 아랍계인지 아마존의 소수민족인지 출신은 파악하기 어려웠지만 여자가 백인 사내 옆에 나란히 서 있는 모습

은 아무리 보아도 어색했다. 정복자와 피정복자 혹은 초강대국과 초약소국 따위의 관계를 떠올리게 하는 조합이었다. 여자가 꽤나 수줍어하는 표정으로 보아 순수한 관계도 아닌 것 같았다.

젠걸음으로 오느라 힘들었는지 그는 내 앞에 다다라 숨을 헐떡거렸다. 잠시 동안 호흡을 가다듬은 그가 손에 쥐고 있던 카메라를 나에게 내밀며 입을 열었다.

"죄송한데 저와 제 아내를 위해 사진 좀 찍어주시면 안 될까요?"

아, 두 사람이 부부였구나. 갑자기 좀 미안해졌다. 그런데 자신들에 대한 지칭이 생소했다. '우리'라고 하면 될 것을 '나'와 '내 아내'라고 하다니. 그의 얼굴을 바라보았다. 유난히 상기된 얼굴색이었다. 게다가 눈빛도 반짝반짝 빛나고 있었다. 에펠탑에 꼭 데려가겠다고, 가서 그 화려한 조명쇼를 꼭 보여주겠다고 아내에게 언젠가 약속이라도 해 둔 것 같은 표정이었다. 오랜 동안의 기대가 서려 있는 듯한 그의 모습을 바라보고 있자니 어깨에 힘이 쭉 빠졌다. 두말 없이 그에게서 카메라를 건네받았다.

뷰파인더를 통해 바라보는 그의 모습은 더없이 행복해보였다. 촬영을 마치고 카메라를 건네주면서 보니 그가 아내의 곁에 서서 너무도 해맑게 웃고 있었다. 세상에 다시없을 아름다운 웃음이었다. 갑자기 사진을 너무 평범하게 찍은 것 같아 미안해졌다. 에펠탑이 그들의 머리 위로 너무 높이 솟아 있어 균형 따위는 생각하지 않고 대충 찍었다. 기념사진이라는 게 원래 그런 것 아니겠는가. 하지만 이번만큼은 좀 더 정성을 들이지 않으면 안 될 것 같다는 생각이 들었다. 어떤 강력한 에너지가 나를 이끌고 있는 느낌이었다. 그래서 이번에는 내가 다시 한 번 찍자고 그에게 제안했다. 그리고 바닥에 드러누워 에펠탑의 위치를 그들의 어깨 뒤편으로 내

렸다. 다시 한 번 찰칵!

카메라를 다시 넘겨주자 그와 그의 아내가 곧바로 사진을 확인했다. 처음보다는 정성을 더 들였지만 그다지 멋진 사진은 아니었다. 그러나 그의 목소리와 표정이 희열감으로 떨리고 있었다. 사진의 결과를 마음에 들어 하는 눈치였지만 그보다는 드디어 에펠탑이 담긴 기념사진을 아내에게 안길 수 있다는 사실 자체에 흥분하고 있는 것 같았다.

"이것 좀 봐! 저분이 사진을 너무 잘 찍어주셨어! 불빛들 반짝거리는 것까지 다 들어가 있어!" 사랑으로 흠뻑 젖은 목소리였다. 그러고 보니 처음 봤을 때부터 그의 모든 행동이 아내를 향한 사랑으로 넘치고 있었다. 사진 촬영을 부탁하며 아내의 존재를 분명하게 거론한 이유를 그제야 알 것 같았다. '나에게는 세상에 자랑하고 싶을 만큼 아름답고 사랑스러운 아내가 있습니다.'

사진이 너무 멋지게 나왔다며 몇 번을 고맙다고 인사한 그는 내가 보는 앞에서 아내와 낭만적인 입맞춤을 나눴다. 에펠탑도 분위기를 감지했는지 달콤하게 맞닿은 그들의 입술 위에서 계속 화려한 조명쇼를 펼쳐주었다. 그들을 사진 찍어주느라 정작 나는 조명쇼가 펼쳐지는 에펠탑을 제대로 촬영하지 못했지만 별로 아쉽지는 않았다. 에펠탑의 조명쇼도 멋지긴 했지만 두 사람의 낭만적인 키스신을 바로 눈앞에서 단독 관람하는 편이 한층 더 감동적이었기 때문이다.

세계에는 수많은 상징물들이 존재하지만 에펠탑만큼 사랑스러운 상징물이 또 있을까. 개선문이, 콜로세움이, 자유의 여신상이, 오페라하우스가, 만리장성이, 마추픽추가, 모아이가, 스톤헨지가, 포탈라 궁이, 경복궁이 사랑의 상징으로서 에펠탑을 대신할 수 있

을까. 세상 어딘가 화려한 상징물을 새로이 세워 이것이 사랑의 상
징이라고 선포한들 에펠탑만큼 사랑스럽게 빛날 수 있을까. 에펠
탑을 파리보다 더 화려한 도시로 옮겨놓은들 지금만큼 낭만적인
분위기를 보여줄 수 있을까.

사랑에 흔들린 눈동자들과 사랑에 취한 말들이 허공을 맴도는
에펠탑이라는 이름의 오작교. 인류가 창조해낸 그 멋진 문화유산
앞에서는 옷고름을 한껏 풀고 사랑에 취해도 좋을 것 같았다. 모든
것이 절절이 아름다웠던 그 백인 사내처럼 전 생애에 한 번쯤은 사
랑하는 이를 이끌고 에펠탑으로 달려가 열렬히 입맞춤하겠노라고
꿈을 꿔보는 것도 멋진 일일 듯했다. 물론 에펠탑이 뉘 집 개 이름
도 아니고, 파리 역시 마음을 먹었다고 해서 금세 여자를 끌고 달
려올 수 있는 곳은 아닐 것이다. 그러나 그 정도도 꿈꾸지 못한다
면 인생이란 얼마나 시시한가.

두 개의 사색,
루브르와
개선문

세상에나, 이렇게나 큼직한 박물관이 있다니! 루브르 박물관의 규모가 이렇게 어마어마한 줄은 몰랐다. 파리에 도착한 첫날 루브르 박물관 광장을 구경했을 때도 그 규모에 무척 놀랐다. 커다란 광장을 디귿자로 고스란히 에워싸고 있는 거대한 건물 덩어리의 크기에 당혹감을 감출 수 없었다. 그 전체가 박물관이라니 도저히 믿을 수 없었다. 그러나 그때 내가 본 것은 루브르 박물관의 바깥쪽 모습이었다. 드디어 내부를 관람하기 위해 그 곳을 다시 찾아왔다. 직접 구경을 해보니 루브르 박물관은 밖에서 보는 것보다도 훨씬 더 규모가 컸다. 게다가 커다란 건물 전체가 수준 높은 전시물들로 빼곡했다. 프랑스는 엄청난 약탈 역량을 가진 나라가 아닐 수 없었다. 그런데 그게 다가 아니었다. 입장 전까지만 해도 유리 피라미드는 박물관에 그저 상징성을 더하기 위해 세운 조형물인 줄만 알았다. 그게 박물관의 입구이고, 안으로 들어서면 내부 공간이 광장 지하까지 더 펼쳐져 있다는 사실은 전혀 모르고 있었다.

소설 〈다빈치 코드〉를 읽었을 때, 루브르 박물관의 규모를 어림짐작해 본 적이 있었다. 크기가 꽤 크다는 이야기를 여러 차례 들었으므로 국내의 큼직한 박물관 두 개쯤을 합쳐놓은 규모일 거라고 생각했다. 그러나 런던에서 대영 박물관을 관람하면서 생각을 바꿔야 했다. 루브르 박물관과 동급으로 생각했던 대영 박물관이 국내의 큼직한 박물관 두 개를 합친 것보다 훨씬 더 컸기 때문이

다. 대영 박물관 역시 규모가 상당하다는 이야기를 여러 차례 들었지만 실제로 가서 본 대영 박물관은 내가 그동안 상상해오던 규모를 훌쩍 뛰어넘었다. 어찌나 크고 넓던지 미로를 헤매는 기분이었다. 여러 세기에 걸쳐 영국과 프랑스가 약탈 경쟁을 벌여왔으므로 루브르 박물관의 크기도 대영 박물관 정도는 되겠지 생각하며 파리에 왔다. 그런데 그 정도가 아니었다. 루브르가 다시 한번 내 상상력을 깨부수고 있었다.

유럽에서 만난 여행자들이 이야기하길, 루브르 박물관을 '대강이라도' 훑으려면 최소한 하루는 꼬박 투자해야 한다고 했다. 그래봐야 주요 전시물들을 급히 훑어보는 수준일 거라는 설명이었다. 루브르 박물관 관람에만 일주일을 쏟아 붓는 이도 있다고 했다. 쉬엄쉬엄 돌아보는 것이 아니라 일주일 내내 아침 일찍 입장해서 오후 늦게까지 관람하는 일정이었다고 했다. 그 정도의 시간과 노력은 들여야 루브르 박물관의 구조와 그 안에 소장된 전시물들의 내용을 어느 정도 이해할 수 있게 된다는 것이었다. 지당한 말이었다. 그곳은 실로 거대했다. 머릿속으로 그려왔던 모습과는 완벽하게 다른 세계가 루브르 박물관이라는 거대한 입체공간 안에서 날개를 펼쳐 보이고 있었다. 도무지 입을 다물 수 없는 현실이었다. 고향 잃은 세계문화유산들의 장대한 향연에 혼이 쏙 빠지지 않을 수 없었다.

관람을 마무리하고 밖으로 나왔다. 물론 주요 전시물 위주로 급하게 훑어 내려간 관람이었다. 이번에는 개선문을 구경할 차례였다. 루브르도 한 번쯤 구경하고 싶다고 생각을 해온 곳이었지만 개선문이 더 궁금했다. 그럴 만한 이유가 있었다. 아주 오래 전, 그러니까 학창시절 수업시간에 배운 어떤 내용 때문이었다. 그때 지리 선생님은 방사형 도로의 가장 대표적인 도시가 파리라고 가르쳐주셨다. 도심 한복판에 서 있는 개선문을 중심으로 열 몇 개의 도로가 사방으로 햇살처럼 뻗어 있는 아주 전형적인 방사형 도로가 파리에 놓여 있다는 것이었다.

그때의 배움이 제법 가슴 깊이 남아 있었는지 나는 그 내용을 두고두고 떠올렸다. 학창시절 배운 것들 가운데 지금까지도 기억나는 몇 안 되는 내용 중 하나였다. 그날 이후 나는 그 방사형 도로라는 것이 도대체 어떤 식으로 생겼는지 때때로 지도를 펼쳐놓고 확인했다. 그러나 사회과부도에 실려 있는 지도는 너무 작았다. 프랑스조차도 조그맣게 그려져 있던 그 지도로는 파리의 도로 구조가 어떻게 생겼는지 도무지 감을 잡을 수가 없었다. 그저 머리로만 어렴풋이 그려볼 수밖에 없었다. 언젠가는 그 도로 위에 서서 햇살처럼 사방으로 뻗어 나간 그 방사형 도로라는 것의 생김새를 직접 확인해보겠다고 막연하게나마 꿈을 키웠다. 물론 당시에는 그것이 현실로 이루어지리라는 생각은 하지 못했다. 어린 마음에 외국이라는 존재는 너무도 비현실적이었다. 바로 곁에 이웃한 일본조차도 다른 차원의 세상 같던 시절이었다. 그런데 당시 저 멀리 우주 어디쯤에나 있을 것 같던 그 방사형 도로의 표본 도시 파리에 내가 와 있다니, 참으로 신기한 일이었다.

가까이서 본 개선문은 무척 웅장했다. 높이가 50m, 너비가 45m

라고 했다. 가장 궁금했던 것은 역시 개선문을 중심으로 뻗어 있는 방사형 도로의 실제 모양이었다. 주변을 에둘러 걸어보니 지리시간에 배운 대로 개선문 주변으로 여러 개의 도로들이 사방팔방으로 뻗어 있었다. 하지만 정작 그 길 위에 서보니 1m 90cm도 채 안 되는 내 키로는 도로의 전체적인 구조를 한눈으로 확인할 수가 없었다. 게다가 내가 어느 지점에 서 있든 중간에 우뚝 솟아 있는 개선문이 건너편 도로들을 가렸다.

하여 나는 다시 개선문 옥상 전망대를 향해 걸음을 옮겼다. 50m 높이면 도로의 전체적인 구조를 확인할 수 있을 것이다. 머리는 입구부터 옥상 전망대까지 직선으로 50m를 그리고 있었으나, 좁고 어두운 통로로 굽이굽이 돌고 도는 계단은 그보다 훨씬 길었다. 전망대가 가까워지고 있었지만 그만큼 다리가 무거워지고 있었다. 뙤약볕에서 수레를 끌고 언덕을 오르는 개처럼 혀를 길게 빼고 헐떡거리는 방문객들도 그만큼 늘어나고 있었다. 내 등으로도 땀이 잔뜩 흘러내렸다. 허벅지의 근육이 수축과 이완을 반복하는 사이 어느새 시야로 환한 빛이 쏟아져 들어왔다. 드디어 전망대구나.

개선문 전망대에 올라 주변을 둘러보았다. 사방이 다 근사했지만 그중 몇 개의 풍경이 더 두드러졌다. 하나는 당연히 에펠탑 방향의 풍경이었고, 또 하나는 내가 밟고 서 있는 개선문부터 콩코르드 광장까지 2km가량 곧게 뻗어 있는 세계에서 가장 아름다운 거리 샹젤리제의 풍경, 그리고 나머지 하나는 샹젤리제 거리 반대 방향으로 저 멀리 펼쳐진, 마치 미래도시를 형상화한 것 같은 라데팡스의 풍경이었다.

그런데 개선문 전망대에서 내려다보는 거리는 방사형은 방사형이되 내가 그동안 머리로 상상하던 모습과는 많이 달랐다. 내가 그

려왔던 개선문 주변의 모습이 2차원의 평면 위에 도로들이 사방으로 뻗어 있는 것이었다면, 눈앞에서 실제로 펼쳐지고 있는 풍경은 그 평면구조 위에 서로 다른 높이의 건물들이 다양한 스카이라인을 만들어내고, 거리 안쪽으로는 다채로운 생김새의 가로수들이 역시 높이를 조금씩 달리하며 길게 늘어서 있는 입체적인 모습이었다. 무엇보다 큰 차이는 박제처럼 정지해 있는 머릿속의 지도와 달리 인파와 차량과 그 사이를 가로지르는 바람과 저 높이 떠가는 구름, 그리고 그 구름을 가슴팍에 품고 있는 맑고 파란 하늘에 이르기까지 모든 것들이 살아서 움직이고 있다는 점이었다. 상상과 실제의 차이를 경험하는 심정이 당혹스러웠다.

생각해보니 내 경험 속에서 관념은 늘 평면적이었던 것 같다. 짝사랑의 고백이 시나리오대로 진행되지 않는 이유도 바로 그런 것이었다. 충분히 준비했더라도 현실은 예기치 않은 상황을 펼쳐 보이며 기대를 보기 좋게 배반하곤 했다. 제아무리 꼼꼼히 그린 절차도라고 해도 결국 평면 위의 그림에 지나지 않는 것을, 그걸 가지고 실로 변화무쌍하게 펼쳐지는 현실에 덤벼들었으니 예상대로 될 리가 없었다. 생각과 실제는 그렇게 자주 달랐다. 방사형 도로의 실체를 확인하기 위해 더 정교하게 제작된 지도를 펼치기보다는 직접 와서 눈으로 볼 필요가 있었듯, 현실에서 활용할 수 있는 지혜를 얻기 위해서는 먹물로 인쇄하거나 칠판에 분필로 적어놓은 교훈을 찾아다니기보다는 현장에 가서 직접 체험을 해야 했던 것이다. '이랑을 많이 일군 쟁깃날이 빛나고, 흐르는 물이라야 바다를 만날 수 있다'는 어느 노 교수님의 말씀도 바로 그런 뜻을 담고 있었을 것이다.

슬며시 부끄러운 기억 몇 개가 떠올랐다. 경험도 부족하면서 미처 간추리지도 못한 생각들로 그동안 허풍을 떨고 알은체를 하며 살아온 게 아닌가 싶었다. 똑똑한 척은 혼자 다 해놓고 소란 위에 또 하나의 소란을 얹어 상황을 더 어지럽힌 적도 없지 않았다. 루브르 박물관도 그랬을 것이다. 직접 가보지 않았다면 지금쯤 어딘가에 사람들을 모아놓고 내가 다 책에서 봤다며 루브르 박물관에 대해 엉뚱한 소리를 해대고 있을 것이 뻔했다.

관념은 결국 평면적이라는 사실을 나는 개선문의 꼭대기에서 다시 한번 되새겼다. 아무리 치밀하게 고민한 결과라고 해도, 아무리 완벽하게 인과관계를 짜 맞췄다고 해도, 머리로 얻어낸 것은 경험으로 얻은 것만큼 쓸모 있지 않다는 사실을 기억해 두기로 했다. 그리고 좀 더 열심히 저잣거리를 돌아다녀보기로 했다. 먹물만 잔뜩 마시지 말고, 그래서 괜히 입에 힘이나 주지 말고, 생명력이 활보하는 길목들로 찾아들어가 무엇이든 보고, 듣고, 부딪쳐보기로 했다. 가끔은 열병도 좀 앓고, 더러는 내 자신의 어리석음에 개탄하며 더 열심히 몸으로 느끼고 익혀보기로 했다.

유리 피라미드에 작렬하던 그 무엇

루브르 박물관 광장에서 보기 드문 과학적 구도를 만났다. / 그냥 지나치기 아까워 카메라를 꺼냈다. 균형이 조금만 무너져도 목표한 사진이 나오지 않을 것이다. / 그런데 피사체의 디테일이 너무 복잡하다. / 뷰파인더의 사각까지 고려했을 때 반복 촬영은 필수다. / 삼각대를 가지고 왔다면 좋으련만 이럴 줄 모르고 숙소에 두고 왔다.

여행에서 돌아와 그날의 사진들을 꺼내어 상태를 확인해봤다. / 박물관 건물과 유리 피라미드 간의 균형은 물론, 그밖의 자질구레한 디테일까지 생각보다 균형이 잘 맞았다. / 몇 번 만에 이 사진을 얻었나 궁금해서 폴더를 열어 확인해보았다. / 엇! 앞뒤로 비슷한 사진들이 몇 컷씩 더 있어야 하는데 이상하게도 없다. / 현장에서 지워 버렸나 싶어 일련번호를 확인해보는데 마찬가지다. / 그러니까 그날 나는 이 사진을 한 방에 건졌던 것이다.

건들건들한 나에게도 이런 집중력이 있었나 싶어 왠지 흐뭇해진다. / 그리고 보니 한 방에 성공하고서 배실배실 혼자 웃었던 게 어렴풋이 기억난다. / 말도 많고 탈도 많은 인생이지만 누구에게나 한 큐는 있는 모양이다. / 그리하여 끝까지 간당간당하지만은 않을 수도 있겠구나 하는 생각을 해보는 것이다.

유리 피라미드Pyramide du Louvre, 루브르 박물관, 파리, 프랑스.

석양에 물든 이레나 다리

에펠탑 전망대에서 내려와 사이요 궁으로 향하는 길. / 에펠탑 꼭대기에서 내려다본 파리 전경만 해도 호사였는데 / 형언할 수 없이 아름답게 타오르는, / 한없이 투명에 가까운, / 기적 같이 붉은 석양을 / 이레나 다리 위에서 덥썩 만나고 말았다.
아, 파리는 너무 많은 걸 가졌다.

이레나 다리Pont D'Iena, 파리, 프랑스.

고 흐 에 게 로
가 는   길
◆오베르 쉬르 우아즈

북역 코인 로커에 짐을 맡겼다. 고흐가 말년을 보낸 오베르 쉬르 우아즈에 다녀와서 밤기차를 이용해 곧바로 뮌헨으로 떠나는 것이 하루의 계획이었다. 뮌헨에서는 세계적인 맥주 축제 옥토버 페스트가 한창이었다. 워낙 유명하다 보니 숙박비가 천정부지로 올랐고, 이제는 거액을 들여도 아예 숙소를 잡을 수 없는 지경에 이르고 있었다. 매년 반복되는 현상이라서 1년 전부터 숙소를 예약해 두는 이도 있다고 했다. 덕분에 나 역시 숙소 확보에 애를 먹었다. 옥토버 페스트의 끄트머리쯤에 뮌헨에 도착할 수 있도록 일정을 조정하는 데는 성공했지만 모든 숙소가 만원이었다. 그러다가 파리에서 국제전화를 여러 차례 돌린 끝에 원래 가격의 두 배를 주고 숙소 하나를 간신히 잡았다. 기차 예약비까지 비싸게 물었으니 안전하게 뮌헨에 도착해 원 없이 축제를 즐겨야 본전을 뽑을 수 있을 것이다.

파리에서 오베르 쉬르 우아즈까지는 열차로 1시간 정도가 소요된다고 했는데 중간 지점에서 다른 노선으로 갈아타야 했다. 환승을 위해 역무원이 알려준 정거장에서 내렸는데 환승 표시가 눈에

띄지 않았다. 현지인이 나타나면 환승 방법을 물어보려고 했지만 플랫폼은 물론이고 출입구 근처까지 개미새끼 한 마리 얼씬하지 않았다. 한참 동안 플랫폼을 두리번거리다가 멀리서 걸어오는 건장한 청년 두 명을 발견했다. 혼자서 보낸 시간이 어찌나 적요했는지 원군을 맞이한 것처럼 반가웠다. 그들에게 환승 방법을 물었더니 자신들도 같은 방향으로 간다며 따라오란다. 변성기를 시원하게 치른 듯 굵고 단단한 목소리가 믿음직스럽게 느껴졌다.

잠시 후 열차가 도착했고, 그들을 따라 열차에 올랐다. 그리고 빈 좌석에 마주보고 앉았다. 처음 볼 때는 스무 살은 족히 넘어 보였던 그들은 대화를 나눠보니 고등학생들이었다. 도대체 뭘 먹었기에 이렇게 발육이 남다른 것일까. 자신들을 학교 축구팀 대표선수라고 소개하기에 여학생들에게 인기가 많겠다고 했더니 그들은 얼굴이 벌겋게 달아올라서는 어쩔 줄 몰라 했다. 그제야 영락없는 고등학생의 모습이 보였다. 탑승 후 두세 정거장쯤에서 그들은 나에게 30분쯤 더 가라고 일러준 후 열차에서 내렸다.

창밖으로 펼쳐지는 파리의 교외 풍경을 감상하며 다시 목적지인 오베르 쉬르 우아즈로 향했다. 40분쯤이 지났을까. 그런데도 목적지는 나타나지 않고 있었다. 그들의 설명대로라면 이미 등장했어야 했다. 더 기다려보기로 했다. 그러나 41분이 지나서도 깜깜무소식이었다. 건너편에 앉은 승객에게 오베르 쉬르 우아즈 역까지 몇 정거장이나 남았느냐고 물었다. 그랬더니 주변 승객들 대여섯이 일제히 나를 돌아보면서 열차를 잘못 탔다고 하는 것 아닌가. 지금 탄 열차는 반대 방향도 아닌 아예 다른 곳으로 가는 열차란다. 1호선 신도림역에서 인천행으로 환승하려다가 천안행으로 환승해 수원까지 와버린 셈이었다. 그러니까 사자성어로 '이런젠장' 한 상황을 맞이하고 만 것이다. 그제야 녀석들이 고등학생임을 간과한 것이 후회되었다. 어찌 그리 서양놈들은 한 놈도 빠짐없이 겉늙어보이는지 이번에는 저 두 녀석의 곰삭은 외모에 당하고 말았다. 다음날 아침, 교실에서 친구들을 모아놓고 내 얘기를 떠벌이고 있을 녀석들의 얼굴이 눈에 선했다.

"어제 말이야, 기차역에서 멍청한 동양인 하나를 엉뚱한 열차에 실어 멀리 보내 버렸어! 그 양반 아직도 길을 못 찾고 헤매고 있을 거야! 푸하하하!"

한참을 고생한 끝에 결국 오베르 쉬르 우아즈 역에 도착하기는 했지만 시간이 예상보다 두 시간 이상 지체돼 있었다. 화를 가라앉히기 위해 반 고흐 공원에 자리를 잡고 앉았다. 초등학교 때 여름성경학교에서 배운 주기도문과 중학교 때 교학시간에 외운 반야심경을 몇 차례 읊어봤지만 분이 풀리지 않았다. 녀석들이 한국으로 여행을 오면 시베리아로 보내 버리겠다고 결심하며 한참을 씩씩거렸다.

고생 끝에 도착한 오베르 쉬르 우아즈는 다행히도 아름다운 곳이었다. 고흐가 살던 방이 있는 고흐 박물관을 거쳐 시청과 오베르 교회까지 고흐의 그림 속 배경들을 돌아보았다. 내친 김에 고흐의 마지막 작품 '까마귀가 나는 보리밭'의 배경이자 그가 권총으로 자살을 기도한 장소인 보리밭 언덕까지 올라갔다. 사방으로 펼쳐진 스산한 풍경이 고흐의 삶을 참 많이 닮아 있었다. 그림의 배경이 된 모든 장소들은 그림 속 모습과는 달리 무척이나 소박했다. 그 평범한 풍경들에 그처럼 멋지게 생명력을 불어넣다니 고흐가 새삼 존경스러웠다. 좋은 도구와 근사한 소재가 아니어도 걸작을 만들 수 있다는 교훈 앞에서 고개를 숙이지 않을 수 없었다. 근처 어딘가에서 값싼 미술 재료와 캔버스를 펼쳐놓고 그림을 그렸을 먼 과거의 고흐의 모습이 떠올랐다. 뭉클했다.

보리밭 옆 공동묘지에는 고흐가 동생 테오와 함께 나란히 잠들어 있다고 했다. 농기구를 들고 가던 촌로의 도움으로 그들의 무덤 앞에 섰다. 가난에 허덕이면서도 끊임없이 삶을 긍정하며 불꽃 같은 예술혼을 쏟아낸 형과 그 형을 위해 평생 동안 후원을 아끼지 않았던 동생. 그들의 무덤 앞에 서 있자니 그 눈물겨운 우애에 마음이 찡했다. 손을 맞잡은 듯 나란히 놓인 두 사람의 무덤이 참으로 아름다웠다.

이미 두 시간을 까먹은 터라 서둘러 기차역으로 향했다. 이번에 도착하는 열차를 타야 뮌헨행 열차를 놓치지 않을 것이다. 역에 도착해서 보니 열차가 도착하려면 20분 정도가 남아 있었다. 원래는 이 마을에서 점심식사를 하려고 했는데 두 시간을 날리는 바람에 식사를 하지 못했다. 아직 여유가 있는 것 같아 먹을거리를 사기 위해 슈퍼마켓으로 향했다. 역 바로 옆에 슈퍼마켓이 있으니 오고 가는 시간을 합쳐 10분이면 족할 것이다.

CIMETIÈRE
← 300 m

그러나 계산대에서 문제가 발생했다. 내 앞에 선 사내가 와인을 박스째로 구입했는데 점원이 가격을 확인하지 못해 쩔쩔매며 시간을 끌었던 것이다. 째깍거리는 초침 소리가 초조함을 부추겼지만 어쩔 수 없이 일이 해결될 때까지 기다려야 했다. 다행히도 몇 분 후 사태가 수습되었고, 황급히 계산을 마친 나는 빠른 걸음으로 슈퍼마켓을 빠져나왔다. 시계를 들여다보니 열차가 출발하려면 아직 5분이 남아 있었다. 그래도 불안한 마음이 들어 역으로 달려갔다. 그런데 아뿔싸, 저만치로 열차가 꼬리를 보이며 멀어져 가고 있었다. 아니, 아직 시간도 안 됐는데 벌써 출발을 하다니. 전속력으로 추격을 해보았지만 역부족. 열차는 수금을 끝낸 고리대금업자처럼 싸늘한 뒷모습을 보이며 멀어져 갔다. 이렇게 해서 나는 또다시 '이런젠장'한 상황을 맞이하고 말았다. 시계를 들여다보니 출발까지 아직 4분이나 남아 있었다. 유럽은 시간 개념이 정확한 곳이라고 들었는데 꼭 그런 것만은 아닌 모양이었다.

올 때도 그렇고 갈 때도 그렇고 왜 이렇게 운이 없을까. 뮌헨행 열차를 탈 수 없다는 생각에 망연자실해 있는데 중년의 서양인 커플 한 쌍이 나타났다. 미국에서 온 데이빗과 레이첼이었다. 그들역시 안색이 좋지 않은 것 같아 사정을 물어보았더니 아니나 다를까 그들도 이번 열차를 꼭 타야 했는데 아쉽게 놓쳤단다. 서로 위로를 주고받다 보니 마음이 조금 편안해졌지만 나만 남겨 두고 떠날 뮌헨행 열차를 생각하니 다시 마음이 무거워졌다. 그런데 계산을 따져 보니 이번에 들어올 열차가 아까처럼 제 시간보다 조금만 먼저 도착해주고, 내가 환승역과 파리 북역에서 전속력으로 달린다면 아슬아슬하게 뮌헨행 열차를 탈 수 있을 것 같기도 했다.

그러나 다음 열차는 제 시간보다 10분이나 더 지나서야 모습을

ICI REPOSE
VINCENT van GOGH
AUVERS
SUR OISE

드러냈다. 데이빗과 레이첼은 열차 안에서 열심히 수습 방안을 모색했지만 나는 아무 생각도 떠오르지 않아 그냥 멍하니 창밖만 바라보았다. 잠시 후 데이빗이 말을 걸어왔다. 음악을 좋아하느냐는 것이었다. 그러고 보니 그는 아까 자신을 대학교수이자 두 장의 앨범을 낸 록커라고 소개했다. 대화에 응할 기분은 아니었지만 인상 쓰고 있는 것보다는 그와 이야기라도 나누는 게 나을 것 같았다.

나도 데이빗처럼 록밴드 활동을 했다. 프로생활까지 넘본 건 아니었지만 그저 재미로만 한 것은 아니었고, 기간도 짧지 않았다. 약 7년쯤 했고 포지션은 보컬이었는데 그밖의 이력까지 모두 합치면 15년 이상 노래를 불렀다. 이제는 퇴물이 되었지만 여전히 음악을 가까이 하고 있었다. 내 이력과 음악 취향을 확인한 데이빗이 갑자기 내가 알 만한 노래를 추려서 하나씩 부르기 시작했다. 노래를 부르면서 시선은 시종일관 내 눈에 맞췄다. 따라 부르라는 것이었다. 서양인들은 호응을 이끌어내고자 할 때 왜 그렇게 눈을 빤히 쳐다보는지 참으로 난감한 상황이 아닐 수 없었다. 노래를 부를 기분은 아니었지만 그 눈빛이 부담스러워 두어 곡쯤 따라 부르는 척을 했다. 내 기분을 풀어주려 애쓰는 데이빗의 마음이 고맙게 느껴진 때문이기도 했다.

내 목소리가 줄어들자 데이빗이 이번에는 나에게 어떤 뮤지션을 좋아하느냐고 물었다. 깊이 생각할 경황이 없어서 무난하게 비틀즈를 좋아한다고 대답했다. 그랬더니 이번에는 비틀즈의 히트곡을 부르기 시작했다. 첫 곡은 '올 유 니드 이즈 러브'였다. 이 노래를 배경음악으로 삽입해 세계적으로 흥행한 영화 〈러브 액츄얼리〉의 여파인 듯했다. 물론 가사도 좋고, 선율도 좋은 곡이지만 목청 높여 노래할 기분이 아니었다. 무엇보다 후렴을 빼고는 가사를 잘 모르기도 했다. 내가 시큰둥한 반응을 보이자 이번에는 그가 '예스터데이'를 아느냐고 물었다. 세상에 '예스터데이'를 모르는 사람이 어디 있을까. 더욱이 '예스터데이'는 나에게 그냥 아는 정도의 곡이 아니라 고교시절의 십팔번이었다.

고등학교 때 나는 학교 중창단으로 활동했는데, 수업 중 급우들이 졸음에 시달릴 때면 각 과 선생님들은 중창단 멤버를 교단으로 불러내 노래를 시키곤 했다. 그때 내가 가장 자주 불렀던 곡이 '예스터데이'였다. 졸업을 하고 몇 년이 지나 치러진 동창 모임에서 그 시절이 기억났는지 "예스터데이!"라고 외치며 나를 반긴 친구도 있었다. 데이빗에게 그 사실을 알려주었더니 그가 함께 불러보자고 재촉하기 시작했다. 그리고 지금까지 계속 그랬듯 내가 동의도 하기 전에 서두를 뗐다. 노래에서 대화 쪽으로 분위기를 바꿔보려고 그 사연을 들려준 것인데 수를 잘못 쓰고 말았다.

짧은 전주를 입으로 연주한 그가 명랑한 표정으로 '예스터데이 올 마이 트러블 심드 소'를 읊조리기 시작했다. 그러나 추억은 추억이고 현실은 현실이었다. 뮌헨행 열차가 물 건너가고 있고, 두 배의 비용을 주고 어렵게 잡은 숙소가 공중분해되고 있는 이 마당에 왕년의 십팔번이 무슨 소용이 있을까. '이제 좀 조용히 쉬게 해주면 안 되겠냐?'는 말이 입안에서 맴돌았다. 그러나 호의로 가득한 그의 표정이 발언을 가로막았다. 어차피 피할 수 없는 거 제대로 한 번 불러주고 이 무모한 싱어롱을 끝내기로 했다. 울며 겨자 먹기로 노래를 따라 부르기 시작했다.

그런데 오랜만에 왕년의 십팔번을 부르다 보니 주책인 줄도 모르고 흥이 살짝 올라 버렸다. 그것도 모자라 멜로디를 선창하고 있는 그의 목소리에 화음까지 입혀 버렸다. 습관이 문제였다. 고교시절 3년 동안 중창단에 있으면서 매일같이 무반주로 화음을 연습했다. 대학 때도, 그 이후에도 내 역할은 주로 화음 담당이었다. '예스터데이'는 코드 진행이 난해한 소절이 몇 군데 있어 방심했다간 불협화음이 나기 십상이다. 시키지도 않은 화음을 만들어내고 있으니 실수를 하면 대망신이다. 이미 물을 엎질렀으므로 아주 세심하게 화음을 입혀야 했다. 어려운 소절들에서 실수가 없는 것으로 보아 다행히도 화음 감각은 별로 녹슬지 않은 듯했다. 문제는 주변의 승객들이 고개를 돌려 우리를 바라보기 시작했다는 점이다. 그것도 그냥 바라보는 게 아니라 눈동자에 기대감을 가득 채운 채로 무슨 콘서트라도 관람하듯이. 데이빗과 레이첼만 들으라고 작은 소리로 불렀을 뿐인데 상황이 예상 밖으로 커져 버렸다.

남들의 시선을 받으며 노래를 부를 때가 아니었다. 머릿속에서는 뮌헨행 열차가 신나게 경적을 울리며 플랫폼을 출발하고 있었다. 주변의 시선에 신경이 쓰여 열심히 부르다 보니 결국 실수 없이 노래를 마무리했다. 노래가 끝나자 갑자기 객실 곳곳에서 박수가 터져 나왔다. 노래를 시작할 때까지만 해도 전혀 예상하지 못했던 상황이다. 시계를 보니 뮌헨행 열차를 타기는 완전히 그른 듯했다. 그 와중에도 박수 소리는 여전했다. 그림이 이게 아닌데, 내가 이러자고 여기까지 온 게 아닌데. 노래는 그것으로 마지막이었지만 암울한 기분은 오래도록 가시지 않았다. 내가 그러거나 말거나 차창 밖으로는 '이런젠장'한 풍경들만이 끝없이 펼쳐졌다.

EROS
DVD
X TOY
GERIE
41
파 리 가
섹 시 한 이 유
파리

북역에서 짐을 찾아 해바라기 민박으로 향했다. 파리로 돌아오는 동안 뮌헨까지 갈 수 있는 방법이 뭐가 있을지를 고민하며 잔뜩 골머리를 싸맸는데 다행히도 북역에 도착하자마자 이튿날 새벽 출발하는 뮌헨행 열차표를 구할 수 있었다. 예약비를 다시 물어야 했지만 그래도 다행이 아닐 수 없었다. 하지만 일단은 어딘가에서 하룻밤을 보내야 했다. 딱히 생각나는 곳도, 역 근처의 숙소를 찾을 기력도 없었다. 해바라기 민박밖에는 갈 곳이 없었다. 민박집에 도착해 문을 열고 들어서자 주인아주머니가 깜짝 놀라며 나를 맞이했다. 자초지종을 설명했더니 늦은 시간인데도 금세 저녁상을 차려주셨다. 이런 대접이 이번이 처음이 아니었다. 한시가 아까워 밤늦게까지 파리 곳곳의 볼거리들을 구경하고 귀가하면 아주머니는 싫은 내색 없이 독상을 차려주시곤 했다.

식사를 마치고 숙박비를 지불했다. 그런데 아주머니가 기찻삯에 숙박비까지 안 써도 되는 돈을 쓰게 생겼는데 어떻게 숙박비를 다 받겠느냐며 5유로를 거슬러주셨다. 그리고 다시 고흐의 방처럼 생긴 그 아담한 독방을 내주셨다. 5유로 더 낸다고 별 탈이 있는 것도 아닌데, 도미토리 침대에서 자도 상관없는데, 그 마음이 고마웠다.

새벽에 누군가 노크하는 소리가 들렸다. 시계를 보니 6시. 이런 이런, 늦잠을 잤다. 5시 30분에 알람이 울렸어야 했는데 알람소리를 전혀 듣지 못했다. 확인해보니 알람을 잘못 맞춰놓았다. 노크 소리를 듣지 못했다면 열차를 또 놓칠 뻔했다. 황급히 짐을 꾸려 거실로 내려갔더니 아주머니께서 라면을 끓여놓고 기다리고 계셨다. 숙소에서 정해놓은 아침식사 시간은 원래 8시. 그런데 아주머니께서 새벽같이 일어나 나를 깨우시고 아침식사까지 차려놓으신 거다. 후다닥 식사를 마치고 대문을 나서려는데 아주머니께서 나

를 불러 세우셨다. 그리고 생수 한 통을 안겨주셨다. 아, 이렇게까지 안 하셔도 되는데……. 감사하다고 인사는 했지만 그냥 돌아서려니 미안했다. 드릴 것이 아무것도 없어서 있는 힘을 다해 포옹을 해드렸다. 모처럼의 포옹이 나로서도 쑥스러웠지만 아주머니가 더 쑥스러워하시는 것 같아서 아무런 내색을 할 수 없었다.

아주머니는 파리에서 사신 지 10년차에 접어든 조선족이셨다. 직장생활을 하는 아저씨와 돈을 벌기 위해 파리로 오셨다고 했다. 연변에 두고 온 아들과는 지난 10년 동안 한 번도 만나지 못하셨단다. 떠나올 때는 꼬마였던 아들이 지금은 훌쩍 커서 청소년이 되었는데, 생활비는 계속 붙여주고 있다지만 한창 클 때 곁에 있어주지 못하는 것이 늘 미안하다고 하셨다. 파리를 여행하는 한국 젊은이들에게 은근한 사랑을 쏟고 계신 이유가 거기에 있었다.

나도 그 혜택을 많이 받았다. 느지막하게 돌아와 여행수첩을 적고 사진을 저장하고 있으면 아주머니는 맥주를 꺼내주시거나 와인을 한잔씩 따라주셨다. 이따금씩 당신의 잔에도 와인을 채우셨다. 파리에서 10년을 산 아줌마라면 와인도 멋스럽게 마실 줄 알아야 한다는 게 아주머니의 철학이었다. 설렁설렁 설명하시는 것 같아도 아주머니가 주시는 정보는 항상 정확했다. 가끔 싫지 않은 잔소리로 여행의 자세를 바로 잡아주시기도 하셨다. 그런 아주머니에게 고맙게도 마지막까지 도움을 받고 떠나가게 되었다.

뮌헨으로 가는 열차 안에서 음악을 들었다. 음악이 마음을 물렁하게 만들었는지 파리에서의 일들이 주마등처럼 스쳐 지나갔다.

파리는 다양한 인종들로 인산인해를 이뤘다. 세련된 이들은 샹젤리제를 폼 나게 활보했고, 가족과 연인들은 야외 어디로든 나가 오후의 햇살을 만끽했다. 심지어는 집 없는 이방인들, 정체불명의 부랑아들, 그리고 힙합룩을 걸쳐 입은 터프한 거리 청년들까지 모두 자신만의 영역을 아무렇지도 않게 차지하고 있었다. 그렇듯 활기와 어지러움이 공존하는 도시가 바로 파리였다. 가장 인상적인 부분은 파리가 저 스스로 치부를 다 드러내놓고도 도도하기 이를 데 없다는 점이었다. 물론 그 안에는 어떤 균형이 존재하고 있었다. 다들 각자의 삶을 살기에 바빠 보였지만 무슨 일이라도 생길라치면 희한하게도 어디선가 관심이 뒤따랐다. 그것이 이 도시를 끌고 가는 힘인 것 같았다. 언젠가 읽은 책에서는 파리에서는 지하철이 파업을 하면 시민들이 노조에 지지를 보내며 불평 없이 출퇴근을 한다고 했다. "당신의 사상에 반대하지만 그것 때문에 당신이 탄압받는다면 당신을 위해 싸울 것"이라는 볼테르의 말이 그런 현상의 배경을 설명하고 있었다.

프랑스의 정신은 '똘레랑스', 즉 관용으로 요약할 수 있다고 했다. 성별과 인종 그리고 종교의 차별 없이 모두가 공평한 권리를 누리는 사회, 각자의 생각과 삶의 방식을 서로 존중하는 사회. 그것이 똘레랑스가 꿈꾸는 세상이라고 했다. 관용을 실천한 대가로 온갖 삶의 방식들이 모여들었고, 그래서 사회가 더욱 소란스러워졌지만 그 결과로서 파리는 다양성이라는 찬란한 가치를 빚어내고 있었다. 인종과 계급이 깔끔하게 청소된 사회가 아니라 온갖 인간 군상들이 모여 저마다 삶의 열의를 뿜어내는 사회가 프랑스 그리고 파리였다. 2007년에 열린 미스 프랑스 선발대회에서 소피 부즐로라는 청각장애인이 2위에 입상한 것도 그런 맥락에서 이루어

진 일인 듯했다. 성상품화 논쟁을 벌이기에 앞서, 우리로서는 전혀 상상할 수 없는 일이 지구 반대편에서 벌어지고 있었다. 프랑스에서 그녀는 차별의 대상이 아니라 다른 이들과 똑같은 성취욕을 가진 하나의 존엄한 인격이었다. 역 앞에서 소변을 보는 청년도, 지나친 구걸로 불편을 끼치는 걸인도 청소의 대상이 아니라 공존의 대상이었다. 그래서 나는 파리가 놀라웠다. 부조리와 모순을 끌어안을 용기가 없으면 절대 이룰 수 없는 '다양성'이라는 이름의 풍경이 파리에서 펼쳐지고 있었다. 그리고 그 뒤에서 관용의 정신이 빛나고 있었다.

스쳐 지나는 과객에 불과한 나 역시 난관에 부딪칠 때마다 낯선 이들에게서 도움을 받았다. 거리에서 길을 물었을 때 함께 발품까지 팔고도 길을 제대로 찾아주지 못해 다시 관공서에 찾아들어가 길을 알아온 이도 있었다. 이주 초기 현지인들에게는 낯선 이방인이었을 민박집 아주머니도 어느덧 행복한 삶을 누리며 당당하게 파리 거리를 활보하고 있었다. 민박집 아주머니뿐만이 아니었다. 수많은 이방인들이 현지인들과 한데 어울려 열심히 살아가고 있었다. 파리 최고의 벼룩시장이라는 쌩뚜앙 벼룩시장에서 내 눈에 가장 자주 들어온 풍경도 그런 것이었다. 어느 아랍계 상인에게 바지 한 벌을 산 것도 그가 삶을 향한 열의로 눈빛을 가득 채우고 있었기 때문이다.

그런데 애석하게도 바지는 불량품이었다. 밤에 숙소로 돌아와 새로 산 바지를 입었을 때 허릿단을 잠그는 단추가 떨어져 버렸다. 두 개의 쇠붙이를 옷감의 안과 밖에 두고 서로 압축해서 고정한 니켈 단추였으므로 다시 꿰맬 수도 없었다. 그가 나에게 불량품을 팔았다고 생각하니 기분이 좋지 않았지만 살아남기라는 그 숭고한

행위에 삿대질을 하고 싶지 않아서 그냥 대충 고쳐서 입기로 했다.

단추는 그렇다 치고 바지의 길이가 무척 길었다. 서양인의 체격에 맞춰 만든 탓이었다. 밑단을 줄이려고 수선소의 위치를 물었을 때 아주머니는 이런 대답을 들려주셨다.

"아까 사온 그 바지 때문에? 총각이라고 멋 부릴라 그러는 구나. 에이그, 괜히 그런 데 돈 쓰지 말고 그냥 접어서 입어. 수선소는 찾기도 어렵지만 찾았다고 해도 비싸. 그리고 여기는 한국이 아니라 파리잖아. 파리에서는 다들 자기 스타일대로 입고 다녀. 피해만 받지 않으면 서로 간섭도 안 하지. 그래서 파리가 멋진 거야. 그리고 유행 그거 아무 소용없잖아. 길면 접어 입고 짧으면 풀어 헤치고, 그게 멋 아닌가?"

곱씹어보니 파리가 추구하고 있는 정신적 가치를 설명해주는 말씀이었다. 각자의 삶의 방식을 존중하는 사회, 소신껏 살아가는 게 미덕이 되는 사회. 그게 파리였다. 하여 나는 제법 길이가 길었던 새 바지를 그냥 접어입기로 했다. 촌스럽기는 했지만 체면을 신경 쓰지 않아도 되는 방랑자 신세가 아니던가. 면도날이 낡으면 며칠 수염도 길러보고 날이 너무 더우면 셔츠의 소매를 쭉 찢어내보는 것도 나쁘지 않을 것 같았다. 게다가 자신의 느낌대로 입는 것이 프랑스식의 패션 미학이라고 하지 않는가.

파리를 완벽한 도시라고 말할 수는 없을 것이다. 그리고 문명의 횡포가 이 도시를 비껴갈 리도 없다. 파리가 나에게 좋은 경험만 제공한 것도 아니었다. 하지만 파리는 진보의 상징이자 철학의 도시답게 여전히 가장 먼저 세상을 열어 가고 있는 듯했다. 도처의 문화유산들까지 더해져 도시 전체가 찬란하게 빛나고 있었다. 크고 작은 온갖 물줄기들을 받아들임으로써 바다가 그 광대한 크기

를 실현했다면, 파리는 인간세상의 크고 작은 현상들을 고스란히
받아들임으로써 세계 최고의 도시로서 위풍당당하게 서 있었다.

열차가 계속 달리고 있었다. 갑자기 가슴이 먹먹해졌다. 그리고
닭똥 같은 눈물이 쏟아졌다. 뭐가 그렇게 북받쳤는지는 모르겠다.
흐릿한 시야로 창밖을 바라보며 가족과 이웃을 생각했다. 그리고
오베르 쉬르 우아즈로 가는 길에 나를 엉뚱한 기차에 실어 보낸 그
녀석들을 용서하기로 했다. 사춘기에 짓궂게 커 갈 자유라는 게 있
는 법이다. 나도 그걸 누리며 성장했다. 지금은 점잖은 청년 목사
가 된 내 친구 만국이는 고등학교 때 나보다 더한 짓도 서슴지 않
았다. 그러니 그 두 녀석들도 충분히 그럴 수 있는 것이다.

파리는 참으로 눈부신 곳이었다. 울퉁불퉁할 데는 울퉁불퉁할
줄 알고 모양을 낼 데는 모양을 낼 줄 아는 감각적이고 깊이 있는
도시가 파리였다. 그런 식의 섹시함이 적잖이 탐났다. 쉬지 않고
달리는 열차 안에서 나도 그런 모습을 가진 사람이 되었으면 좋겠
다는 생각을 하고 또 했다.

둘 중 하나만
선택해야
한 다 면?

'해보고 싶은 게 있으면 후회가 남더라도 해봐야 한다'는 좌우명을 가진 사람을 알고 있다. 해보고 나서 후회를 할 때도 있지만, 해보고 싶은데도 해보지 않을 때 더 큰 후회가 남는다고 했다. 그는 디자인을 전공했고 자동차 디자이너를 꿈꿨으나 다른 것을 디자인하며 산다. 그러나 자동차에 대한 애정은 여전히 각별하다. 큰돈을 털어 중고 외제차를 뽑은 것도 그래서라고 했다. 번듯한 직장에 다니고 있지만 그래봐야 봉급쟁이. 새 차를 뽑기에는 아무래도 무리였을 것이다. 외제차여서 좋은 게 아니라 성능 좋은 차여서 좋다고 했다. 승차감도 좋고, 달리는 맛도 그만이라고 했다.

그는 주말이면 아내의 잔소리를 뒤로 하고 산악자전거를 끌고 전국의 산들을 누비곤 했다. 그 거친 흙먼지와 숨 가쁜 호흡 속에서 자신이 살아 있음을 느낀다고 했다. 산악자전거 역시 해보지 않으면 후회가 남을 것 같아서 시작하게 되었다고 했다. 해보고 싶은 걸 하면 언제나 후련하다고 했다. 강단 있는 성격 때문인지 그는 야근을 밥 먹듯이 하는 이웃 부서의 사정에도 아랑곳 않고 자신이 이끄는 팀에 정시 퇴근 문화를 정착시켰다. 그에게 중요한 것은 야망과 성공이 아니라 인간다운 삶이었다.

그와 인연을 맺게 된 건 일 때문이었다. 하루는 그의 회사 회의실에서 오전에 그와 단 둘이 회의를 할 일이 있었다. 그는 전날 과음을 했는지 원숭이 엉덩이처럼 심하게 붉어진 얼굴로 회의실에 나타났다. 집중력은 흐렸지만 회의는 무난하게 마무리되었다. 이제 각자 제자리로 돌아가서 회의의 결과를 행동으로 옮겨야 했다. 그러나 일을 할 컨디션이 아니었는지 그는 결국 사무실에 들어가지 않았다. 대신 우리는 뜨끈한 국물을 우려낸 해장용 국밥을 점심으로 먹고 그의 회사 근처 카페에서 이야기를 더 나눴다. 일과 삶에 대한 두서없는 얘기들. 대낮이었지만 맥주도 서너 병쯤 나가떨어졌다. 이야기의 결론은 아마도 "삶은 삶답게 살고, 일은 일답게 하자"는 것이었을 게다.

그리고 한강이 보고 싶다는 뜬금없는 내 제안으로 우리는 한강으로 향했다. 출발 전에 그가 "꼭 한강이어야 하냐?"고 물었고, 나는 "그렇다!"고 대답했다. 그리고 택시를 잡아탔다. 사무실마다 업무가 한창인 시간에 멀쩡하게 생긴 사내 둘이 차에 올라 대뜸 한강으로 가 달라고 이야기하는 게 수상했는지 택시기사는 잠시 당황해하는 기색을 보였다. 곧이어 택시기사가 "한강 어디요?" 하고 물었고, 우리는 "여기서 제일 가까운 곳이요." 하고 대답했다.

바람이 황량한 한강변에서 우리는 다시 맥주를 한 깡통씩 비웠다. 그리고 근처 식당으로 자리를 옮겨 고기를 구웠다. 그렇게 하루를 보내면서 나는 이 대책 없는 양반 때문에라도 우리가 함께 추진하고 있는 일에 대해 만족스러운 결과를 만들어줘야겠다고 생각했다. 일의 열쇠는 내가 쥐고 있었다. 최종행위자인 나를 움직여야 일도 시원하게 돌아가는 것이다. 업무 현장은 벗어나 있었지만 그는 순간에 전력하며 내 마음을 움직이고 있었다. 사무실 밖에서 가장 중요한 일을 해내고 있는 셈이었다. 오히려 사무실 내부에서는 절대 해낼 수 없는 일이기도 했다.

그날이 아니더라도 그는 늘 그런 식이었다. 내 일의 진행상황을 감시하고 가끔은 분발을 주문해야 했지만 그는 여간해서 그러는 일이 없었다. 어차피 할 일이니 기왕이면 기분 좋게, 그래도 일이니 기왕이면 일답게 하자고만 했다. 내가 뭔가 필요한 게 있다고 이야기하면 그는 시원스럽게 뒤를 받쳐주었다. 그게 잘 안 되면 뒷받침을 제대로 못 해줘서 미안하다고 했다. 그렇게 전권을 모두 내

려놓은 채로 그는 숱하게 자신의 지갑을 열어 밥과 술을 나에게 사 먹였다. 그러니 내가 어떻게 건성으로 일을 할 수 있었겠는가. 고 마워서라도 나는 그가 회사로부터 수고 많이 했다는 이야기를 듣 게 해주고 싶었다. 그래서 그가 퇴근한 시간에도, 그가 쉬는 날에 도 나는 책상 앞에 우직하게 앉아 성과를 심화시켰다. 그렇게 그는 남들과는 다른 방식으로 업무 파트너인 내 의지를 돋웠다.

사실 일본까지 가지 않았어도 그 일은 마무리할 수 있었다. 소심 한 이들의 방식을 따랐어도 됐다. 비용을 최소화하기 위해 대충 책 상 주변에서 일을 해결하는 방식을 취했어도 됐다. 그러나 그가 말 했다. "가서 봐야지! 그들을 만나보고 그 현장을 직접 확인해봐야 지! 가서 보지 않고 무슨 일을 한다는 말이야!" 그래서 우리는 그 의 회사의 지원을 등에 업고 일본으로 떠났다. 결과는 물론 만족스 러웠다. 예상했던 대로 일본에 중요한 실마리가 숨어 있었다.

그리고 일본 출장 중 어느 날. 일과를 마치고 그와 함께 호텔로 돌아오는 길에 나는 도쿄타워에 가기로 결심했다. 이유는 모르겠 지만 나는 밤마다 도쿄타워에 가봐야 할 것 같은 기분을 느끼고 있 었다. 불가항력, 까닭 모를 부름이었다. "난 아무래도 도쿄타워에 가봐야 할 것 같습니다. 먼저 호텔로 들어가세요. 이만 택시에서 내립니다." 그가 대답 대신 택시기사에게 주문했다. "기사님, 이 차 도쿄타워로 방향을 바꿔주세요."

겨울비가 도쿄타워를 처연하게 적시고 있었다. 무작정, 참으로 무작정, 그 밤 나는 그렇게 도쿄타워에 갔다. 해보고 싶은 게 있으 면 후회가 남더라도 해봐야 한다는 좌우명을 가진 그도 나를 따라 도쿄타워까지 왔다. 가서는 그냥 추적추적 비만 맞았다. 타워 밑에 서 타워를 한두 번 올려다보고는 자판기에서 캔 커피를 하나씩 뽑아 마신 게 우리가 한 일의 전부였다.

그러나 두 사람의 삶의 방식이 그 짧은 순간 속에 고스란히 담겨 있었다. 비를 맞으며 멍하니 도쿄타워를 올려다보는 것 말고는 할 일이 없었지만 그냥 통쾌했다. 그리고 행복했다. 그래, 하고 싶은 건 해야지, 보고 싶은 건 봐야지. 비에 젖어도 이 도쿄타워란 놈은 흐물흐물하지 않고 이렇게 밤하늘을 향해 우뚝 솟아 있구나. 그날 밤 우리는 '도쿄타워에 가보지 않았다면 도쿄를 논하지 말라'는 뜻 모를 공식을 훈장처럼 가슴에 새겼다. 아무도 이해하지 못하겠지만 그건 꽤나 명예로운 교훈이었다.

도쿄타워도 그랬고, 에펠탑도 그랬듯, 퓌센도 그래서 나는 가봐야 했다. 이제 와서 하는 얘기지만 퓌센에 가봐야 하는 이유는 사실 유치하기 짝이 없었다. 나보다 먼저 유럽을 여행한 사람들이 퓌센을 추억하며 황홀한 표정을 지을 때마다 나는 이상하게도 약이 바짝 오르곤 했다. 런던도, 파리도, 로마도 다 참을 수 있었는데 퓌센 앞에서는 이상하게도 질투심이 부글부글 일었다. 그들이 퓌센을 언급하며 자기네들끼리만 간직하고 있는 아주 특별한 비밀이 있다는 듯 뭔가 의미심장한 표정을 지을 때마다 한없이 오기가 솟구쳐 올랐다. 모양이 빠질까봐서 절대 내색은 하지 않았지만 그때마다 속으로는 붉으락푸르락하기 일쑤였다. 그러니 눈에 흙이 들어가기 전에 반드시 퓌센에 가봐야만 했다. 그곳에 만날 사람이 있는 것도 아니고, 가서 딱히 할 일이 있는 것도 아니며, 거기서 노다지가 발견되고 있다는 소식을 들은 건 더더욱 아니지만 직접 가보지 않으면 평생 아쉬울 것 같았다.

그렇듯, 세상에는 가봐도 그만, 안 가봐도 그만인 곳도 있지만 안 가보면 안 될 것 같은 곳도 있다. 지인들 사이에서 불멸의 노총

각이자 거룩한 주책바가지로 인정받는 오성이 형이 "가보지 못했
으면서도 끊임없이 그리워하게 되는 곳이 누구에게나 있지. 저마
다의 마음속에 새겨져 있는 이상향 같은 곳이라고나 할까."라는 말
로 바이칼 호수에 대한 자신의 동경을 우아하게 표현했던 바탕에
도 뭔가 남모를 유치찬란한 이유가 숨어 있었을 것이다. 그런 식의
이유가 아니더라도 누가 뭐라 하든 꼭 가보고 싶은 곳이 누구에게
든 있을 것이다. 하다못해 소문만 무성하고 실체는 확인하지 못한
국내 최고 스릴의 바이킹이 있다는 인천 월미도라도 말이다. 이유
야 어떻게 됐든 직접 가서 봐야만 후회가 남지 않는 곳, 직접 가서
어루만져봐야만 한이 풀어지는 곳, 그런 곳이 나에게는 수많은 유
럽 도시들 중 퓌센이었다. 그런데 그런 것들은 해보고 나서도, 가
보고 나서도 대체로 설명할 만한 내용이 별로 없었다. 그냥 해보는
게, 가보는 게 중요했을 뿐이다. 삶이란 세월이 흐르면서 점점 늘
어나는 미련과 한들을 다시 평생에 걸쳐 하나둘씩 소리 없이 지워
가는 과정이기도 한 것이다.

그래서 뮌헨에 머무는 동안 하루를 빼서 퓌센에 다녀오기로 했
다. 그런데 퓌센으로 떠나기 전날 밤 같은 숙소에 묵고 있는 재현
이가 반갑지 않은 소식을 전했다. 여행자들이 퓌센으로 향하는 이
유는 디즈니 성의 모델이 된 노이슈반슈타인 성 때문인데 그 중 최
절경이라는 마리엔 다리에서 바라다보는 노이슈반슈타인 성의 벽
면이 공사 중이라고 했다. 만나는 여행자들마다 공사 때문에 아무
것도 볼 게 없더라는 의견들이어서 재현이도 계획을 퓌센에서 밤
베르크로 수정했다고 했다.

그러나 다음날 새벽 나는 아무런 망설임 없이 퓌센으로 향했다.
기대를 낮춰서인지 퓌센은 생각보다 근사했다. 공사 중이긴 했지

만 노이슈반슈타인 성도 나쁘지 않았고 특히 주변 풍광이 기가 막혔다. 오고 가는 길에 기차 밖으로 펼쳐지던 전원 풍경 역시 감탄을 자아내기에 충분했다. 원어민보다 훨씬 더 혀를 굴리는 중국계 가이드의 영어 발음도 이색적인 볼거리였다. 매일 아침 혀에다 근육이완액을 투입하거나 매 시간마다 참기름을 한 숟가락씩 혀에 바르는 것 같았다. 재현이가 만난 여행자들도 나와 똑같은 경험을 했을 텐데 왜 아무것도 볼 게 없다고 했는지 궁금했다.

각각 퓌센과 밤베르크에서 돌아와서는 옥토버 페스트를 함께 구경하기로 재현이와 약속을 해 두었다. 옥토버 페스트 행사장에서 재현이를 만났을 때 밤베르크는 어땠는지 물었다. 기대에 못 미쳤다는 대답이었다. 유네스코가 세계문화유산으로 지정한 도시니 꽤 볼 만할 것 같다며 밤새 기대에 부풀어 있었는데 기대가 커서 실망도 큰 듯했다. 퓌센은 어땠느냐고 묻기에 꽤 괜찮았다고 대답해주었다. 노이슈반슈타인 성 안에 전원 풍경이 그림처럼 펼쳐지던 테라스가 있었는데 불판만 구할 수 있었어도 거기서 삼겹살에 소주 한잔 했을 거라는 이야기도 솔직하게 해주었다.

아마도 운이 없어서 재현이가 밤베르크의 숨은 매력을 제대로 만나지 못한 것일 게다. 그렇지 않고서야 왜 가이드북이 밤베르크를 안내하고, 여행자들이 왜 밤베르크를 권하겠는가. 유럽에는 유네스코가 지정한 세계문화유산이 아닌 곳이 없지만 그래도 이유가 있으니 그리 된 것이겠지. 다만 나는 그의 이야기를 들으며 이런 생각을 했다. 두 곳 가운데 딱 한 곳만을 선택해야 한다면 더 멋져 보이는 곳보다는 가보지 않으면 평생 아쉬워할 것 같은 곳을 선택해야겠다고 말이다.

옥 토 버 페 스 트 를

더 욱   알 차 게

즐 기 는   방 법

재현이와 함께 본격적으로 옥토버 페스트 구경을 시작했다. 나는 전날 저녁 행사장을 한 차례 돌았지만 재현이는 처음이었다. 행사장을 한 시간쯤 누비며 축제의 이모저모를 다시 구경했다. 그러나 옥토버 페스트에서 반드시 해봐야 하는 일은 따로 있었다. 시끌벅적한 인파에 둘러싸여 독일 현지의 맥주를 마시는 게 그것이었다. 행사장에는 여러 펍들이 자신의 브랜드를 내건 가설 막사를 곳곳에 세워놓고 맥주를 팔고 있었다. 그 중 가장 유명한 곳은 호프 브로이와 뢰벤 브로이였다. 우리는 호프 브로이를 목적지로 정했다. 전날 한 차례 입장을 해보았는데 그 규모와 열기가 상상을 초월했다. 재현이와 만나게 되면 이곳에서 반드시 맥주를 마셔야겠다고 마음을 다져 둔 터였다.

호프 브로이 막사 앞은 입장을 기다리는 사람들로 초만원이었다. 직원에게 물어보니 언제 입장이 가능할지 장담할 수 없다고 했다. 전날 손쉽게 입장했던 건 운이 좋았기 때문이었나 보다. 이번에는 뢰벤 브로이. 그러나 그 앞도 미어터지기는 마찬가지였다. 왔던 길을 다시 되돌아갈 수도 없어서 혹시나 하며 기다리고 있는데 서양 사내 하나가 우리에게 다가왔다. 그는 즉시 입장할 수 있는 표를 가지고 있는데 혹시 10유로에 살 생각이 있는지 물었다. 잠시 솔깃했지만 맥주 한잔 마시겠다고 입장권까지 사려니 꼴이 우스워지는 것 같아서 사양한다는 뜻을 정중히 밝혔다. 그는 다시 다른 이들에게 입장권 판매를 시도했고, 그들 중 대부분은 사양하면서 다른 막사로 이동했다.

대열은 좀처럼 줄어들 기미가 보이지 않았다. 퇴장하는 만큼 입장을 시키는 것 같긴 했는데 밖으로 나오는 사람이 거의 보이지 않았다. 두세 시간은 족히 기다려야 간신히 입장할 수 있을 것 같은

분위기였다. 입장을 기다리는 사람들이 우리 앞으로 한 무더기인 것으로 보아 어쩌면 밤을 새워도 입장하지 못할 것 같았다. 전날 경험으로 미루어 막사 내부는 이미 터질 듯한 압력으로 몸살을 앓고 있으리라.

대열 속에 섞여 얼마를 기다렸을까. 갑자기 프로레슬러만한 체격을 가진 안전요원 두어 명이 우리에게 다가왔다. 제복까지 차려입고 있어서 사뭇 위협적이었다. 그리고 손가락을 쳐들어 어딘가를 가리켰다. 그들의 손가락 끝에는 아까 우리에게 입장권을 팔려고 했던 사내가 서 있었다. 안전요원들은 심각한 표정을 지으며 그에게서 표를 샀냐고 우리에게 물었다. 해서 우리는 대답에 앞서 바지주머니에 꽂아 두었던 손을 슬그머니 빼며 자세부터 바로잡았다. 교육을 잘 받은 사람이라면 누구에게든 예를 갖춰 행동해야 하는 법이다. 또한 한민족이 얼마나 예의바른 민족인지 독일의 안전요원들도 알 권리가 있지 않은가. 우리는 상냥한 미소와 함께 입장권을 사지 않았다고 그들에게 답했다. 그랬더니 그들은 왜 사지 않았냐고 다시 우리에게 물었다. 우리는 더욱 나긋나긋한 목소리로 가격도 부담되고 그걸 꼭 사서 들어갈 필요가 있을까 싶어서 그랬다고 다시 대답했다. 그들은 우리에게 어디 가지 말고 여기에 서 있으라고 얘기하고는 여기저기로 급히 무전을 치기 시작했다.

잠시 후 예닐곱 명의 안전요원들이 우리를 에워쌌다. 허벅지만한 팔뚝을 가진 안전요원부터 애드벌룬처럼 가슴이 잔뜩 부푼 안전요원까지 다양한 체형들이 모여 있었다. 평균 신장이 190cm쯤되는 그들 사이에서 우리는 난쟁이 같았다. 여기가 그 말로만 듣던 대인국인가 싶었다. 그런데 이번에는 장신의 여경과 함께 2m가 넘는 키에 큰 바위 얼굴을 가진 경찰 하나가 등장했다. 어찌나 키도 크고 얼굴도 크던지 울산바위가 하늘에 둥둥 떠다니는 것 같았다. 내 생애에 가장 '최홍만'한 광경이었다. 거인 경찰에게 자초지종을 설명하고 있는 풍채 좋은 안전요원들이 형에게 고자질을 하는 꼬맹이들 같아 보였다. 우리는 거인 경찰이 묻는 말에 치레대로 답했고, 여경은 그 내용을 수첩에 상세히 기록했다. 그러고는 휴가 때 놀러라도 올 것처럼 알파벳을 하나하나 따져 가며 한국의 연락처와 주소까지 꼼꼼히 적었다. 가까운 전철역과 대문의 색깔을 물어보지 않는 게 이상할 정도였다. 어찌나 숨 막히게 따져 묻던지 만일 그녀가 독일 여자의 평균치라면 독일 여자와 연애를 시작하는 순간이 인생이 깨끗하게 끝나 버리는 순간일 게 틀림없었다. 알고 보니 우리에게 입장권을 팔려고 했던 그 사내는 암표상이었다. 그는 검거되었고, 우리는 안전요원의 손에 이끌려 뢰벤 브로이의 막사 안으로 입장했다. 암표상 검거에 결정적인 역할을 한 데 따른 특혜였다.

뢰벤 브로이의 막사 내부도 호프 브로이만큼 웅장했다. 축구장 하나는 족히 들어갈 듯했다. 아예 의자 위로 올라선 인파는 악단의 음악에 맞춰 노래를 시끄럽게 합창하고 있었다. 월드컵 우승 당일 혹은 전쟁에서 승리한 날 시민 전체가 모여 기쁨을 만끽하고 있는 것 같은 풍경이었다. 자리를 잡으려고 했지만 그 많은 좌석에는 빈자리가 하나도 없었다. 서서라도 한잔하기로 하고 복도를 분주히 돌아다니고 있던 종업원 하나를 불러 맥주를 주문했다. 그러나 그녀는 좌석이 없는 이에게는 맥주를 팔지 않는다고 말하고는 황망히 사라져 갔다. 다시 좌석을 잡아보기 위해 돌아다녔지만 결국 잡지 못했다. 한 시간여를 기웃거리다가 다시 밖으로 나왔다. 막사 내부라도 구경한 것을 다행으로 여기기로 했다.

다시 한참을 돌아다니다가 호프 브로이가 운영하는 야외 펍을 발견했다. 고맙게도 출입 통제가 없었고, 빈자리도 속속 눈에 띄었다. 이제 우리도 맥주를 마실 수 있게 된 것이다. 여기저기서 건배의 함성이 들려왔다. 서로들 초면일 텐데도 축제의 밤을 핑계로 다들 잘 놀고 있었다. 건배를 외치는 맥주잔들 사이로 도파민이 잔뜩 흘러넘치는 것으로 보아 모두가 흥거움에 취해 있는 것 같았다. 잠시 후 우리 앞에도 맥주가 놓였다. 그러나 현지인들과 뜻 깊은 시간을 보낼 수 있지 않을까 했던 기대와는 달리 우리에게 말을 거는 현지인은 없었다. 사전에 입수한 정보에 따르면 옥토버 페스트에서 가장 인기가 없는 종족은 동양인 남성이었다. 반면 동양인 여성은 가장 인기 있는 종족에 포함돼 있었다. 동서고금을 막론하고 남자들이란 다 그렇고 그런 모양이었다. 행사장을 돌면서 여자들에게 치근덕대고 있는 남자들을 여럿 본 터였다. 그중에는 지나가는 여자들을 향해 육탄전을 벌이고 있는 사내들도 있었다.

그에 비하자면 우리는 너무나 점잖게 축제를 즐기고 있었다. 동물의 왕국에서는 동물이 되어야만 존재감을 제대로 발현할 수가 있는데 우리는 차마 동물이 되지 못하고 있었다. 축제의 열기에 젖어보기 위해 건배의 물결이 이어질 때 같이 함성을 지르며 동참해보았지만 서너 차례쯤 하고 나니 시들시들해졌다. 마음만 먹는다면 흥에 취해 있는 사내들 틈에 끼어 훗날 추억할 만한 사건을 만들 수도 있겠다 싶었지만 그냥 내 앞에 있는 재현이에게 충실하기로 했다. 재현이도 남들 신경 쓰지 말고 우리들만의 축제를 만들자고 했다.

어느새 재현이가 여자친구와의 연애담을 이야기하기 시작했다. 그 내용은 이랬다. 여자친구는 그보다 연상이었는데 처음에는 누나 동생 사이로 지내다가 점점 그녀가 좋아지기 시작했다. 용기를 내 그녀에게 고백을 했건만 보름이 다 되도록 응답이 없었다. 그 보름 동안 피가 마르게 기다리다가 결국 포기 상태에 이르렀는데 어느 날 그녀가 만나자고 했다. 그래서 보름간의 침묵이 'No'라는 대답을 대신하겠거니 생각하며 마음을 비운 채로 약속 장소에 나갔다. 대화를 나누던 도중 잠시 화장실에 다녀왔는데 자리에 앉자마자 갑자기 탁자 위에 놓여 있던 휴대폰이 울렸다. 휴대폰을 집어 들었더니 액정에 '여자친구'라는 글자와 함께 그녀의 전화번호가 떴다. 그가 휴대폰을 두고 화장실에 간 사이 그녀가 이벤트를 준비한 것이었다. 재현이는 그때 기분이 너무 좋아서 미치고 환장하는 줄 알았다는 말로 연애담을 마무리지었다. 이야기를 듣는 동안 당시의 순간순간의 감정들이 고스란히 전해져 나 역시 마음이 찌릿했다.

재현이는 자신이 여행을 오게 된 배경도 나에게 들려주었다. 학점에 연연하는 것보다는 더 큰 세상에 나아가 경험과 시야를 넓히는 것이 더 낫겠다 싶어서 가족들에게 조심스럽게 유럽에 가고 싶다는 이야기를 꺼냈다고 한다. 여유 있는 상황은 아니었지만 결혼한 큰 누나가 적극적으로 후원하겠다고 나섰고 가족들의 도움까지 이어지면서 유럽까지 오게 되었단다. 그래서 재현이는 자신을 믿고 유럽까지 보내준 가족들에게 이 빚을 언젠가는 꼭 갚을 거란다. 이야기를 듣고 있자니 빠듯한 상황을 딛고 유럽을 열심히 누비고 있는 재현이의 모습이 더욱 대견하게 느껴졌다.

유럽을 여행 중인 대학생들 중 상당수는 여비를 알뜰살뜰 아껴가며 여행하고 있었다. 그런데 재현이는 그들보다도 더 검소하게 여행을 하고 있었다. 여기까지 온 것만 해도 어디냐며 더러 끼니를

SPATEN
Ochsenbr
TAUMLER

pikant
Olympia
Looping
München

굶어 가며 경비를 조절하고 있었다. 밥을 굶어야 할 정도로 여비가 부족한 것 같지는 않았지만 마음을 단단히 추스르며 여행하고 있는 듯했다. 그 모습이 볼수록 기특했다. 또한 어려웠던 시절을 포함해 자신의 사정을 솔직하고 당당하게 털어놓는 모습도 감동적이었다.

재현이와 이야기를 나누다 보니 대학시절의 추억들이 떠올랐다. 내친 김에 요즘 대학생들의 생활에 대해서도 물어보았다. 재현이는 낭만 따위는 즐길 새가 없고 취업을 위해 피터지게 싸우는 게 요즘 대학생들의 일상이라고 대답했다. 그동안 숱하게 들은 말이었지만 또다시 암담한 심정이 들었다. 그에게 다시 물었다.

"요즘에는 대학 졸업해도 취업하기가 힘들다던데 너는 어떻게 될 것 같니?"

"이럭저럭 잘 되지 않을까요?"

"여자친구는 염려하지 않아?"

"염려하죠. 그래도 믿음직스럽게 제 곁을 지켜주고 있어요. 사랑하는 사람이니까 제가 빨리 잘 돼서 행복하게 해줘야죠."

"사랑?"

"네. 여자친구잖아요. 사랑하는 게 당연하잖아요."

"네 또래들은 어쩐지 사랑을 쉽고 가볍게 소비하는 것처럼 보일 때가 많았는데……. 그런데 넌 그렇지 않은가 보구나?"

"그런 애들도 많이 있긴 하죠. 근데 전 아니에요. 전 제 여자친구를 사랑해요."

"그래?"

"그럼요. 전 제 여자친구를 정말로 사랑해요."

"그래그래, 멋지다. 사랑이 최고지. 세상에 사랑만한 게 없지."

여자친구를 사랑한다는 말에 나는 그를 전적으로 신뢰하게 되었다. 오랜만에 들어보는 건강하고 진실한 목소리였다. 호프 브로이 야외 펍을 빠져나오면서 그에게 저녁은 먹었냐고 물었다. 못 먹었다는 대답이 돌아왔다. 그렇지만 굶어 버릇했더니 참을 만하다고 했다. 다짜고짜 녀석을 노점으로 끌고 갔다. 그리고 소시지와 감자튀김 한 접시를 그의 손에 안겼다. 자신의 몫은 자신이 계산하겠다고 했지만 내가 말렸다. 그리고 그에게 말했다.

"한국에서 만났으면 근사하게 한턱 쐈을 텐데 더 좋은 거 못 사줘서 미안하다. 나도 배낭 여행자니까 네가 이해해라."

"아녜요, 형. 제가 고맙죠. 근데 배고플 때 먹어서 그런지 이거 아주 맛있는데요."

술기운에 볼이 발그레해진 재현이가 초승달 같은 웃음을 짓고 있었다.

하 필 이 면
프랑크푸르트

프랑크푸르트에 가을이 깊어 가고 있었다. 거리에 뒹구는 낙엽들이 감수성을 자극했고, 서늘한 가을바람이 옷깃을 여미게 했다. 도심에 발을 들여놓은 지 얼마 되지 않아 마음이 술렁이기 시작했다. 그런 가운데 방문한 괴테 생가는 뜻하지 않게 묵직한 화두 몇 덩어리를 나에게 던졌다. 너는 도대체 왜 글을 쓰려고 하는가? 직업에 부끄럽지 않은 재주를 가졌는가? 열정과 소명의식은 충분한가? 예고도 없던 당혹스러운 질문들에 머릿속이 어지러워졌다.

언젠가 〈젊은 베르테르의 슬픔〉을 읽다가 흥분에 떨었던 적이 있다. 문장들이 너무 아름다워서 책장을 넘길 때마다 감탄을 거듭해야 했다. 어떻게 좀 버텨보려고 했지만 섬섬옥수 같은 그 미려한 말들의 향연에 술이라도 잔뜩 마신 것마냥 정신없이 취해 버리고 말았다. 그리고 진심으로 괴테에게 고개를 숙였다. 괴테는 언어의 연금술사라는 표현조차 무색한 작가라고 생각했다. 그에 비하면 나는 열정과 소명의식이 아직 많이 부족한 것 같았고, 재능은 더 많이 부족한 것 같았다. 열정도, 소명의식도, 재능도 충분치 않은 사람을 참된 직업인이라고 할 수 있을까. 아연했다. 갑자기 메피스토펠레스가 나타나 세상 최고의 재능을 줄 테니 파우스트 박사처럼 영혼을 걸겠냐고 한다면 뭐라고 대답해야 할까. 내가 어떻게 대답하게 될지, 또 뭐라고 대답하는 게 옳은지도 알 수 없었다. 괴테 생가에서 나와 뢰머 광장을 거쳐 마인 강변까지 걸었지만 울림이 여전했다. 어찌할 도리가 없어 가을빛이 완연한 마인 강변에서 그 화두들을 끌어안고 한참을 서 있었다.

가을의 표정으로 보자면 프랑크푸르트는 그나마 나았다. 초록빛이 아직까지 남아 있었고, 이따금씩 따사로운 햇살이 거리에 드리우기도 했다. 마인츠는 가을색이 훨씬 깊고 진했다. 도시 전체가 모노톤으로 덮인 그 쓸쓸한 모습으로도 모자라 비까지 을씨년스럽게 내리고 있었다. 가을의 아득한 서정을 피할 수 있는 곳은 주변 어디에도 없었다. 그 정도로만 그쳤으면 괜찮았을 텐데 구텐베르크 박물관에 이르러 다시 마음이 무거워졌다. 또 다른 질문들에 부딪친 탓이었다. 박물관 안에 전시된 해묵은 자료들이 나에게 물어왔다. 당신은 활자를 얼마나 이해하고 있는가? 그러고 보니 글을 쓰는 사람으로서 나는 활자에 대한 이해도 많이 부족한 것 같았다. 글의 내용이 좋으면 그걸로 끝이라고 생각해오다가 이제야 활자가 가지고 있는 물리적 속성에 대해 조금씩 눈을 뜨고 있는 중이었다.

샌드위치 가게에서 초라한 행색으로 점심을 먹었다. 그리고 남은 볼거리들을 어렵사리 구경하고 총총걸음으로 마인츠를 빠져나왔다. 마인츠의 무겁고 아린 가을 기운으로부터 이제야 벗어날 수 있겠구나 생각하며 돌아왔더니 이번에는 프랑크푸르트 거리에 바람이 세차게 휘몰아쳤다. 외투라도 벗기려는 듯 거칠게 달려드는 바람 때문에 몇 번이나 걸음을 멈춰야 했다. 사방이 뚫린 교차로 한복판에서는 한층 더 엄혹한 풍경이 펼쳐졌다. 제법 건장한 사내 하나가 바람에 사정없이 휘청거리고 있었고, 그 옆에서는 젊은 여인 하나가 신호등 기둥을 붙잡고 바람을 어렵게 견뎌내고 있었다. 남부 독일의 중앙에는 누가 보아도 절대적인 가을이 와 있었다.

숙소로 돌아오는 길에 손님들로 북적이는 가게 하나가 눈에 띄었다. 천원숍 같은 곳이었는데 간판도 걸지 않고 잡동사니들을 박스째로 늘어놓고 팔고 있었다. 여행하면서 수집한 각종 정보지들과 박물관 브로슈어들이 점점 늘어나는 중이어서 그것들을 담을 납작한 비닐가방을 살 요량으로 가게에 들어섰다. 그러나 적당한

것이 눈에 띄지 않았다. 흥미를 잡아끄는 물건도 별로 없는 것 같아서 그냥 나오려다가 재미삼아 가게 안을 더 구경해보기로 했다. 이 물건 저 물건 뒤적거리던 중 팔찌와 목걸이 따위가 잔뜩 걸려 있는 액세서리 진열대와 마주쳤다. 가격표를 보니 가격이 아주 저렴했다. 옳거니 싶어 하나하나 찬찬히 살펴보기 시작했으나 역시나 싼 게 비지떡. 대부분이 조악하고 허술한 제품들이었다. 그러나 그동안 기념품 구입에 너무 인색했다는 생각이 들어 장난감 같은 1유로짜리 남성용 목걸이를 하나 사기로 했다. 돈을 지불하고 가게를 빠져나왔다.

숙소로 돌아와 노트북을 들고 라운지로 나섰다. 낮에 찍은 사진들을 저장한 후 여행수첩을 펼쳤는데 날짜를 적으면서 보니 오늘이 내 생일이었다. 서른을 넘긴 지가 언젠지도 생각이 안 나는 처지에 생일이라고 특별한 감정이 있겠는가마는 그래도 날이 날인지라 많은 생각이 밀려왔다. 그동안 잘 살아온 걸까. 앞으로 어떻게 살아야 할까. 슬금슬금 밀려오는 숙제 같은 질문들에 다시금 머리가 아파지기 시작했다. 내가 상념에 잠겨 있는 동안 곁에서는 젊은 서양 사내 하나가 기타를 튕기며 노래를 불렀다. 잘 불렀으면 배경음악이라도 되었으련만 하마의 엉덩이에 깔린 오리너구리 같은 목소리가 오히려 사색을 방해했다. 여성 여행자들을 겨냥하는 기색이 역력했지만 그런 낡고 상투적인 유혹에 귀 기울이는 멍청한 여자는 보이지 않았다. 세상의 어느 누가 제 발로 고장난 미래를 향해 걸어 들어갈까. 하물며 주변에 앉아 있던 남자들의 표정은 말해 무엇하랴. 날이 날이니만큼 가볍게라도 축가를 한번 부탁해볼까 잠시 생각해보았으나 밤새 악몽에 시달릴 것 같아서 그만두기로 했다.

아무도 축하해주는 이 없는 생일이었다. 숙소에서는 물론 인터넷 메일함조차도 휑했다. 아무에게도 알리지 않았으므로 섭섭하지는 않았지만 날씨가 워낙 흐렸던 까닭인지 서글픈 느낌만큼은 피하기가 어려웠다. 유감스럽게도 마인츠도, 프랑크푸르트도 하늘과 땅이 모두 우울한 잿빛이었다. 누구라도 기분이 가라앉았을 날씨였는데 그게 하필이면 내 생일이었다. 게다가 이국에서 맞이하는 아련한 가을의 정취가 해마다 가을을 타는 나를 제법 능숙하게 흔들어대고 있었다.

그것만 해도 우울해서 죽을 판인데 그동안 여행한 유럽 도시들 중 가장 속물스러운 곳이 하필이면 프랑크푸르트였다. 생명력이 증발된 거대한 유리 성냥갑 모양의 초현대식 빌딩들, 인간미라고는 좀처럼 느껴지지 않는 명품거리, 인디언 보호구역처럼 좁은 울타리에 갇혀 박물관의 전시물처럼 관리되고 있는 구시가. 독일을 대표하는 금융도시라고는 하지만 나는 이런 모습을 기대하고 프랑크푸르트까지 온 게 아니었다. 아무리 자본주의가 판을 치고 있다고 해도 유럽은 뭔가 다를 줄 알았다. 더구나 철학의 나라 독일이라면 자본주의의 거친 쇄도를 영리한 방식으로 멋들어지게 요리하고 있을 줄 알았다. 유럽연합도 그런 걸 해내기 위해서 만든 거 아니었나? 그런데 프랑크푸르트 시티가 이렇게 삭막한 풍경을

가진 '섹스앤더시티'였다니. 시대의 흐름을 따라가는 것도 좋고, 도시의 특징을 강화하는 것도 좋지만 반드시 물질의 냄새로 진동하는 빌딩 숲과 명품거리여야 할 필요는 없지 않은가? 그런 건 다른 곳에서도 얼마든지 구경할 수 있는 것들 아닌가? 나는 지금 뉴욕에 온 게 아니지 않은가?

물론 부랑아들이 어슬렁거리는 중앙역 주변을 제외하고는 녹지도 비교적 많고, 거리도 깨끗하니 프랑크푸르트를 쾌적하게 잘 가꿔진 도시라고 할 수도 있을 것이다. 그러나 나는 그보다 더 멋진 무언가를 기대했다. 괴테의 고향이라는 수사에 걸맞은 유서 깊고 운치 있는 풍경들이 온 도시를 수놓고 있을 줄 알았다. 그런데 나를 기다리고 있는 건 기대와 정반대의 모습이었다. 유럽 곳곳에서 목격한 수많은 공사현장들이 결국 프랑크푸르트 같은 미래를 향하고 있는 것이로구나, 하는 데에까지 생각이 미치자 기분이 더 우울해졌다. 그동안 여행을 하면서 차곡차곡 쌓아올린 상상력이 참혹하게 무너지는 순간이었다. 게다가 이처럼 건조하고 매력도 없는 곳에서 오리너구리의 기괴한 노래를 외로이 견뎌야 하는 날이 하필이면 내 생일이었다.

무거워진 마음을 씻어내기 위해 샤워기 앞에 섰다. 안트베르펜에서 구입한 휴대용 수건이 믿음직스러운 눈길로 나를 바라보았다. 생일이고 하니 오늘만큼은 뜨거운 물에 푹 지져주리라. 수온을 한껏 높인 후 샤워기의 손잡이를 돌렸다. 성능 좋고 튼튼한 독일제

샤워기가 이내 뜨끈한 물줄기를 시원스럽게 뿜어내기 시작했다. 기분 좋게 쏟아져 내리는 물줄기 때문인지 감각기관들도 하나둘씩 눈을 뜨며 촉수를 흔들기 시작했다. 서너 명은 족히 샤워를 끝마치고 나갔을 시간 동안 나는 샤워기 아래에 느긋하게 서서 온몸으로 온수를 받아들였다. 어느새 몸과 마음이 산뜻해지고 있었다.

샤워를 마치고 샤워 부스에서 나왔다. 샤워기가 장시간 동안 토해낸 김이 샤워장 전체에 가득 차 있었다. 희뿌연 시야로는 아무것도 보이지 않았다. 어렸을 때 동네 목욕탕에서 자주 보았던 그 풍경이었다. 제법 모락모락 피어오르던 김은 내가 수건으로 몸을 닦고, 옷을 다 입어 갈 쯤에서야 조금씩 걷히기 시작했다. 스킨로션을 바르고 있을 때쯤 문득 거울이 시야에 들어왔다. 김이 잔뜩 서려 모든 것이 희미한 모습으로 존재하는 거울 속 세상. 그 안에 나도 흐릿하게 서 있었다.

천원숍에서 산 목걸이를 바지주머니에서 꺼냈다. 우리 돈으로 이천 원도 채 안 되지만 세심하게 고른 덕분에 가격에 비해 제법 모양이 괜찮은 제품을 손에 넣을 수 있었다. 손바닥을 내려다보니 목걸이가 뱀처럼 똬리를 튼 채 나를 올려다보고 있었다. 싸구려이긴 하지만 그래도 이거 하나를 완성하기 위해 세상 어딘가에서 누군가는 열심히 땀을 흘렸겠지. 그렇게 번 돈으로 가족을 입히고 먹였겠지. 지구 반대편에서 성실하게 삶을 일구어 가고 있을 이름 모를 이의 넓은 등판이 머릿속에서 맴돌았다.

자축의 마음으로 목걸이를 목에 걸었다. 거울에는 여전히 김이 서려 있었지만 내 목 언저리에 목걸이가 걸려 있는 것을 확인하기는 그리 어렵지 않았다. 목걸이는 여행으로 그을린 구릿빛 피부와도 그런대로 잘 어울리는 것 같았다. 너무 오랜만의 자축이라 어색한 느낌이 없지는 않았지만 나름대로 경건한 축하의식이었다.

샤워장을 빠져나오기 전 김 서린 거울을 다시 한 번 쳐다보았다. 여전히 흐릿한 그 안의 내가 거울 밖에 서 있는 나를 지그시 바라보고 있었다. 그 시선을 따라 마음속으로 나의 삶을 축복했다. 그리고 응원의 마음을 손가락 끝에 실어 거울 위에 이렇게 새겨 넣었다.

'Happy Birthday to Me.'

GUTENBERG
MUSEUM

군사박물관 마당의 전사들

절대 이길 수 없는 사람이 있다. / 싸움을 걸어도 절대 응하지 않는 자다. / 싸울 수가 없으니 이길 수도 없다. / 오른뺨을 때리면 왼뺨을 대주고, / 시비를 걸면 고개 숙여 용서를 구하니, / 도무지 어떻게 할 도리가 없다. / 참으로 대단한 인격이 아닐 수 없다. / 인생의 지침으로 삼아도 좋을 사례다.
이 이야기를 처음 들었을 때 나노 모르게 무릎을 쳤던 기어이 난다 / 중요한 가치구나 싶어서 제법 오랫동안 마음에 품고 살았다. / 간혹 일상에 적용해 덕을 보기도 했다.
그러나 현실은 구체적이고, 그 기울기는 가파르다. / 처음에는 어떻게 좀 해보겠는데, 그 다음이 어렵다. / 좋은 마음으로 잘 좀 해보려다가 / 결국에는 압력과 무게를 견디지 못해 / 어디론가 쏜살같이 줄행랑을 치고 있거나 / 몽둥이를 들고 열심히 대적하고 있는 나를 본다. / 그리하여 먼 길을 돌고 돌아 다시 제자리다.
아무래도 맹자나 노자 형님께 술 한잔 사달라고 조를 때가 됐나 보다. / 그런데 이 형님들 아직까지도 휴대폰이 없어서 연락할 길이 막막하구나.

군사박물관Muzeum Wojska Polskiego, 비르샤바, 폴란드.

북유럽의 하늘은 어찌 그리도 파란지

북유럽은 어디나 하늘이 파랬다. / 기묘하다 싶을 만큼 참으로 파랗다는 생각을 여러 번 했더랬다. 비록 오로라는 직접 보지 못했지만 / 노르웨이나 핀란드라면 정말로 그런 일이 있을 것 같기도 하다. / 상상치 못할 하늘 풍경이 판타지처럼 펼쳐질 것 같다. / 아마도 길고 우울한 겨울을 견뎌내야 하는 것에 대한 보상일 것이다.

태양이 너무 눈부셔 뫼르소는 살인을 범했다고 했다. / 북유럽이 자살률이 높은 건 그와 비슷한 이유 일지도 모른다. / 아무렇지도 않다는 듯 그늘이 죽음을 덥썩 움켜쥐는 건 / 분에 넘치는 복지나 길고 우울한 겨울 때문이 아니라 / 미칠 것처럼 눈이 시린, 그 못견디게 파란 하늘 때문인지도 모른다.

베르겐 항Bergen Port, 베르겐, 노르웨이.

오랜 기억 속의

그 녀

그러니까 아주 오래 전의 일이다. 대학시절 나는 밴쿠버에서 어학연수를 받았는데 어느 날 수업시간에 양배추 인형을 닮은 스위스 여자애 하나가 내 옆자리에 앉았다. 선생님의 지시로 여러 가지 질문들을 사이에 두고 그녀와 대화를 나눴다. 그런데 그녀의 첫인상이 좋지 않았다. 처음에는 무표정했다가 대화를 할 때는 인상을 계속 찌푸렸다. 더구나 도저히 알아듣기 힘든 프랑스식 영어 발음까지, 도대체 마음에 드는 구석이 없었다. 나중에 알게 된 사실이지만 그녀가 그토록 인상을 썼던 건 내 영어 발음 역시 그녀로서는 익숙하지 않은 한국식 발음이었기 때문이다. 물론 그런 오해가 걷힌 후 우리는 돈독한 우정을 쌓기 시작했다.

한번은 야외학습을 위해 BC 플레이스 내부에 있는 스포츠 박물관에 갔다가 그녀와 공동 과제 파트너가 되었다. 두 사람이 한 쌍이 되어 전시물들을 탐구해 과제를 완성시켜야 했는데, 당시 성격도 비교적 명랑하고 목소리도 큰 편이었던 나는 그녀가 잠시라도 시야에서 사라지면 "파트너, 마이 파트너!"를 외치며 그녀를 찾으러 다녔다. 그녀는 학우들의 시선을 한몸에 받으며 화통한 웃음소리로 자신의 위치를 알려오곤 했다. 그때부터 우리는 '마이 파트너'라는 호칭을 공유하게 되었다. 그날 이후로 나는 어학원 라운지에서든, 방과 후 거리에서든 그녀를 만날 때마다 먼발치에서부터 '파트너, 마이 파트너!'를 외쳤고, 그녀는 언제나 그 시원시원한 웃음으로 나를 반겼다.

당시에 수업이 끝나면 어김없이 중앙도서관으로 향하던 동문수학 공동체가 있었는데, 우리는 그 일원으로서 멤버십을 공유하기도 했다. 우리가 속한 공동체는 한국인, 일본인, 대만인, 스위스인 등으로 구성된 비교적 학구열이 높은 집단이었다. 함께 모여 있을 때는 물론이고 같은 나라 친구들끼리 모여 있을 때에도 항상 영어를 사용하는 불문율도 가지고 있었다. 그녀는 늘 나를 '퍼니 보이'라고 부르며 내가 무슨 말이라도 할라치면 박장대소를 터뜨리기 일쑤였는데 도서관에서도 마찬가지였다. 그 웃음소리가 얼마나 호탕했는지 조용한 도서관 전체가 들썩일 정도였다. 마주 보고 앉아서 공부하는 일이 때때로 당혹스러웠지만 그만큼 유쾌하기도 했다.

그렇게 어울리다 보니 함께하는 시간이 많아졌고 친분도 점점 두터워졌다. 하지만 주말에는 같은 나라 친구들끼리 모여 다니는 게 보통이었다. 그런데 주말마저도 그녀와 함께할 기회가 자주 생겼다. 그녀의 성격이 적극적이라는 데에도 그 이유가 있었지만 무엇보다 그녀가 나에게 호의적인 까닭이었다. 내가 주말에 뭐라도 할라치면 그녀는 꼭 그 자리에 참석했다. 스탠리 파크로 인라인 스케이트를 타러 간다고 하면 그녀는 스위스 친구 몇 명을 데리고 나왔고, 친구네 집에서 열리는 파티에 갈 계획이라고 하면 어김없이 그 자리에 나타났다.

내 귀국이 얼마 남지 않은 어느 날, 도서관에서 공부를 마치고 귀가하는 나를 그녀는 아무 이유도 없이 따라왔다. 좀 서운했었나 보다. 고마운 마음에 얘기나 좀 더 나누자며 잉글리시 베이로 향했다. 모래사장 위에 놓인 통나무에 앉아서 잉글리시 베이의 그 백만 불짜리 석양이 질 때까지 많은 얘기를 나눴다. 석양이 질 무렵, 그녀는 결국 서운한 마음을 드러냈다. 이대로 헤어지면 영영 못 볼 것 같았는지 눈물까지 글썽였다. 되돌아오지 않을 시간과 재회를 기약할 수 없는 이별이 그녀를 가슴 아프게 하는 것 같았다. 생각해보니 청춘의 절정 위에 그녀와의 추억이 제법 수북이 쌓여 있었다.

그녀를 보고 있자니 가슴 속 한켠이 찡했다. 전날까지만 해도 나

는 그런대로 평온한 상태였다. 물론 아쉬움이 없지는 않았다. 뜨거웠던 시절도, 함께 땀 흘린 친구들도 며칠 후면 안녕이라고 생각하니 때때로 섭섭함이 밀려왔다. 그러나 그녀만큼의 아쉬움은 아니었다. 귀국이 실감나지도 않았고, 친하게 지냈던 친구들은 나중에 또 보면 된다고 생각하고 있었다. 하지만 되돌아보니 그녀만큼 진실되게 나를 아껴준 친구는 내 삶에서 그리 많지 않았던 것 같았다. 그녀가 보여준 것만큼 깊고 진솔한 우정을 마지막으로 선물받은 게 언제였는지도 생각이 잘 나지 않았다. 그녀가 스위스에 꼭 놀러오라고 신신당부를 하기에 나는 꼭 그렇게 하겠다고 대답했다. 그러고도 안심이 되지 않았는지 그녀는 부모님이 사시는 산골집에서 잠도 재워줄 테니 아무 염려 말고 오라는 말을 다시 한번

덧붙였다. 꼭 와야 한다고 몇 번이고 다시 말하기에 내 이름을 걸고 "그러마!" 약속했다. 그 마음씀씀이가 참으로 고마웠다.

그날 이후 나는 그녀와의 약속을 항상 가슴 속에 품고 살았다. 설령 세월의 장난으로 그녀가 그 약속을 기억하지 못하게 되더라도 언제고 스위스를 방문해 그때의 약속을 지키리라 다짐했다. 세월이 흐르면 감정은 무뎌질 수도 있겠지만 그렇다고 해서 그날의 진실마저 사라져 버리는 건 아니지 않은가. 아무도 알아주지 않을지라도 그 약속을 지키겠다고 다짐하고 또 다짐했다. 나에게는 몇 안 되는 필생의 약속이었던 만큼 그날의 약속을 그리고 그녀를 늘 잊지 않고 살았다.

각자의 자리로 돌아간 후에도 그녀는 한동안 자신의 일상을 담은 편지와 스위스의 풍경이 담긴 엽서를 보내오곤 했다. 세상에서 가장 맛있고 달콤한 것이라며, 밴쿠버 시절 언제나 목에 힘주어 자랑하곤 했던 스위스 초콜릿도 가끔 소포로 보내왔다. 그러나 어느 때부턴가 내가 바빠져서 회신도 제대로 못 해주고 하다가 결국 연락이 끊겨 버리고 말았다. 그날의 약속은 잊지 않고 살았지만 그때 난 좀 무심했다.

5년, 10년. 해가 흐르고 있었다. 그러나 나는 내 마음이 변치 않았다는 사실에 안주한 채 말 한 마디조차 오가지 않고 있는 그 관계를 마냥 방관하고만 있었다. 어느덧 세월이 열세 해째를 가리키고 있었다. 그리고 드디어 유럽여행을 계획하게 되었다. 여행의 근본적인 이유는 따로 있었지만 그녀와의 약속을 지키는 것 역시 나에게는 중요한 과제였다. 하지만 그녀를 한결같이 기억하고 지냈던 나와는 달리 그녀가 젊은 날의 우정 따위에는 신경 쓰지 않는 사람이 되어 버렸다면 어떻게 할 것인가. 그녀가 반가워하지 않는다면 나의 방문은 아무런 의미도 없는 일이 돼 버릴 텐데. 재회를 준비하는 마음이 몹시 조심스러웠다.

그래도 그녀의 후덕한 성품을 믿었기에 내심 그녀도 반가워하리라고 생각했다. 문제는 그녀와 연락이 닿을지의 여부였다. 가지고 있는 연락처라고는 이메일 주소가 전부인데 아주 옛날 주소였다. 그녀가 그 주소를 더 이상 사용하지 않는다면 연락을 취할 길이 없는 것이다. 나만 해도 지난 13년간 이메일 주소를 몇 차례 바꿨다. 그녀의 이메일 주소가 제발 바뀌지 않았길 바라며 유럽으로 떠나기 얼마 전 조심스럽게 그녀에게 메일을 보냈다.

'안녕, 나 영진이야. 밴쿠버에서의 네 파트너. 지금도 이 주소를 사용하고 있는지 모르겠다. 메일 받는 대로 답장해줄래? 그래야 더 많은 얘기를 나눌 수 있을 테니까. 참, 내 소식이 궁금하겠구나. 나는 잘 지내고 있고, 잘 생긴 것도 여전해. 답장 기다릴게.'

막상 메일은 띄웠지만 답장이 오지 않으면 어쩌나 조바심이 났다. 그러나 우정의 힘은 강했다. 메일을 보낸 지 3일 만에 답장이 왔다.

'이렇게 놀라운 일이! 믿을 수 없어! 나는 너를 잊어본 적이 없단다. 너도 알다시피 밴쿠버 생활은 내 인생에서 정말 행복한 시절이었잖니. 어떻게 지내니? 결혼은 했니? 나는 결혼했는데 남편과의

사이에서 멋진 사내아이도 태어났지 뭐니. 아담하고 예쁜 마을에 살고 있고, 계속 직장에 다니고 있어. 네가 어떻게 지내는지 더 자세한 소식이 궁금하구나. 네 편지 기다릴게. 그리고 네가 잘 생긴 게 여전하다고 했는데 어디 한번 최근 사진 좀 보내줘볼래!'

그리고 몇 통의 메일이 다시 오고갔다. 예전 생각이 나서 농담을 잔뜩 채워서 보냈더니 사무실에서 메일을 읽다가 너무 웃어서 동료들에게 핀잔을 들었다고 했다. 어쩌면 스위스에 갈 수 있을지도 모른다고 했더니 너무 멋진 재회가 될 거라면서 남편에게도 이야기해 둘 테니 꼭 오라고 했다.

프랑크푸르트에서 그녀에게 다시 메일을 보냈다. 유럽에 와 있고 드디어 스위스를 향해 출발한다고 적었다. 열차가 도착하는 시간과 플랫폼 번호도 함께 적었다. 그리고 스위스행 열차에 올랐다. 그 열차가 드디어 로잔 역으로 진입하고 있었다. 열차가 속도를 줄이며 플랫폼으로 다가섰다. 그녀가 나와 있을까? 서로 많이 변해서 단번에 알아보지 못하면 어쩌지? 차창 밖을 바라보았다. 낯선 얼굴들이 플랫폼을 잔뜩 메우고 있었다. 앗! 시야에서 무언가가 반짝 스친 듯했다. 그녀였을까? 시선을 그쪽으로 돌렸다.

아, 실비안! 귀엽게 생긴 꼬마아이의 손을 붙잡고 서 있는 그녀가 보였다. 열차에서 내리는 이들을 두리번거리며 살피고 있는 편안한 인상의 스위스 아줌마와 차창 밖으로 그녀를 소리 없이 바라보고 있는, 이제는 조금 늙었지만 과거에는 젊고 씩씩했던 동양인 사내. 그들의 13년 만의 해후가 이루어지기 직전이었다.

파 트 너,
마 이 파 트 너!

열차에서 내려 가만히 실비안을 바라보았다. 그녀는 아직도 나를 발견하지 못했는지 주변을 계속 두리번거렸다. 아이의 손을 붙잡고 서 있는 그녀의 모습 위에 밴쿠버 시절의 모습을 포갰다. 너도 세월은 피하지 못했던 게로구나. 그래도 보기 좋게 나이를 먹었구나. 마침내 그녀가 나를 발견했을 때 나는 짐을 내려놓고 그녀를 향해 두 팔을 벌렸다. 그녀가 활짝 웃으며 나를 향해 걸어왔고, 곧 뜨거운 포옹이 이어졌다. 밴쿠버 이후 꼭 13년 만에 이루어지는 포옹이었다. 곧이어 무릎을 꿇고 그녀의 아이에게 시선을 맞췄다. 맑고 파란 눈을 가진 귀엽고 똘똘하게 생긴 꼬마아이가 나를 바라보며 수줍게 웃었다. 이노무자슥, 너였구나!

열차를 타고 오면서 몇 가지 상상을 했다. 플랫폼에서 마주했을 때 서로를 향해 달려가 포옹하게 될까? 포옹을 하고 나서는 방방 뛰면서 재회의 기쁨을 표현하게 될까? 그러나 우리의 재회는 소란스럽지 않았다. 시끄러운 재회는 영화에서나, 그것도 청춘영화에서나 나오는 것이었다. 우리는 그윽한 표정으로 해후의 기쁨을 표현했고, 느슨한 몸짓으로 흘러간 세월을 인정했다.

무수한 변화의 흔적들이 13년이라는 세월 속에 녹아 있었다. 그걸 한순간에 읽어내기란 애당초 불가능한 일이었다. 재회의 감격은 하늘을 훨훨 날고 있었지만 그때보다 열세 살이나 더 먹은 우리는 이제 서로를 먼저 배려할 수 있어야 했다. 혼자의 기분에 도취해 방방 뛰고 소리를 질러대던 13년 전의 방식으로 그때보다 열세 살이나 더 먹은 상대에게 무작정 달려들어서는 곤란한 것이다. 그러니 둘 중 하나가 서투르게 나이를 먹었다면 불편한 재회가 될지도 모를 일이었다. 그러나 우리의 재회는 시종일관 편안했다. 둘 다 나이만큼 내면이 영글어 있는 것 같아서 다행이었다.

그녀가 나에게 어떤 곳을 구경하고 싶은지 묻기에 네가 권하는 곳이면 어디든 좋다고 대답해주었다. 곧이어 그녀가 나를 싣고 어딘가로 차를 달리기 시작했다. 도착해서 보니 알프스 자락을 병풍처럼 뒤로 거느린 넓고 고요한 호수가 우리를 기다리고 있었다. 이웃도시인 브베와 몽트뢰까지 이어져 있는 레만 호였다. 맞다. 그랬었다. 재회를 약속한 곳도 이랬었다. 바다 풍경이 근사하게 펼쳐진 잉글리시 베이에서 재회를 약속했었다. 그런데 바로 그 재회의 날을 맞이해서 그날 그 풍경을 빼닮은 곳으로 나를 데려다놓다니. 그것만 해도 흐뭇한 일인데 레만 호는 잉글리시 베이보다도 한결 더 장엄하고 아름다웠다. 그녀가 그때의 약속을 정확하게 기억하고 있는 것 같아서 다행스러웠다. 내 여행을 더욱 뜻 깊게 만들어주려고 그때 그 풍경 속으로 데려온 것 같아 고마웠다.

호수 위로 갈매기가 날았다. 곧이어 한 마리가 더 날고, 또 몇 마리가 떼 지어 날았다. 알프스가 함께 어우러지는 기가 막힌 풍광이었다. 다시 보기 힘든 비경이라는 생각이 들어 그녀에게 양해를 구하고 카메라를 꺼냈다. 제법 진지하게 사진을 찍는 내 모습을 보고는 그녀가 마음껏 찍으라며 자리를 피해주었다. 밴쿠버에 있을 때도 그녀는 그랬다. 내가 무엇을 하든 여간해서는 불편한 기색을 보이는 일이 없었다. 아무리 친구 사이라지만 가끔은 자신의 취향을 강요할 법도 한데 그녀는 항상 관대했다. 관용이 생활화되어 있는 서양인이기 때문인지, 아니면 그녀의 성격이 원래 그런 건지 이유는 알 수 없었지만 나는 그래서 그녀가 늘 편안하고 고마웠다.

실비안네 집으로 가는 길은 그야말로 풍경화의 연속이었다. 스위스 특유의 전원 풍경이 끝없이 이어지는데 한국에서 그림 좋기로 소문난 초지들을 다 모아놓아도 비길 수 없을 듯했다. 수십 개

의 대관령 목장이 팔짱에 팔짱을 끼고 쉼 없이 펼쳐지는 통에 도무지 정신을 차릴 수가 없었다. 지금이 아니면 담을 수 없겠다 싶은 풍경들이 끊임없이 튀어나와 카메라를 들고 뛰어내려 차를 따라 달리며 사진을 찍고 싶을 지경이었다. 주행을 방해할 수 없어 계속 아쉬워하는 나를 실비안은 집 주변에도 이런 풍경이 널려 있다는 얘기로 안심시켰다. 도착해서 보니 그 말은 사실이었다. 목에 방울을 매단 소들이 넓은 들판에서 한가로이 풀을 뜯고 있는 풍경이 사방으로 펼쳐져 있었다. 게다가 아파트라고 해서 가보니 우뚝 선 고층건물은 보이지 않고, 광활한 녹원으로 둘러싸인 아담한 마을 안에 집집마다 잔디가 있는 마당을 낀 멋들어진 전원주택 단지가 우리를 반기고 있었다. 그 중 하나가 실비안네 집이었다.

그녀의 남편 프레데릭은 유쾌하고 씩씩한 사나이였다. 가끔 음담패설도 늘어놓았는데 나를 편하게 해주려는 것 같았다. 수위가 높아질 때마다 그를 만류하던 실비안도 더 이상은 못 말리겠다 싶었는지 종종 실소를 터뜨렸다. 스포츠도 좋아하고 특히 사람을 좋아한다고 해서 무슨 직업을 가졌을까 궁금했는데 보기와는 다르게 그는 은행원이었다. UBS의 라이벌인 미그로 은행에 다니고 있다고 했다. UBS는 금융지 〈The Banker〉가 2005년 발표한 '세계 1000대 은행' 순위에서 1위에 선정된 금융기업이었다. 첩보영화나 갑부영화에서 나오던 스위스 은행이 지금의 UBS인 셈이었다. 그런데 그 라이벌 회사에 다니는 사람을 배필로 맞았다니 실비안은 월척을 낚은 것이나 다름없었다. 귀엽고 예의 바른 사내아이까지 낳아주었으니 이제 프레데릭이 벌어오는 돈으로 여생을 흥청망청 즐기는 일만 남았을 터였다.

그날 저녁 실비안은 옛 친구를 위해 생선을 구웠고, 프레데릭은 아내의 옛 친구를 위해 애플파이를 만들었다. 우람한 팔뚝으로 반죽을 빚고 사과를 정성스레 깎아 그 위에 하나씩 올리는 모습이 고맙기도 하고 정겹기도 했다. 그 와중에도 쉴 새 없이 농담을 걸어 내가 어색해하지 않도록 배려하는 것을 잊지 않았다. 그 중 절반은 당연히 음담패설이었다. 그가 분위기를 안 띄우면 내가 띄우려고 했는데 프레데릭이 워낙 눈치도 빠르고 시원시원해 내가 따로 노력할 필요가 없었다. 저녁 식탁은 더 없이 풍요로웠다. 그동안 검소하게 여행을 해온 나로서는 충분히 차고 넘치는 밥상이었다. 그런데도 프레데릭은 냉장고에서 끊임없이 새로운 먹을거리를 꺼내 나에게 권했다. 머무는 동안 원하는 건 모두 꺼내먹으라고도 했다. 음식도, 인정도 더없이 푸짐한 오랜만의 성찬이었다.

밴쿠버 시절 실비안은 그동안 일해서 번 돈을 모두 털어 어학연수를 왔다고 했다. 미래가 어떻게 펼쳐질지 불안했지만 용기를 낸 것이라고 했다. 그랬던 그녀가 지금 이렇게 부러울 정도로 다복한 가정을 꾸리고 있었다. 겉만 그런 것이 아니라 인간미 넘치는 가풍도 세워놓고 있었다. 그야말로 이상적인 가정이라 할 수 있었다. 친구의 입장에서 그 모습이 너무 흐뭇하고 대견스러워 나는 저녁 식사를 마친 후 그녀의 아들과 한 시간이 넘도록 놀아주었다. 저녁이 얼마나 과했는지 조금만 움직여도 가스가 새어나올 것 같았지만 사력을 다해 괄약근을 조이며 그녀의 아들과 집안 곳곳을 뛰어다녔다.

아이가 잠들고 나서 실비안이 방에서 사진첩을 가지고 나왔다. 책장을 열자 13년 전의 추억들이 사진첩 안에서 고스란히 펼쳐졌다. 그때는 그녀도 그렇고, 나도 그렇고 참 젊었다. 한 쪽 한 쪽 책장을 넘길 때마다 잊었던 기억들이 거실 한복판으로 끝없이 튀어

나왔고, 더러는 그 존재조차 까마득했던 당시의 학우들이 사진 속에서 말을 걸어오기도 했다. 수많은 추억들이 수북이 쌓여 가는 밤. 저 멀리서 딸그랑거리는 소방울 소리가 한밤의 운치를 한껏 돋우고 있었다.

내가 온다고 실비안은 일주일 중 닷새를 고스란히 휴가로 빼놓았다. 다음날부터 이틀간은 출근을 해야 한다기에 그때를 이용해 베른과 인터라켄에 다녀오겠다고 했더니 그녀는 늦은 밤인데도 열심히 인터넷을 뒤져 이동구간 별로 열차 시간표를 출력해주었다. 나 혼자서도 충분히 해결할 수 있는 일이었지만 마음이 애틋해 고맙게 받아 두었다. 그리고 실비안은 마지막으로 그녀의 집에서 로잔 시내로 가는 버스의 탑승 방법과 출발 시각을 종이에 적고, 버스기사에게 보낼 메모를 또 다른 종이에 현지어로 꼼꼼하게 적었다. 읽을 수는 없었지만 그 내용만큼은 충분히 짐작할 수 있었다. 내가 그녀였다면 재회 기념 이벤트랍시고 13년 전의 습관을 되살려 뭔가 난처한 상황을 유발시킬 만한 내용을 적어 넣었을지

도 모르지만 그녀는 예의 그 성품대로 '멀리서 온 내 친구를 로잔 역까지 잘 데려다 달라'는 내용을 적어 넣었을 것이다. 인간성도 여전하고, 세심함도 여전한 그녀였다.

잠시 후 실비안이 잘 자라는 인사를 하고 자리에서 일어섰다. 야심한 밤, 그녀가 향한 곳은 낮에는 은행원 복장으로 엘리트 행세를 하고, 밤에는 고강도의 음담패설을 즐기는 남자가 속옷 차림으로 그녀를 기다리고 있는 침실이었다. 그러나 침실로 들어가는 그녀의 뒷모습은 다행히도 불미스러워 보이지 않았다. 프레데릭이 구사하는 음담패설의 강도로 미루어 뭔가 심상치 않은 일이 침실 안에서 벌어질지도 모르겠지만 오히려 그녀의 뒷모습이 행복해보여 흐뭇했다. 그녀가 조용히 문을 닫는 소리를 들으며 킹사이즈 침대와 푹신한 실크 이불이 기다리고 있는 내 침실로 향했다. 머무는 동안 편안히 쉬라며 실비안 내외가 마련해준 깔끔하고 아늑한 공간이었다. 오랜만에 맞이하는 완벽한 하루도 천천히 자리에 누울 채비를 하고 있었다.

용프라우

가　끔　은
지　도　밖　으　로
나　설　　　것!

◆융프라우

눈부신 하늘 아래 위풍당당하게 서 있는 눈 덮인 고봉들과 산
등성이 사이로 드넓게 펼쳐진 설원이 대자연의 위용을 실감케 하
는 곳. 융프라우요흐에서 바라본 알프스의 풍경은 듣던 대로 장관
이었다. 그 일대에서 백미로 꼽히는 것은 역시나 내 눈을 감탄으
로 물들이고 있는 저 앞의 우뚝한 봉우리 융프라우였다. 융프라우
는 스위스 중앙부의 대규모 고지대 베르너 오버란트에서 두 번째
로 높은 봉우리로, 그 높이가 한라산의 두 배를 훌쩍 넘는 4,158m
라고 했다. 그걸 보기 위해 등산열차를 몇 번이나 갈아타고 해발
3,454m의 융프라우요흐 전망대까지 올라왔다. 드디어 유럽의 지
붕에 올라섰다.

설원에 한참을 서서 웅장한 알프스의 풍경에 취해 있다가 전망
대 건물로 다시 들어갔다. 머리가 금세 어지러워지기 시작했다. 고
산병 초기 증상인 것 같았다. 선천적으로 건강하고 스태미너도 좋
은 편이어서 나에게 이런 일이 찾아올 거라고는 전혀 예상하지 못
했다. 이전의 여행들에서도 건강 문제로 고생한 적은 없었다. 그런
데 진공 상태에 있는 것처럼 정신이 멍하고 몸도 둔해졌다. 말로는
설명하기 어려운 느낌이었다. 세상에는 우리가 전혀 예상할 수 없
는 어떤 상태가 존재하고, 그것은 인간의 한계를 넘어선다는 사실
을 자각하며 대자연 앞에서는 절대로 겸손해야겠다고 다짐했다.

전망대 안에 있다가는 어지럼증이 더 심해질 것 같아서 다시 설
원으로 나갔다. 시원한 공기를 마시니 다시 머리가 맑아지기 시작
했다. 주호 군을 만난 것도 그 즈음이었다. 동양인 하나가 다가와
영어로 사진 촬영을 요청했는데 그게 주호 군이었다. 한국인들의
영어 발음은 어쩜 그렇게도 국적을 명백하게 보여주는지 사진을
찍어주고는 금세 말을 트게 되었다. 둘 다 혼자 여행 중이라 별일

없으면 같이 움직이기로 했다. 굵직한 계획을 제외하고는 현지에서 모든 일들을 해결하고 있는 나와는 달리 주호 군은 알짜배기 여행정보만 바리바리 추려온 것 같았다. 함께 다니는 동안 좀 더 편하게 여행할 수 있을 것 같았다. 그의 안내로 한국 배낭 여행자들이라면 누구나 하나씩 먹고 간다는 사발면도 좀 더 수월하게 찾아 먹을 수 있었다. 알프스와 사발면이 무슨 관계가 있기에 여행업체들이 그 많은 것들 중에서 하필이면 무료 사발면 쿠폰을 사은품으로 정했는지 심히 궁금했지만 우선은 시장했으므로 열심히 면발을 들이켰다.

그동안의 경험으로 미루어 정보를 알뜰하게 모아 온 여행자와의 교류는 뜻하지 않은 수확을 가져다줄 때가 많았다. 길 위에서의 만남은 그 상대가 누구이든 다른 문화를 직간접적으로 체험할 수 있다는 점에서 그 자체로 수확이지만 그래도 기왕이면 좋은 정보를 가진 사람과 접촉하는 것이 더 유익한 결과를 가져다주곤 했다. 기대 이상의 정보들도 짭짤했지만 그들이 이끄는 대로 따라가보는 것도 즐거운 기억으로 남았다. 취향이 지나치게 독특하거나 성격이 남달라 나를 낭패에 빠뜨린 여행자가 그동안 없지는 않았다. 그러나 급작스러운 여정 변경의 결과로 잃은 것보다는 얻은 게 많았다. 계획에도 없던 피르스트를 향해 주호 군을 따라나선 것도 그런 상황을 기대한 때문이었다. 그러니까 나는 그가 알뜰하게 준비해 온 것들을 거저먹을 심산이었던 것이다.

원래는 융프라우요흐까지만 갔다가 로잔으로 돌아갈 계획이었다. 알프스를 낀 관광지들은 죄다 여행비용이 비싸 애당초 계획을 융프라우요흐까지만 잡아놓았다. 저녁 무렵 실비안이 로잔 역으로 픽업을 나오기로 약속한 상태이기도 했다. 실비안네 집은 로잔 시

에서 30분 정도 떨어진 작은 마을에 있었는데 대중교통으로 가기에는 다소 번거로웠다. 약속 시간에 맞춰 돌아가야만 복귀가 순조로울 터였다. 게다가 피르스트행 케이블카 요금은 전혀 계산에 없었다. 융프라우요흐행 등산열차표가 워낙 비쌌던지라 추가 비용을 지출하려니 주머니 사정이 꽤 부담되었다. 그러나 피르스트에 대해 열심히 설명하는 주호 군의 눈이 반짝반짝 빛났다. 전적으로 신뢰할 수 있는 눈동자였다. 피르스트로 가는 방법을 살펴보니 다행히도 먼 길 돌아가지 않도록 인터라켄으로 복귀하는 중간 기착지에서 피르스트행 케이블카가 운행되고 있었다. 지체 없이 실비안에게 전화를 돌려 일정 변경을 알렸다. 고맙게도 실비안은 내가 도착하는 시간에 맞춰 다시 픽업을 나갈 테니 염려하지 말고 다녀오라고 했다.

그린델발트에서 출발한 케이블카가 드디어 피르스트 정상으로 진입했다. 열차에서 만난 한국인 모녀도 어느새 우리와 동행하고 있었다. 뉴욕에서 왔다는 이랑 양과 그녀의 어머니였다. 뉴욕에서 직장생활을 해 번 돈으로 한국에 계신 어머니를 모시고 유럽여행을 하고 있다고 했다. 열차 안에서 주호 군이 우리가 피르스트로 갈 예정이라고 설명했을 때 그들은 숨어 있는 진주를 찾아낸 듯 얼굴에 밝은 빛을 띄웠다. 그러나

그녀들에게도 피르스트는 계획에 없는 곳이었다. 더구나 갑작스러운 여정 변경이란 여자들에게 무척이나 조심스러운 일일 터였다. 그러니 주호 군의 가지런한 설명이 아니었다면 그녀들 또한 피르스트까지 따라나서진 않았을 것이다.

큰 기대 없이 찾아왔건만 피르스트는 또 다른 장관이었다. 정상에 서서 일대를 돌아보는데 융프라우요흐와는 또 다른 감동이 밀려왔다. 가이드북이 피르스트를 작은 볼거리 정도로만 서술해놓고 있어서 주호 군을 따라나서면서 그냥 조금 색다른 곳이겠거니 하고 생각했다. 그러나 내 눈앞에 펼쳐진 것은 우뚝 솟은 산봉우리들 주변으로 하늘과 구름과 바람이 모여 대자연의 웅장한 교향악을 연주해보이고 있는 피르스트의 눈부신 풍경이었다. 관광객들의 시선을 한몸에 받는 융프라우만을 볼거리로 생각하고 인터라켄까지 온 나로서는 세상에 숨어 있는 비경들이 이렇게나 많다는 사실이 놀라울 따름이었다. 나뿐만 아니라 이랑 양 모녀도 무척이나 만족스러워하는 표정이었다. 엄마를 열심히 사진 찍는 효심 깊은 딸과 그런 딸 덕분에 소녀시절로 돌아간 듯 시선 돌리는 곳마다 감탄사를 연발하고 있는 어머니. 그 역시 또 하나의 보기 좋은 풍경이었다.

주변 구경을 마치고 처음에 예정했던 대로 자전거 대여를 알아보았다. 주호 군의 설명에 따르면 자전거를 빌려 타면 우리가 케이블카를 탑승한 그린델발트까지 1시간이면 내려갈 수 있다고 했다. 내리막길을 자전거로 달리는 기분이 그만이더라는 이야기를 인터넷에서 여러 차례 보았다고 했다. 그러나 대여가 마감되었다는 직원의 대답이었다. 자전거를 빌릴 경우 세계적으로 유명한 사진 촬영지인 바흐알프 호수도 다녀오려고 했는데 그럴 수가 없게 되었다. 직원에게 이리저리 문의한 끝에 일단 케이블카를 타고 내려가 그린델발트 전 정거장에서 내려 그린델발트까지 하이킹을 하기로 했다. 그린델발트까지 걸어도 한 시간 반이면 도착할 수 있고 내리 막길이라서 힘도 별로 안 들 것이라는 설명이었다. 케이블카를 타고 올라오면서 보니 그 구간 역시 경치가 좋은 듯했다.

그런데 그게 정말로 전화위복의 계기가 될 줄이야. 그동안 머릿속으로만 그려왔던 스위스의 산촌 풍경이 거기에 있었다. 끝이 어딘지 보이지도 않는 광대한 땅덩어리와 도처에 한없이 펼쳐진 싱그러운 초록의 들판, 하이디가 살고 있을 것 같은 소박하지만 아름다운 목조 가옥들과 초원에서 한가로이 풀을 뜯고 있는 가축떼들. 인간의 힘으로는 도저히 이룰 수 없는 대자연의 위대한 스펙타클이 걸음걸음마다 그림처럼 펼쳐져 있었다. 천상의 풍경이라는 게 바로 이런 것일까. 자전거를 빌리지 못한 게 오히려 다행스러웠다. 우리가 그 길 위에서 마주친 건, 자전거로 훑을 게 아니라 한 발 한 발 느리게 더듬어야만 그 내면에 농밀하게 가 닿을 수 있는 풍경들이었다.

도저히 꿈인지 생시인지 알 수 없는 저토록 눈부신 경관이라니. 불과 한 시간 반이었지만 우리는 길을 걸으며 감탄사를 끊임없이 연발했다. 감동을 주체할 수 없었는지 이랑 양의 어머니는 만난 지 몇 시간 되지 않은 우리 앞에서 쑥스러운 것도 잊고 즉석에서 시를 지어 읊으셨다. 짧은 시간이었지만 대자연이 세상살이에 찌든 우리 모두를 치유하고 있었다. 이처럼 멋지고 아름다운 곳까지 올 수 있게 된 것은 크나큰 행운이라는 사실에 모두가 공감했다.

피르스트와 비교해보니 융프라우는 여느 관광지들처럼 먼발치에서만 구경이 허락되는 곳일 뿐이었다. 내밀한 공간을 걸으며 알

프스의 맑은 공기를 호흡하고 스위스의 살아 있는 산촌 생활을 밀착성 있게 엿볼 수 있는 피르스트와는 체험의 깊이부터 많이 달랐다. 사실 융프라우요흐까지 올라가는 동안에도 땀 한 방울 흘리지 않은 채 안락한 등산열차로 저 높은 고지에 올라서는 게 옳은 일인지에 대해 의문이 들었더랬다. 험준한 산악 지형을 정복한 기술 승리의 사례이자 대자연을 향한 인간 도전의 표본으로 널리 공인받고 있는 융프라우요흐행 등산열차라지만, 촌락도 형성돼 있지 않은 저 신성하고 순결한 산꼭대기까지 레일을 깔고 열차를 올려 보내는 게 과연 바람직한 일인지에 대해서는 다시 한번 생각해볼 필요가 있는 듯했다. 인류가 진화해 가는 양상이 이런 식이라면, 아직 기술이 확보되지 않아서일 뿐 언젠가는 신의 영역이라 일컬어지는 히말라야 14좌에도 철도가 깔리고, 지구의 허파라는 절대자연의 공간 아마존 역시 온갖 호화 펜션들로 불야성을 이루게 될 것이다. 그러다가 되돌아 갈 천연의 자연환경이 얼마 남지 않았다는 걸 불현듯 깨닫고는 그제야 땅을 치고 통곡하게 될 것이다. 따지고 보면 인간은 그러고도 남을 존재가 아니던가.

피르스트로 가기 위해 케이블카에 오르면서도 돈 몇 푼으로 저 높은 곳에 훌쩍 올라서는 점에 대해 내심 양심에 찔려 하던 차였다. 산악 등반을 위한 방문도 아니고, 이미 교통 환경이 탄탄하게 조성돼 있는 관광지이기도 하니 혼자 암벽을 타며 융프라우요흐까지 기어올라 가는 것도 현실적으로는 우스꽝스러운 일이겠지만 양심이 찔리는 것만큼은 어쩔 수 없는 일이었다. 그러니 나로서는 두 다리로 대지를 한 발 한 발 딛고 내려왔다는 점에서, 그리고 아름다운 자연환경과 직접 피부를 맞대고 교감했다는 점에서 피르스트 하이킹이 융프라우보다 훨씬 더 만족스러울 수밖에 없었다.

떼로 몰려다니는 관광객들이라면 몰라도 배낭 여행자에게는 관조의 대상보다는 체험의 대상이 한층 더 절실한 법이다. 무거운 짐을 두 어깨에 짊어지고 지구라는 별 위를 타박타박 걸으며 삶의 지평을 넓히기 위해 끊임없이 나아가는 것이 배낭 여행자의 본분인 까닭이다. 피르스트를 걸어 내려오는 동안 이제부터 인터라켄 일대에서 가장 빼어난 구경거리가 무어냐고 묻는 배낭 여행자를 만난다면 피르스트를 적극 추천해야겠다고 생각했다. 그리고 올라갈 때는 어쩔 수 없었더라도 내려올 때만큼은 케이블카를 이용하지 말고 가급적 걸어서 내려오라고 조언해주기로 했다. 물론 이동 수단의 문제를 떠나서도 피르스트는 그 자체로 워낙 근사한 곳이었다. 더 멋진 곳을 발견하기 전까지는 스위스, 아니 유럽에서 꼭 해봐야 하는 일은 피르스트 하이킹이라고 대답하겠다고 마음먹은 것도 피르스트가 그만큼 근사한 곳이었기 때문이다.

switzerland (서)

무위도식의 나날들

● 로잔. 그뤼에

실비안 내외의 극진한 대접 속에서 한가로운 나날들을 보냈다. 실비안 내외는 잠자리와 끼니를 비롯해 나에게 필요한 것이라면 무엇이든 아낌없이 내주었고, 나는 감사한 마음으로 그것들을 인정사정없이 취했다. 재회의 기쁨을 원 없이 나누기 위해 스위스 일정을 여백으로 남겨 두었으므로 내 입장에서는 아무것도 급할 게 없었다. 지친 몸을 한번쯤 쉬어 갈 필요도 있었다. 실비안 내외도 내 여행이 스위스에서만큼은 그늘 한 점 없길 바라고 있었다. 한마디로 오뉴월의 개 같은 팔자가 이어졌다.

늦잠을 자고 일어나 거실로 나서면 머리를 단정하게 빗은 실비안이 그녀의 아들과 함께 창가로 스며드는 아침햇살을 받으며 나를 반겼다. 프레데릭은 이미 출근했다고 설명해주는 그녀의 표정에는 언제나 부드러운 미소가 깃들어 있었다. 아침인사를 나눈 후에는 그녀가 미리 차려 둔 식사를 함께 들었다. 그리고 잔디밭이 깔려 있는 마당으로 나가 마을 저 앞쪽으로 펼쳐진 초록빛 들판을 바라보며 커피를 마셨다. 가끔 비가 부슬부슬 내리기도 했는데 은

은하게 주변으로 퍼지는 커피향이 가을비 내리는 풍경에 운치를 보탰다. '여유'라는 카피 문구 아래로 선남선녀들의 가장 빛나는 순간만을 오려 붙인 커피 광고 속의 영상은 비할 바가 아니었다. 내가 누리고 있는 것이야말로 진정한 '커피 한 잔의 여유'였다. 잘 생긴 것들만을 극진히 대접하는 이 더러운 세상에서 그런 식의 낭만이 잘 생긴 것들만의 전유물이 아니라는 사실을 그렇게 나는 아침마다 온몸으로 증명해냈다. 잘 생기지 않은 우리 집단의 권리 회복을 위해 누군가는 앞장서서 그런 일을 해줘야 한다고 생각했는데, 내가 마침 그런 일을 해내고 있었다.

커피를 마시고 나서는 그녀의 아들과 놀아주었다. 현지 나이로 세 살인 그의 이름은 가엘. 얼마 되지도 않았는데 나를 제법 따르고 있었다. 그냥 신세지기가 미안해 가엘과 아침저녁으로 한두 시간씩 놀아주었던 것인데 그게 나와 가엘의 사이를 점점 더 친밀하게 만들어주었다. 처음에는 내가 가엘에게 달려들었지만 나중에는 가엘이 때만 되면 내 손을 잡아끌었다. 가엘이 가장 좋아하는 놀이가 뛰어다니기여서 더러 힘에 부치기도 했지만 워낙 사랑스럽고 향긋한 꼬마여서 함께하는 시간이 즐거웠다.

재미있는 부분은 가엘의 생활습관이었다. 나를 일으켜 세운 가엘은 "뛰어요!"라고 외치며 집안 곳곳을 뒤뚱거리며 달렸다. "뛰어!"라고 함께 외치며 그를 뒤쫓으면 그는 안방부터 세탁실과 욕실까지 공간을 가리지 않고 숨어들었다. 그리고 까치발을 하고 전등의 전원을 켜 공간을 밝혔다. 한바탕 숨바꼭질을 한 다음에는 잊지 않고 까치발로 다시 전원을 끄고 나왔다. 그 규칙을 한 번도 어기는 적이 없어서 실비안에게 영문을 물어보았더니 전원 스위치 사용법을 알려준 후부터 저 스스로 알아서 불을 켜고 끈다고 했다.

내가 식사 중일 때는 "식사 다 하시면 저랑 놀아요!" 하고 부탁한 후 내가 식사를 마무리할 때까지 곁에 앉아서 얌전하게 기다렸다. 가엘은 여간해서는 말썽을 부리는 일이 없는, 활기차고 긍정적이며 얌전하고 다정한 꼬마였다. 내 친구의 자녀가 성품과 생활습관을 올곧게 키워나가고 있는 모습이 여간 흐뭇하지 않았다. 가엘이 너무 사랑스러워서 나는 실비안이 보는 데서 가끔씩 가엘에게 뽀뽀를 해주었다. 그리고 실비안의 눈을 피해 뽀뽀를 더 해주었다.

오전시간을 그렇게 한가하게 보낸 후, 점심이 가까워올 무렵이 되면 우리 셋은 짐을 가볍게 꾸려 집을 나서곤 했다. 실비안이 추천하는 스위스의 볼거리들을 구경하는 시간이었다. 찰리 채플린이 여생을 보낸 한적한 휴양도시 브베와 프레디 머큐리가 사랑한 세계적인 음악도시 몽트뢰, 그리고 사방 천지에 녹원이 펼쳐진 평화로운 전원 도시 그뤼에까지 실비안이 추천하는 멋진 볼거리들을 셋이서 다정하게 누볐다. 산비탈에 자리한 널따란 포도밭을 구경하고 나면 차는 레만 호가 곁으로 펼쳐지는 호반도로를 달렸다. 그리고 다시 그림 같은 풍경이 수놓인 초록의 들판을 가로질렀다. 실비안과 옛날 얘기, 요즘 얘기 생각나는 대로 떠들다가 뒤를 돌아보면 언제나 가엘이 달콤하게 웃음 짓고 있었다. 그리고 그 길의 끝에서 시용 성과 그뤼에 성, 그뤼에 치즈공장과 네슬레 초콜릿 공장 등 꽤나 삼삼한 볼거리들이 우리를 반겼다. 정말이지 복에 겨운 나날들이었다.

그러나 우리의 여정이 늘 순조롭기만 했던 건 아니다. 실비안은 내가 원하는 곳이면 어디든 차를 멈춰 사진을 찍을 수 있도록 돕곤 했다. 미안한 마음에 급히 사진을 찍고 빠르게 차로 돌아오곤 했지만 워낙 빼어난 풍광이 많아 차를 자주 세울 수밖에 없었다. 그뤼에를 구경하고 돌아오는 길에도 주변으로 근사한 경치가 펼쳐져 실비안에게 차를 멈춰 달라고 했다. 여느 때처럼 차에서 내려 한쪽에 자리를 잡고 서서 촬영을 시작했다. 석양이 뉘엿뉘엿 지고 있는 들판 풍경이 아주 근사했다. 오래 있고 싶었지만 나를 기다리고 있을 실비안과 가엘이 생각나 촬영을 급히 마무리 짓고 차로 돌아왔다. 그런데 차에 시동이 걸리지 않았다. 계속된 시도에도 결국 차는 말을 듣지 않았고 어느새 어둠까지 찾아들었다. 잠들어 있던 가엘도 눈을 떴다.

차가 서 있는 곳은 광활한 녹원 지대의 한복판이었다. 실비안에게 여기가 어디냐고 물어보았더니 자기도 잘 모르겠단다. 집에 도착하려면 아직 몇십 킬로미터를 더 달려야 한다는 것 정도가 자신이 확실하게 말할 수 있는 내용이라고 했다. 이정표는 물론 주택도 거의 보이지 않는 곳에서 발이 묶였다고 생각하니 난감했다. 실비안 역시 당혹스러워하는 표정이었다. 2006년에 새 차를 뽑아 지금까지 타고 다니고 있는데 그동안 이런 일이 한 번도 없었다고 했다. 나 때문에 일이 이렇게 됐나 싶어 적잖게 신경이 쓰였지만 딱히 해줄 수 있는 게 없어 더욱 답답한 노릇이었다. 그러나 실비안은 오히려 나에게 미안한 기색을 보였다. 자신은 여기 사람이니 괜찮은데 자신의 초대로 멀리 스위스까지 온 내가 예상치도 못한 고생을 하게 돼 기분이 좋지 않다고 했다. 그 한결 같은 마음씀씀이가 또다시 고마웠다.

결국 실비안은 프레데릭에게 전화를 걸어 조언을 구했다. 사고 장소로 찾아가는 게 좋겠느냐는 프레데릭의 물음에 실비안은 자신이 알아서 해결할 수 있으니 염려 말라고 하고는 어떤 조치를 취해야 하는지만 알려 달라고 했다. 그리고 전화를 끊은 후 곧바로

보험사에 연락을 취했다. 그녀의 설명을 들은 보험사 직원이 전화기 저쪽에서 곧 사람을 보내겠다는 의사를 알려왔다. 그렇지만 사고 당사자도 사고지점이 어디인지 잘 모르는데, 게다가 어둠까지 자욱하게 내려앉았는데 우리를 잘 찾을 수 있을지 의심스러웠다. 그런 내 의문을 알아차렸는지 실비안은 그게 그들의 직업이니 잘 찾아낼 수 있을 거라며 내 어깨를 다독였다. 그러나 유감스럽게도 세상에 다시없을 근심이 그 표정 속에 깃들어 있었다. 나를 안심시키고 싶어 하는 심정은 충분히 느낄 수 있었으나 수심에 가득 찬 그 표정 때문에 위로의 효과는 전혀 없었다. 안 되겠다 싶어 내 쪽에서 실비안의 불안한 기분을 누그러뜨려주기로 했다. 밴쿠버 시절의 이야기들을 끄집어냈다. 그때의 추억들을 내가 부산스럽게 떠들어대는 동안 그녀의 표정도 조금씩 안정을 되찾아 갔다.

30분쯤이 지났을까. 저 멀리서 쌍 라이트를 번쩍이며 번개처럼 달려오는 자동차 한 대가 있었다. 보험사에서 보낸 사람이라고 생각했는데 차에서 내린 사람은 뜻밖에도 프레데릭이었다. 떡 벌어진 어깨를 둥실둥실 흔들며 명랑한 표정으로 걸어오는 저 기분 좋은 모습이라니. 박빙의 전장에 원군을 이끌고 나타난 늠름한 장수의 자태가 프레데릭의 넓은 가슴팍에서 어른거렸다. 그는 나에게 쾌활하게 인사를 건네고 실비안에게 입을 맞춘 후 분주하게 움직이기 시작했다. 실비안의 차량 뒷좌석에 고정해놓은 가엘의 전용의자를 떼어내 자신의 차량 뒷좌석에 고정하고 남은 짐들까지 자신의 차에 옮겼다. 그리고 실비안과 무언가를 상의하더니 나에게 자신의 차에 타라고 했다. 이야기인즉슨 나는 손님이니 가엘과 함께 자신의 차로 귀가시키고 실비안은 사람이 도착하는 대로 차를 고쳐 귀가하겠다는 것이었다. 나 때문에 이런 일이 벌어진 것 같은데다가 어두운 들판에 혼자 남게 될 실비안을 생각하니 마음이 무거웠지만 내가 빨리 귀가해야 그들의 마음도 편해질 것 같아서 그러마 했다. 주변의 화평을 위해서는 주도할 때와 주도 당할 때를 잘 분별할 필요가 있었다. 프레데릭과 태연하게 농담을 주고받으며 집으로 향했다. 그러나 실비안에 대한 염려가 쉽게 지워지지 않았다.

다행히도 실비안은 생각보다 일찍 도착했다. 우리가 도착하고 한 시간도 채 지나지 않아 귀가했으니 차를 고치고, 행정 처리를 하는 데 쓴 시간을 빼고 나면 혼자 있었던 시간은 그리 길지 않았을 게다. 실비안에게 사고의 이유가 무엇이었는지 물었더니 내가 사진촬영을 하고 있을 때 시동을 끈 채로 라디오를 듣고 있었는데 그게 배터리를 방전시켰단다.

잠시 후 식탁에 특별한 저녁식사가 차려졌다. 들판에서 혼자 고생 중인 실비안을 대신해 프레데릭이 정성을 다해 차린 감자요리였다. 전날은 스위스의 전통 치즈 요리 퐁듀를 먹었다. 여행을 시작하기 전 누군가가 퐁듀를 극찬했는데 실비안이 그 말로만 듣던 퐁듀를 원조 가정식으로 차려주었다. 퐁듀를 맛있게 먹고 있던 나에게 프레데릭과 실비안은 이구동성으로 프랑스에서는 절대로 퐁듀를 먹지 말라고 당부했다. 여행자의 입장에서야 이것도 퐁듀고 저것도 퐁듀라고 생각하겠지만 어릴 때부터 퐁듀를 먹고 자란 스위스인들에게 프랑스의 퐁듀는 제대로 된 맛이 아니라는 것이었다. 한마디로 대게는 영덕에서, 옥돔은 제주에서 먹으라는 이야기였다.

프레데릭이 차려준 감자요리는 생각보다 훨씬 더 맛있었다. 실비안이 낮에 그뤼에의 어느 상점에서 치즈와 생크림을 샀는데 그것마저 디저트로 몽땅 풀었다. 나중을 대비해 비축용으로 산 줄 알

았는데 세계적으로 유명한 그뤼에 치즈를 나에게 맛보여주기 위해 산 것이었다. 크림을 듬뿍 찍은 쿠키를 끊임없이 입안에 채워넣는 달콤한 디저트의 시간. 맛과 정성이 흠뻑 스며 있는 이 맛깔스러운 식탁을 언제 또 받아볼 수 있을까. 가엘로부터 한 시산싸리 집안 뛰어다니기 놀이 신청이 접수돼 있었지만 실비안 내외로부터 며칠간 받은 융숭한 대접을 생각하면 전혀 아깝지 않을 노동이었다.

마테호른 같은
이런 남자,
알프스 같은
이런 부부
체르마트

화창한 일요일 아침. 차가 체르마트를 향해 신나게 달리기 시작했다. 실비안네 집에 도착해 프레데릭과 첫 인사를 나눴을 때 그는 어색함이 채 가시기도 전에 주말에 체르마트에 가자고 제안했다. 아내의 옛 친구를 환대하는 건 자신에게도 즐거운 일이라고 했다. 모두에게 아주 멋진 추억이 될 거라면서 기꺼이 주말을 비워놓겠다고 했다. 여행 당일 체르마트로 갈 채비를 하면서 프레데릭은 산 정상은 춥다며 내 몫으로 자신의 겨울 재킷을 하나 더 챙겨 차에 실었다. 프레데릭이 미리 준비한 음악들이 카스테레오로 흘러나오고, 그 경쾌한 리듬에 맞춰 알프스의 아랫동네 풍경이 기분 좋게 차창을 스치는 주말 나들이길. 오랜만의 가족 소풍이 즐거운지 가엘도 연신 창밖을 바라보며 야호를 외쳤다. 실비안은 스위스가 가을에 접어들면서 날씨가 오락가락하는데 내가 융프라우를 다녀올 때도, 함께 체르마트로 향할 때도 날씨가 모두 화창해서 다행이라고 했다. '넌 참 재수 좋은 놈'이라는 뜻이었다.

드디어 체르마트에 도착했다. 전망대가 있는 고르너그라트까지 올라가기 위해서는 산악열차를 갈아타야 했다. 그런데 실비안이 가족들의 열차표를 끊으면서 내 것까지 같이 끊어 버렸다. 그 사실을 알고 내 몫을 분담하려고 했으나 실비안은 내 돈을 한사코 거절했다. 먼 곳까지 찾아와주었으니 선물로 체르마트에서의 추억을 선사하고 싶다고 했다. 몇 번을 더 이야기해보았지만 실비안의 갸

릌한 마음씨를 당해낼 수가 없었다. 티켓에 찍혀 있는 금액을 보니 우리 돈으로 약 8만 원. 실비안네 집에서야 숟가락 하나 더 놓으면 된다는 핑계로 뻔뻔스럽게 굴 수 있었지만 함께 길을 나선 지금은 상황이 다르다. 그동안 얻어먹은 것도 적지 않았다. 민폐가 이만저만이 아니니 앞으로는 가엘과 놀아줄 때마다 관절 한두 개 정도는 부러질 걸 각오해야 한다.

체르마트 여행 최고의 볼거리는 역시 마테호른이었다. 알프스에서도 그 자태와 위엄이 압도적이라는 해발 4,478m의 삼각뿔 모양의 영봉. 그 형상이 워낙 독보적이어서 '토블론Toblerone'이라는 초콜릿으로까지 만들어져 전 세계에 보급되었다. 파라마운트 영화사의 리드 영상에 나오는 별들에 에워싸인 그 봉우리 마테호른이 저

멀리로 보이기 시작했다. 고르너그라트에 가까워질수록 마테호른도 그 형상을 더욱 또렷하게 드러냈다. 큰 맘 먹고 유럽까지 와서도 비싼 물가 때문에 융프라우만 간신히 구경하고 스위스를 떠나는 여행자들이 허다한데 친구를 잘 둔 덕분에 이렇게 호강을 하는구나.

한참 동안 마테호른과 주변 경치를 감상한 우리는 하행 열차를 타는 대신 도보 트래킹을 하기로 했다. 체르마트의 최고 볼거리라는 마테호른 구경도 끝냈으므로 가벼운 마음으로 발걸음을 옮겼다. 그러나 트래킹 구간 역시 마테호른 못지않은 매력이 가득했다. 알프스의 원시지형을 걸음걸음마다 두 눈에 가득 채워 넣는 즐거움이 이만저만이 아니었다. 규모도 압도적이었지만 시시각각으로 형태를 달리하는 원시 대자연의 화려한 변화도 감탄스러웠다. 그 생김새가 융프라우와도 다르고, 피르스트와도 다른 또 하나의 별천지를 우리는 걷고 또 걸었다. 눈부신 절경들이 온 나라에 가득한 스위스는 신이 내린 땅이 아닐까 하는 생각을 반복하는 사이 미국에서 온 노부부가 합류해 우리와 함께 걷기 시작했다. 아시아, 유럽, 북아메리카까지 세 개의 대륙을 넘나들며 온갖 이야기꽃이 활짝 피고 있는 체르마트의 볕 좋은 어느 일요일 오후. 그 평화롭고 아름다운 시간을 마음씨 좋은 몇 명의 길벗들이 내 곁에서 함께하고 있었다.

하산 후에는 체르마트 시내를 구경했다. 시내 저 안쪽에서는 백년도 더 된 전통가옥들이 그윽한 표정으로 여행객들을 맞이하고 있었다. 힘 좋은 프레데릭은 가엘을 목마 태운 채로 시내를 돌며 지역의 역사와 전통을 나에게 차근차근 설명해주었다. 그렇게 한동안 시내 곳곳을 구경하고 돌아다니다가 트래킹을 함께했던 노

부부를 시내 한복판에서 우연히 다시 만났다. 그리고 그들의 제안으로 분위기 좋은 노천카페에서 커피를 마셨다. 노부부는 일 때문에 스위스에 왔다가 세계적인 명소를 그냥 지나칠 수 없어서 일부러 체르마트까지 온 거라고 했다. 그들이 로잔에도 볼 일이 있다고 하자 프레데릭이 로잔에 오면 식사라도 같이 하자고 제안했다. 그 곁에 있던 실비안이 스케줄을 다시 헤아려 식사가 가능한 날짜를 그들에게 알려주었다.

잠깐 본 사이라서 다들 진심으로 저러는 걸까 궁금했는데 나중에 확인한 바로는 정말로 로잔 시내에서 만나 식사를 했단다. 낯선 사람들과도 열린 가슴으로 관계를 열어 가는 실비안 부부의 모습은 외부로 통하는 문을 닫고 가족의 이익에만 급급해하며 사는 부부들보다 한결 근사해보였다. 이날 커피도 프레데릭이 샀는데 식사도 그랬을 것이다. 더치페이가 일반적인 상황에서도 실비안 부부는 자주 지갑을 열곤 했다. 돈 자랑을 하는 게 아니라 상대에 대한 순수한 호의였다. 대신 그들은 무례한 행동을 하는 이들에 대해서는 분명한 입장을 가지고 있었다. 이를테면 오만하고 인정머리 없는 인간들에 대한 실비안의 혐오가 그런 것이었다. 같은 이유로 실비안 내외는 스위스, 그중에서도 자신들이 속해 있는 불어권 지역에 사는 사람들이 인간성이 좋다는 사실에 대해 크나큰 자부심을 가지고 있었다. 지구촌의 주민으로서 누구에게든 친절해야 한다는 믿음을 실비안과 프레데릭 모두 확고히 가지고 있기도 했다.

내 산악열차표를 실비안이 계산한 터라 점심은 내가 사려고 했다. 그러나 프레데릭과 계산대 앞에서 몸싸움을 벌여야 했다. 취중의 격투에 버금가는 거칠고 험악한 몸싸움이었다. 그가 한눈을 파는 사이 발 빠르게 계산대로 갔지만 내가 움직이는 걸 언제 봤는지 그가 금세 나를 따라잡았다. 그리고 현금을 내미는 내 손을 있는 힘껏 잡아당기며 종업원에게 내 돈을 받지 말라고 외쳤다. 나도 질세라 신용카드를 내민 프레데릭의 손을 거칠게 밀쳐내며 종업원에게 빨리 내 돈을 가져갈 것을 주문했다. 가게의 운영에 신용카드보다는 현금이 더 유익할 거라는 내 주장이 먹혀들었는지 종업원이 나를 향해 손을 뻗었다. 그러나 프레데릭의 한마디에 종업원은 결국 손의 방향을 바꾸고 말았다.

"그는 우리 스위스의 손님입니다! 스위스인답게 손님을 극진히 대접합시다! 어서 내 카드를 받으세요!"

차고 넘치게 대접받은 하루인데 프레데릭이 이번에는 스위스 군용칼을 사주겠다며 기념품점으로 내 손을 잡아끌었다. 그는 저녁마다 체르마트행 계획을 언급하며 현장에 가서 스위스 군용칼을 꼭 사주겠다고 이야기하곤 했다. 하루 종일 신세를 너무 많이 진 것 같아 극구 사양을 했지만 자신과 체르마트를 같이 여행한 이들은 모두 스위스 군용칼을 하나씩 기념품으로 가지고 갔다며 그 뜻을 굽히지 않았다. 내가 주저하자 그가 제품 두 개를 추천했다. 똑같은 사양에 디자인만 달리한 오리지널 에디션과 뉴 에디션. 둘 중 하나를 고르면 어떻겠냐는 제안이었다. 결국 오리지널 에디션을 고르고 그 위에 내 이름을 새겨 넣었다. 프레데릭이 가죽 칼집까지 하나 골라서 함께 계산을 했는데 어깨 너머로 보니 우리 돈으로 10만 원가량의 돈을 지불하고 있었다. 물론 선물은 대단히 마음에 들었다. 크고 작은 칼들, 펜치, 가위, 병따개, 톱, 와인따개, 드라이버 등 거의 대부분의 도구들이 장착돼 있었다. 이후 확인한 바로도 꽤 좋은 제품이긴 했지만 그보다는 프레데릭의 아낌없는 정성이 더 고마웠다. 그냥 있을 수가 없어 나도 두 개의 장난감을 골

라 가엘에게 안겼다. 그러나 실비안 내외에게 받은 융숭한 대접에
비하자면 부족해도 한참 부족한 선물들이었다.

스위스에서 머무는 동안 프레데릭의 마음씀씀이에 이미 많은
감동을 받은 터였다. 그런 내 마음에 그의 선물이 급기야 쐐기를
박는 듯했다. 결국 나는 프레데릭을 친구의 남편이 아니라 순수한
친구로서 마음에 새기기로 했다. 쾌활한 성격, 명랑한 말주변, 배
려심과 열린 가슴 등 마음에 드는 면이 많았다. 음담패설의 강도가
좀 세긴 했지만 성품과 기질도 나와 잘 통하는 듯했다. 실비안을
알기 전 그를 만났다면 우리는 좋은 친구가 되었을 것 같았다. 그
게 밴쿠버였다면 아마 우리는 주말마다 키칠라노 비치로, 차이나
타운으로, 그랜빌 아일랜드로, 잉글리시 베이로, 리치몬드로, 스탠

리 파크로 넓은 세상 구경하자며 친구 몇 명을 더 불러 꽤나 쏘다녔을 것이다.

어느새 저녁이 가까워오고 있었다. 실비안 가족과 체르마트를 함께 여행하며 우정이 참으로 중요한 가치라는 사실을 다시 한번 실감한 하루였다. 산악열차표도, 스위스 군용칼도 모두 고마웠지만 그 안에 담긴 진심이 더 고마웠다. 그러나 가장 고마웠던 건 실비안 내외가 시종일관 훌륭한 삶의 태도를 보여주었다는 점이다. 실비안이 그리고 그녀의 남편 프레데릭이 옛 친구인 나에게만 친절할 뿐, 남들에게는 지독스럽게도 불친절했다면 그런 상황을 나는 어떻게 받아들여야 했을까. 실비안이 13년 전과는 달리 탐욕스러운 삶을 살아가고 있었다면 내 기분은 어땠을까. 그렇지 않아서 참으로 다행이었다. 오히려 친구로서 자랑스러웠고, 지인으로서 본받고 싶었다. 세상살이에 시달리면서 사람을 향한 애정과 믿음이 마음속에서 조금씩 잦아들고 있었는데 그들 덕택에 그 불씨를 다시 키워낼 수 있었다. 그게 나에게는 산악열차표보다, 스위스 군용칼보다 더 큰 선물이었다.

마테호른, 그 영험한 봉우리

기다려야 한다. / 모든 에너지가 봉우리 주변으로 모여들 때까지. / 그러고는 분출이다. / 마치 휴면 을 끝낸 성난 활화산처럼. / 서두르지 마라. / 때가 이르러야만 제대로 이루어지는 법이다.

마테호른Matterhorn, 체르마트, 스위스.

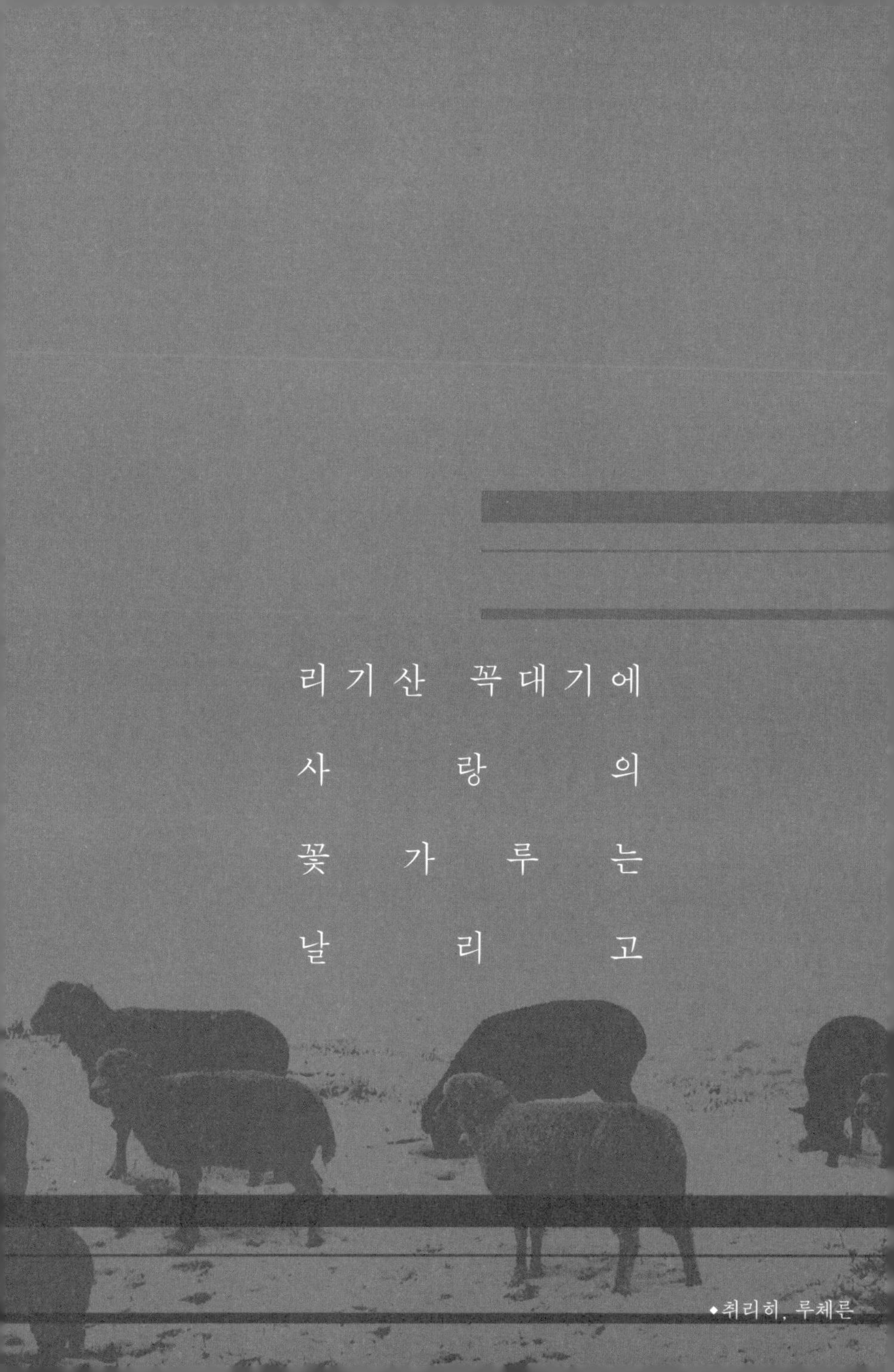

리기산 꼭대기에
사   랑   의
꽃   가   루   는
날   리   고

스위스는 산이 전부인 줄 알았는데 호수도 지천이었다. 전혀 모르는 바는 아니었지만 가서 보니 빼어난 아름다움을 자랑하는 호수가 한둘이 아니었다. 스위스에서 만난 첫 호수인 레만 호부터 시작해서 전국 어디를 가든 멋진 호수가 그림처럼 펼쳐졌다. 인터라켄행 열차는 수려한 호반 풍경을 아예 옆구리에 끼고 달렸다. 루체른에 도착한 첫날, 여장을 풀어놓고 취리히에 다녀왔는데 그곳에도 아주 잘 생긴 호수 하나가 나를 기다리고 있었다. 취리히를 더욱 휴양도시답게 만들어주는 취리히 호였다.

유레일패스를 소지한 사람은 공짜로 유람선을 탈 수 있다기에 취리히 호를 유랑했다. 오전에 루체른에 비가 와서 취리히행을 선택한 것이었는데 취리히에도 비가 왔는지 선착장 저편으로 무지개가 근사하게 드리워졌다. 탑승 후 얼마 안 있어 유람선이 운항을 시작했고, 나는 유람선 내부에 마련된 카페 한쪽에 자리를 잡고 앉았다. 그때 종업원이 다가왔다. 커피라도 한잔 하겠냐는 물음이었다. 세계적인 휴양도시답게 바로 옆자리에서는 부유해보이는 한 쌍의 연인이 한껏 낭만이 깃든 표정으로 식탁 가득 만찬을 즐기고 있었다. 잠시 그들을 바라보다가 다시 종업원을 향해 시선을 돌리자 종업원이 당연하다는 눈빛으로 고개를 끄덕였다. '여기까지 오셨는데 커피 한잔 값 정도는 있겠죠?' 자존심 때문에라도 절대 거부할 수 없는 눈빛이었다. 결정을 내리고 자시고 할 필요도 없이 세상에 다시없을 해맑은 표정으로 그에게 대답해주었다. "노, 땡쓰!" 그리고 갑판으로 나가 끝없이 이어지는 서정적인 호반 풍경을 감상했다. 갑판은 머릿결을 미풍에 흩날리며 기분 좋게 호수를 구경할 수 있는 곳이기도 했지만, 종업원의 관심이 미치지 않는 곳이기도 했다.

　루체른에도 아주 멋진 호수가 있었다. 큰대자 모양으로 드러누운 루체른 호였다. 취리히 호보다 25km² 더 넓은 114km²의 면적에 호안선 길이 133km, 최대수심 214m, 평균수심 104m. 모르고 보면 의심의 여지없이 바다라고 여겼을 만큼 엄청난 규모의 호수였다. 규모도 규모지만 우뚝 솟은 산들과 화목하게 어우러진 그 정갈한 풍경이 아주 인상적이었다. 산봉우리 위로는 뭉게구름이 흘렀고, 호수 위로는 백조들이 둥둥 떠다녔다. 루체른 호는 더없이 평화롭고 아름다운 자태를 지니고 있었다.

　루체른 호를 본격적으로 유랑한 건 루체른에서의 마지막 날이었다. 카펠 교와 구시가를 포함해 시내의 볼거리들은 이미 구경을

마친 상태라 남은 시간까지 루체른을 어떻게 즐길까 생각하다가
호스텔 직원에게 자문을 구한 끝에 산과 호수가 어우러지는 등산
라운드 트립을 하기로 했다. 많은 이들이 루체른에서 꼭 해봐야 하
는 것들 중 하나로 등산 라운드 트립을 꼽고 있었다. 선택지는 세
가지. 리기산 코스와 필라투스산 코스 그리고 티틀리스산 코스. 모
두 유람선과 등산열차, 케이블카를 바꿔 타며 산 정상까지 오르내
리는 코스였다.

어딜 오를까 고민하다가 리기산에 오르기로 했다. 소요시간도
적당하고 오가는 길도 대단히 아름답다는 티켓 카운터 직원의 조
언 때문이었다. 그러나 라운드 트립의 첫 관문인 피츠나우행 유람
선을 딱 30초 차이로 놓치고 말았다. 라운드 트립을 끝내고 곧바
로 다른 도시로 이동할 계획이어서 먼저 짐을 중앙역 코인 로커에
보관해야 했는데 코인 로커의 위치를 잘못 알아듣는 바람에 유람
선의 출발시간이 다 되어서야 짐 보관을 마무리할 수 있었다. 아
직 유람선이 출발한 건 아니어서 로커의 문을 잠그자마자 전속력
으로 선착장까지 뛰었다. 그러나 호수 앞에 도착해서 보니 선착장
이 여러 개였다. 행인들에게 물어물어 피츠나우행 유람선 선착장
앞에 도착했을 때는 이미 배가 출입문을 닫고 있었다. 그리고 뒤도
돌아보지 않고 떠나 버렸다. 선착장에 서서 턱까지 차오르는 숨을
골랐다. 티셔츠도 땀으로 흥건히 젖어 있었다. 이럴 줄 알았으면
뛰지나 말 것을.

다음 유람선이 출항할 때까지 시간이 제법 남아 시내로 향했다.
시내라고 해봐야 바로 코앞이었지만 그래도 볼거리들이 적지 않
았다. 어슬렁거리며 기념품점들을 돌아보고, 루체른 최고의 명물
카펠교도 다시 건넜다. 그리고 시간이 되어 다시 선착장으로 향했

다. 잠시 후 승객들을 모두 태운 유람선이 드디어 출항을 시작했다. 그런데 아까까지도 화창하던 날씨가 갑자기 흐려졌다. 이내 비가 내리기 시작했다. 스위스에서 머무는 동안 가끔 비가 오긴 했지만 자연으로 나가는 날에는 어김없이 하늘이 열렸다. 행운이 다한 걸까. 피츠나우에 도착하니 빗방울이 더 거세졌다.

등산열차를 타고 리기산 정상으로 올라가는 길에 다행히도 비가 그쳤다. 오히려 비가 남기고 간 흔적 덕분에 안개와 구름이 산 중턱에서 운치를 더했다. 고도가 높아질수록 창문에 매달리는 승객들도 늘어났다. 바깥 경치가 점점 더 근사해지고 있었다. 내 바로 옆에 서서 창밖을 구경하고 있던 여행객이 문득 말을 걸어왔다. 경치가 너무 멋지지 않느냐는 것이었다. 그 이상이라고 대답해주었더니 그가 기분 좋은 표정으로 자신을 소개했다. 필리핀 출신으로 현재는 시카고의 한 대학에서 생물학을 가르치고 있는 학자란다. 그리고 마지막으로 자신의 이름을 소개했다. "참, 제 이름은 로미오예요. 반가워요. 그런데 그쪽은 이름이 어떻게 되시죠?" "줄리엣이요. 당신이 그토록 찾던……." 농담 한마디로 그와 금세 친해졌다.

드디어 리기산 정상에 섰다. 융프라우, 피르스트, 체르마트까지 구경했으니 그 이상의 볼거리는 경험하기 힘들 거라고 생각하고 있었다. 그러나 리기산도 엄청난 절경이었다. 높이가 2,000m도 채 되지 않아 아기자기하고 소박한 경치를 기대했으나 내 예상을 깨고 웅장한 풍경이 구름 아래로 펼쳐졌다. 거짓말처럼 파랗게 열린 하늘과 그 아래로 펼쳐진 녹색의 언덕. 무엇보다 기가 막힌 것은 저 아래에서 햇볕을 받아 반짝이는 루체른 호의 곱고 단정한 자태였다. 게다가 산 아래에서 내리던 비가 산 정상에서는 눈이었는지

사방에 흰 눈이 수북이 덮여 있었다. 이 나라 스위스는 어느 하나 만만하게 볼 게 없구나. 내가 주변 경관을 바라보며 입을 쩍 벌리고 있는 동안 지성과 품위가 넘치는 대학교수 로미오도 곁에서 입을 쩍 벌리고 있었다.

매혹적인 풍경에 너무 오랫동안 정신을 놓고 있었던 걸까. 문득 주변을 돌아보니 아무도 없었다. 다들 저 위쪽의 전망대로 몰려간 모양이었다. 로미오도 그 무리에 휩쓸려 간 것 같았다. 발걸음을 돌려 전망대로 올라가는데 눈밭에서 양떼가 풀을 뜯고 있는 모습이 보였다. 그때 갑자기 안개가 산 정상을 덮쳤다. 희뿌연 안개와 소복이 쌓인 흰 눈과 온순하게 풀을 뜯는 양떼가 몽환적인 조화를 빚어냈다. 거니는 곳마다 완벽하게 흰색으로 덮인 세상. 신선놀음이 따로 없었다. 별로 넓지도 않은 산 정상의 전망구역을 그렇게 한참 동안 혼자서 돌아다녔다.

다시 루체른으로 돌아가야 할 시간이 되었다. 아쉬운 마음을 거둬들이고 플랫폼으로 나갔다. 열차가 출발하려면 아직 약간의 시간이 남아 있었기 때문인지 플랫폼은 비교적 한산했다. 열차가 도착하길 기다리며 주변을 어슬렁거리고 있는데 한국인으로 보이는 커플 한 쌍이 등장했다. 처음에는 긴가민가했으나 점점 가까워올수록 그들의 외양에서 한국인의 특성이 뚜렷하게 드러났다.

그런데 그들은 내가 한국인인 줄 몰랐던 모양이다. 내 곁에 서자마자 캠코더를 들고 서로의 모습을 동영상으로 담아내기 시작하는데, 그 분위기가 손발이 오그라들 정도로 닭살이었다. 내가 한국인인 줄 알았더라면 차마 할 수 없는 수준의 이야기들을 끊임없이 뱉어냈다. 닭살 무드의 절정에서 한국어로 말을 걸면 그들이 어떤 반응을 보일까 생각하고 있을 때 그들이 대화 속에서 신혼여행이라는 단어를 언급했다. 아, 신혼부부였구나.

　어떤 말을 첫마디로 꺼내면 저들의 얼굴이 가장 빨갛게 달아오를까 열심히 머리를 굴리다가 결국 조용히 입을 다물고 있기로 마음을 바꿨다. 애정행각이 점점 더 강도를 높이고 있었으므로 내가 우리말로 말을 걸면 그들이 꽤 무안해할 것 같았다. 물론 서로 한바탕 웃고 넘길 수도 있겠지만 이 세상의 주인공이 되어 유럽 곳곳에 사랑의 꽃가루를 뿌리고 다니는 그들에게는 자신들만의 온전한 시간이 필요할 것이다. 그래서 나는 그들을 훼방 놓는 대신 조용히 행복을 기원해주기로 마음먹었다. 애정행각의 이유도 충분히 납득이 갔을뿐더러 사랑에 흠뻑 젖어 있는 모습도 보기 좋았던 까닭이다. 진심 어린 사랑이 오고가는 풍경은 언제 보아도 아름다웠고, 그때마다 축복해주고 싶은 욕구가 가득 차오르곤 했다. 지금이 바로 그런 순간이었다. 평생 다시 오지 않을 특별한 시간을 맞은 그들이 둘만의 추억을 한아름 담아 갈 수 있길 진심으로 기도했다. 내가 그러든 말든 그들은 내 바로 곁에 서서 서로에게 캠코더를 들이대며 애정행각의 세계 신기록을 계속 갈아치웠다.

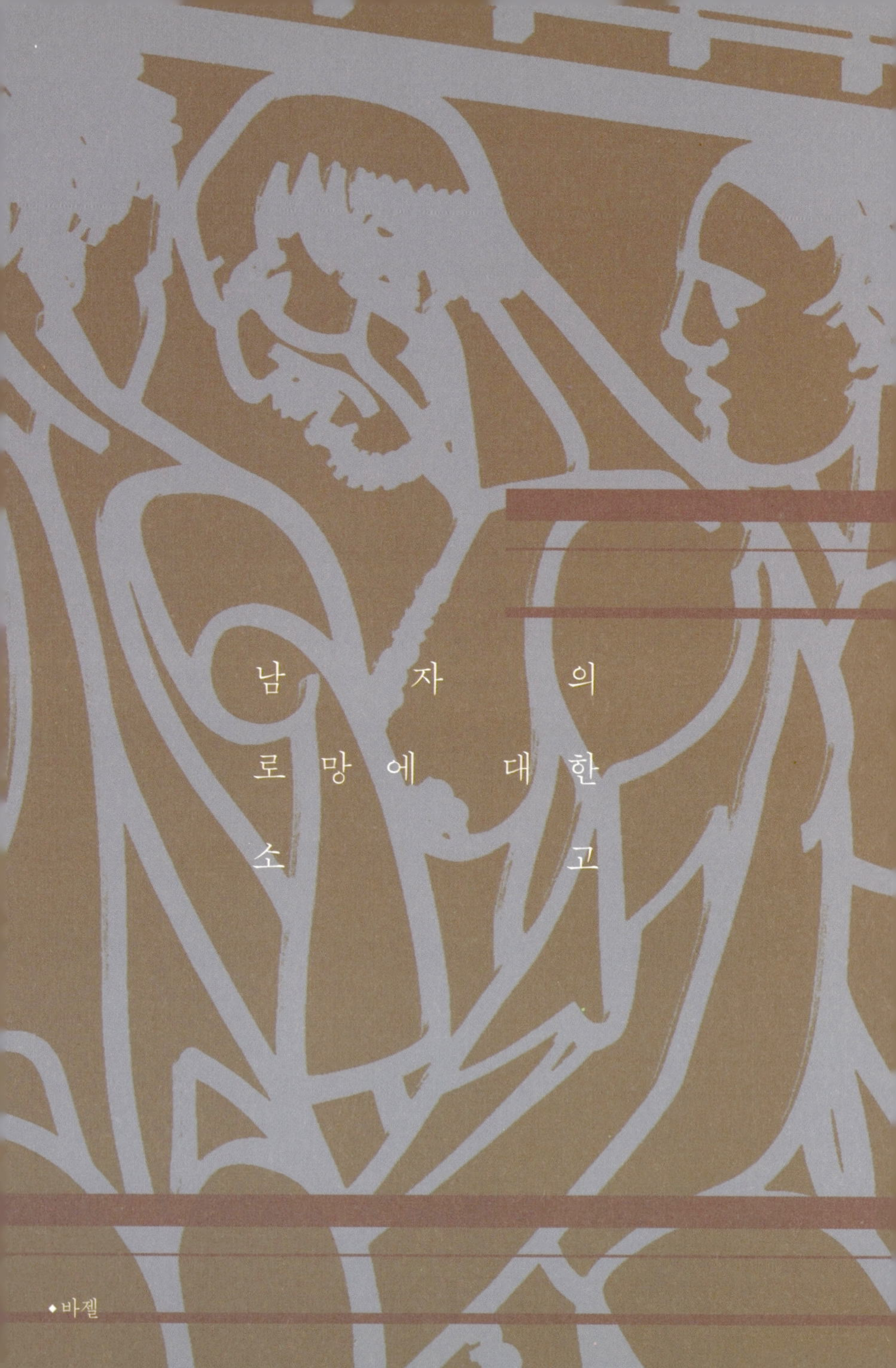

남 자 의
로 망 에 대 한
소 고
바젤

바젤 거리에 어둠이 찾아들었다. 주어진 시간이 많지 않아 열심히 걸음을 옮겼다. 원래 바젤은 계획에 없었다. 루체른을 스위스의 마지막 여행지로 생각하고 있었기 때문이다. 니스행 야간노선에 오르기 전까지 그냥 루체른에서 휴식을 취하면 그만이었는데 저녁 내내 빈둥거릴 것을 생각하니 시간이 아까웠다. 그래서 저물녘이 되기 전 스위스의 마지막 구경거리를 찾아 바젤에 왔다. 유레일패스를 가지고 있었으므로 따로 열차표를 구입할 필요 없이 바젤로 가는 열차만 잡아타면 됐다. 유레일패스가 효자 노릇을 톡톡히 하고 있었다.

스위스에서 유레일패스는 배낭 여행자의 만능다리였다. 유레일패스를 가지고 있는데도 예약비니 추가요금이니 생각치도 못했던 비용을 다시 요구하는 나라들이 있었다. 반면 스위스는 유레일패스 소지자를 아주 공손히 모셨다. 열차를 이용하기 위한 패스지만 호수를 끼고 있는 곳에서는 유람선도 무료였다. 유레일패스만 보여주면 절대 앙탈부리는 일이 없어서인지 스위스의 열차 시스템은 다소곳한 여인을 닮았다는 생각을 여러 번 했다. 유럽을 여행하면서 사회 시스템의 수준 차이를 확인할 수 있는 척도 중 하나가 나에게는 유레일패스였다.

기념품점의 쇼윈도가 내 발걸음을 멈춰 세웠다. 그 안에는 스위스 군용칼들이 조명을 받아 반짝반짝 빛나고 있었다. 눈 깜짝할 사이 그 화려한 세계에 넋을 놓고 빠져들었다. 이런 상황이 이번이 처음은 아니었다. 리기산 라운드 트립을 시작하면서 처음에 유람선을 놓쳤을 때, 다음 선편의 출항 전까지 구시가의 기념품점들을 돌며 스위스 군용칼을 구경했다. 유람선에서 내려서는 또다시 플랫폼 옆에 있는 기념품점에 들어가 등산열차가 출발하기 전까지

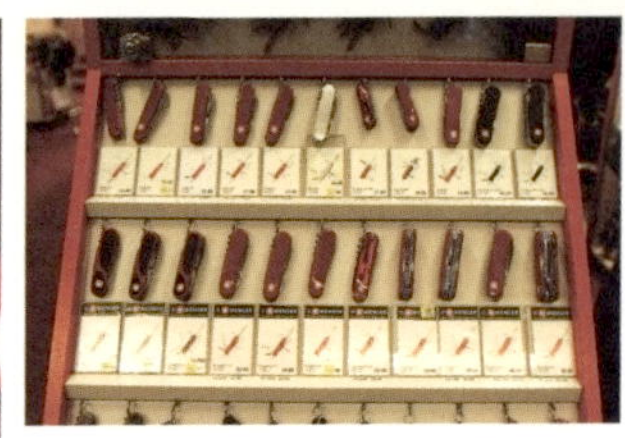

스위스 군용칼을 구경했다. 그리고 리기산 정상에서도 기념품점에 들렀다. 하행선이 출발하려면 시간이 좀 남아 있어서 들어갔는데 그 안에서도 나는 약속한 듯 스위스 군용칼과 또 만났다. 취리히에 가서도 기념품점을 찾아다니며 그것을 구경했다. 선물을 받을 때는 마음만으로도 고맙더니 일단 수중에 들어오니 물욕이 무럭무럭 피어났다. 사람의 마음이란 게 이렇게 간사하고 무섭구나 싶었다. 그런데 왜 이렇게 나는 스위스 군용칼만 보면 환장하는 걸까. 호르몬 분비 과다인 걸까.

한국에서 가끔 산행이라도 할라치면 지인들은 산중턱쯤에 이르러 저마다 스위스 군용칼을 꺼내 과일을 깎곤 했다. 과일을 깎을 때를 빼고는 스위스 군용칼을 요긴하게 사용하는 모습을 본 기억이 별로 없으니 그냥 휴대용 과도를 가져왔으면 더 편할 것 같았다. 그런데도 그들은 스위스 군용칼을 열심히 챙겨와 달라고 하지도 않은 과일을 깎아 열심히 나눠주었다. 그런데 스위스 군용칼을 선물 받은 후부터 나도 그런 식으로 행동하기 시작했다. 어떻게든 써보고 싶어서 안달이 났다. 더러는 남들에게 자랑을 하고 싶기도 했다. 그러고도 모자라 더 좋은 제품은 어떤 게 있을까 궁금해졌다. 충분히 좋은 제품을 가지고 있는데도 더 큰 욕심이 주렁주렁 맺혔다.

스위스 군용칼이 왜 이렇게 별 욕심 없이 살아오던 사람을 쥐락펴락하나 했는데 생각해보니 그럴 만한 이유가 있었다. 스위스 군용칼은 만능이길 원하는 남자의 욕망을 닮아 있었다. 잡기에 능하다는 것이 남자의 세계에서 자랑거리가 되는 것과 같은 이치였다. 스위스 군용칼을 사용해 온갖 위기를 해결하는 TV 드라마 속의 주인공 맥가이버가 세계 각국의 남녀들로부터 사랑을 듬뿍 받은 것도 그런 이유였다. 만능맨인 그를 통해 남성들은 대리만족을 실현했고, 여성들은 이전까지 등장했던 비현실적인 액션맨들을 버리고 친근하면서 순발력과 재치까지 겸비한 맥가이버 같은 남자를 새로운 남성상으로 가슴에 담았다. 맥가이버 덕분에 스위스 군용칼은 맥가이버칼이라는 별칭까지 얻었다.

스위스 군용칼에는 칼, 톱, 병따개, 펜치, 드라이버, 가위, 족집게, 와인따개에 이르기까지 야전에서 발생한 어지간한 문제들을 해결할 수 있는 다양한 도구들이 내장돼 있었다. 실제로는 사용할 일이 별로 없는 도구일지라도 다른 수많은 도구들 사이에서 언제든 주인을 위해 봉사할 준비를 하고 있는 걸 확인할 때마다 마음 한켠이 든든해졌다. 초코바만한 종합 도구 세트 하나를 가지고 있을 뿐이지만 마치 내가 필요한 모든 능력을 준비해놓고 있는 것 같아서 뿌듯했다. 뒷주머니에 꽂고 있으면 내 자신이 스위스 군용칼이 된 것 같기도 했다. 혼자서만 그 기분을 즐기고 끝내는 게 아니라 다른 이들에게도 자랑해보이고 싶을 정도였다.

집착이 점점 더 강해지고 있었다. 쇼윈도가 나타날 때마다 습관

적으로 그 앞으로 달려가는 내 모습을 자주 발견했다. 대충 훑어보고 걸음을 옮기는 것이 아니라 쇼윈도에 대롱대롱 매달려 넋을 잃고 구경삼매경에 빠지곤 했다. 아름다움에 대한 강박관념이 그렇듯 만능에 대한 강박관념도 너무 지나치면 정신 건강에 해로울 터였다. 여성이 여성성을 추구하고, 남성이 남성성을 추구하는 것은 당연한 일이지만 문제는 그게 어느 정도인가였다. 더욱이 열등한 사람일수록 도구를 통해 자신의 결점을 극복하려는 의지가 더 강할 것이었다. 요긴한 도구이지만 주인의 마음을 헝클어뜨리기도 하는 이 요물을 어떻게 다뤄야 할지 좀 더 고민해보기로 했다.

다시 거리를 걷는데 어두운 골목길에서 낯선 사내 하나가 나를 불러 세웠다. 말레이시아 청년이었는데 자신의 친구가 호스텔을 못 찾아서 그런다며 혹시 바젤에 아는 호스텔이 있는지 물었다. 가로수 그늘 밑에서 그 그늘보다 더 어두운 표정으로 서 있는 젊은 여자를 가리키며 저 친구가 그 친구냐고 물었더니 그렇단다. 여자는 오스트리아인. 이야기를 들어보니 두 사람은 오늘 처음 만났다. 그래도 서로 친구가 되기로 동의했다면 친구는 친구인 셈이다. 둘다 가이드북이 없는데다가 바젤 시내의 관광안내소들이 모두 문을 닫아 지도마저 구하지 못했다고 했다.

시간이 많지 않았지만 같은 여행자 처지라 가지고 있던 가이드북 두 권을 모두 펼쳤다. 가로등 불빛에 기대 우리가 있는 지점을 확인하고 가까운 호스텔을 물색했다. 좌표와 축척을 열심히 비교해가며 적당한 호스텔을 몇 군데 뽑았다. 그리고 그 결과를 알려주기 위해 가이드북을 그들 쪽으로 내밀었다. 지도를 보여주며 위치와 숙박 환경을 설명해주었더니 여자의 얼굴이 활짝 폈다. 구사일생이라는 표정이었다. 그리고 여자는 종이 한 장을 꺼내 추천 호스

텔들의 주소와 전화번호를 열심히 적었다. 정보를 모두 갈무리한 그들은 고맙다는 인사를 하고 나서 처음보다 훨씬 더 씩씩한 모습으로 걸음을 옮겼다.

저 멀리로 사라져 가는 그들의 뒷모습을 바라보는데 불현듯 묘한 예감이 스쳤다. 오늘 잘하면 일 날 것 같은 느낌. 동양인 사내와 서양인 처녀가 이역만리에서 만나 밤거리를 함께 헤매고 있었다. 밖에서 보기에도 흥미롭고 본인들도 서로 흥미를 느낄 만한 조합이었다. 여자는 숙소를 못 잡으면 하늘이 반쪽이라도 날 것처럼 공포에 휩싸여 있었고, 남자는 어떻게든 숙소를 잡아주겠노라며 야수 같은 눈빛을 번쩍이고 있었다. 자신들은 잘 모르겠지만 그 표정들이 예사롭지 않았다.

우연히 만난 사이라고 했지만 여자는 남자에게 꽤 의지를 하고 있는 것 같았다. 남자 역시 믿음직스러운 모습을 여자에게 보여주고 싶어 하는 듯했다. 제법 단단한 결의가 눈가에서 빛나는 것이 마치 내장된 도구들을 펼치기 직전의 스위스 군용칼 같았다. 여자만 숙소를 찾고 있다고 하는 걸로 봐서 남자는 가던 길을 멈추고 여자를 돕고 있는 것 같았다. 두 사람은 서로 마음이 통했으니 그런대로 괜찮은 조건에 놓여 있었고, 무엇보다 내가 그들의 뒷모습에서 길한 예감을 강하게 받았다. 그러나 세상에 남자의 예감만큼

얼토당토않은 게 없으므로 나는 쓸 데 없는 공상을 접고 가던 길을
마저 가기로 했다. 그래도 혹시나 싶어 마음으로는 그들의 선전을
조심스럽게 기원했디. 어쨌든 사랑은 좋은 것이므로…….

　그날 밤, 스위스를 빠져나가고 있는 기차 안에서 스위스 군용칼
을 꺼냈다. 뭐라도 자르거나 고쳐보고 싶었다. 그러나 딱히 자르거
나 고칠 만한 게 없었다. 에라, 모르겠다. 신발 밑바닥이라도 청소
하자. 신발 한쪽을 벗어 바닥이 위를 향하도록 뒤집었다. 신발 바
닥의 주름들 사이에 이물질들이 끼어 있었다. 오래된 껌 조각도 눌
어붙어 있었다. 스위스 군용칼의 본체에서 날카로운 칼 하나를 꺼
내 이물질들을 긁어내기 시작했다. 결과는 아주 성공적이었다. 이
래서 스위스 군용칼을 그렇게 열심히들 가지고 다녔던 거구나. 기
분이 좋아졌다. 낮의 리기산 라운드 트립부터 밤의 스위스 군용칼
성능 시험까지 뭐 하나 부족할 게 없는 하루였다. 이번에는 반대쪽
신발을 뒤집어 무릎 위에 올려놓았다. 그리고 깨달았다. 리기산 정
상에서 양의 똥을 밟았다는 사실을.

지중해 위로
갈매기는
펄떡거리고

•니스

서유럽 쪽에서 스페인으로 넘어가려는 배낭 여행자들에게 니스는 교두보와 같은 도시다. 유레일이 대륙 전역으로 뻗어 있고, 각 나라들도 옹기종기 붙어 있어 유럽에서는 어디라도 쉽게 갈 수 있을 것 같지만 이베리아 반도만큼은 예외다. 유럽 대륙의 한쪽 끝에 붙어 있는데다가 본 대륙과 이어지는 좁은 입구가 손쉬운 진입을 방해한다. 스위스가 사방팔방에서 열차노선을 받아들이는 것과는 반대로 좁은 입구를 통해 오직 프랑스하고만 맞닿아 있는 지형이 노선 선택의 폭을 급격히 줄인다. 그런 이유로 서유럽에서 스페인 안쪽 깊숙이 한 번에 진입하기란 거의 불가능하다. 상황이 어떻게 됐든 바르셀로나까지 가야 하고, 거기서 이베리아 반도 여행을 다시 시작해야 한다.

더구나 스페인이 외세의 침략 방어를 목적으로 철도의 폭을 다른 유럽 나라들과 달리한 탓에 국경에서는 항상 철로 변경에 따른 복잡한 작업이 이루어진다. 신나게 달려도 시원찮을 판에 열차를 아예 플랫폼에 정차해놓고 오랫동안 철로 교체 작업을 한다. 그동안 승객이 할 수 있는 일이라고는 먼 산을 그윽하게 바라보는 것이 전부다. 스페인행 노선이 실제 거리에 비해 시간이 더 많이 지체되는 이유가 거기에 있다. 결국 시간도 많이 들고, 절차도 복잡하고 이래저래 쉽게 넘어갈 수가 없다. 그래서 파리나 밀라노에서 직행 노선으로 바르셀로나로 건너가는 이들을 제외하고는 대부분의 여행자들이 스페인으로 가기 위한 경유지로서 프랑스 남단의 도시 니스에 머문다. 니스 대신 그 근처의 도시들을 선택하는 경우도 있지만 그래봐야 니스에서 열차로 삼십 분 안팎의 도시들이다. 거기서부터 출발해도 스페인 여행의 시작점인 바르셀로나까지는 10시간 정도를 더 달려야 한다. 그 긴 시간을 견디기 위해서는 니스 같은 도시에서 최소 하루 이상 머물며 숨을 골라야 하는 것이다. 나 역시 스페인 쪽으로 좀 더 다가가기 위해서 니스에 갔다.

니스는 여행자들 사이에서 호불호가 분분한 도시였다. 그래서 나는 지중해를 볼 수 있다는 것만 빼고는 니스에 대해 별다른 기대가 없었다. 그런데 니스는 예상 밖으로 아주 근사한 도시였다. 생각보다 볼거리도 많고 활기도 넘쳤다. 여행자들이 주변 도시를 제쳐두고 니스에 머무는 이유가 있었던 게다. 우선 니스는 날씨가 아주 화창했다. 가을이 무르익으면서 아침저녁으로 쌀쌀해진 스위스와는 완전히 다른 기후 환경이었다. 가이드북은 니스를 푸른 바다 넘실대는 지중해를 낀 세계적인 휴양지이면서 샤갈과 마티스가 머문 예술의 도시라고 설명했다. 샤갈 미술관과 마티스 미술관 그리고 팝아트와 미니멀리즘 같은 신경향의 작품들을 구경할 수 있는 근현대 미술관까지 도시 곳곳에서 예술의 향취를 느낄 수 있다고 했다.

역시나 도시를 돌아보는 과정에서 예술가들의 발자취와 그들이 남긴 결실을 만나는 기쁨이 적지 않았다. 고대 로마의 유적들이 보존돼 있는 시미에 지구에 이르러서는 까마득한 과거 속으로 잠시 걸어 들어가 보기도 했다. 성 언덕으로 향하는 길에는 운치 있는 구시가를 지났다. 성 언덕에 오르니 지중해와 어우러진 도시 전경이 한눈에 내려다보였다. 기대했던 것보다 훨씬 근사한 풍경이 온화한 지중해의 바람을 타고 넘실거렸다.

남다른 환경을 가지고 있는 니스라고 해도 단점이 없지는 않았다. 도시 곳곳에 개똥이 아주 많았다. 낮에는 눈으로 직접 확인할 수 있어 개똥을 피할 수 있었지만 밤에는 신경 써서 걷지 않으면 금방이라도 밟을 것 같았다. 개똥도 약에 쓰려면 없다고 했는데 그 개똥들이 모두 니스에 모여 있었다. 그러니까 개똥을 약에 쓰려는 이들은 니스로 가면 된다. 돈만 된다면 무슨 짓이든 상관없다고 생각하는 사람들에게는 대단히 반가운 소식일 것이다. 개똥이 많은 이유는 물론 개가 많기 때문이었다. 역시 세계적인 휴양지다운 모습이라 할 수 있었다. 날씨가 좋으니 산책을 하기 좋을 것이고, 산책을 하려면 개라도 끌고 나가는 편이 덜 심심할 것이다. 주인이 있고 없고를 떠나서도 니스는 개가 늘어지기 좋은 날씨였다. 그뿐만 아니라 니스에는 걸인도 많았다. 부유한 이들이 몰리는 부자동네라서 그런 것 같았다. 그런 걸 빼고는 니스는 별로 나무랄 데가 없어 보였다.

니스에서 가장 근사한 곳은 역시 바다 쪽이었다. 바다 바로 곁으로는 니스를 흠모한 영국의 성직자 루이스 웨이가 폭을 넓힌 데에서 유래한 '영국인의 산책로'가 해변을 따라 끝없이 이어졌다. 걸어도 걸어도 즐거움이 가시지 않는 그 매력 만점의 넓고 긴 해변

산책로가 지중해를 따라 흐르고 있었다. 니스가 지중해에 접한 도시임을 일깨우고 있는 것이 마티스 미술관 앞 공원을 가득 채우고 있던 올리브나무들이었다면, 니스가 세계적인 휴양도시임을 실감케 해주고 있는 것은 영국인의 산책로에 늘어서 있는 종려나무들이었다. 야자수가 늘어선 그 길 곁에서는 계절 변화에도 아랑곳 않고 열심히 수영을 즐기고 있는 여행자들이 해변 분위기를 돋웠다. 휴가철이 한참 지났는데도 모래사장에 자리를 깔고 누워 휴식을 즐기는 사람들이 자주 눈에 띄었다. 해변을 향해 늘어선 카지노와 호화 호텔들만 없었다면 바닷가 풍경은 거의 낙원에 가까웠다.

나는 해변에만 가면 두세 시간씩은 발을 떼지 못했다. 물감을 풀어 놓은 것 같은 푸른 빛깔의 바다도 근사했지만 유유히 하늘을 가르는 갈매기들이 내 시선을 놓아주지 않았다. 자유롭게 날아오르는 그 몸짓이 얼마나 멋지던지 그들을 따라 나도 두둥실 떠오르는 기분이었다. 해변으로, 바다 위로, 때로는 영국인의 산책로 위로 갈매기라는 이름의 생명력이 쉴 새 없이 펄떡거렸다. 그때마다 내 발걸음도 그들을 향했다. 바닷가에 서서, 가끔은 해변에 앉아서, 때로는 영국인의 산책로를 걸으며 그들의 모습을 두 눈에 담았다. 그러다가 카메라를 꺼내 그들의 힘찬 날갯짓과 날렵한 비행의 궤적을 사진으로 담기도 했다.

갈매기들은 모래사장에 자주 떼를 지어 앉았다. 한번은 모래사장에 앉아 바다를 구경하고 있는데 녀석들이 내 곁에 잔뜩 내려앉았다. 바다에서 시선을 거둬 녀석들을 바라보았다. 어딜 구경하고 있을까 궁금했는데 녀석들도 나처럼 소리 없이 바다를 바라보고 있었다. 떼 지어 날아오르는 모습이 근사할 것 같아서 조용히 일어나 카메라를 꺼내들고 이륙을 기다렸다. 내가 그러거나 말거나 녀

석들은 무심히 바다만 바라보았다. 돌멩이 하나면 녀석들을 날아 오르게 할 수 있었지만 그들이 스스로 날아오르기를 기다렸다. 모 래사장에 얌전히 앉아 바다 풍경에 흠뻑 빠져 있는 나를 누군가 완 력으로 일으켜 세운다면 나 역시 기분이 좋지 않을 것 같았다. 작 품사진을 찍을 것도 아니고, 그렇게 해서 근사한 장면을 포착한다 고 한들 그게 가치 있는 사진이라고 할 수도 없을 것이다. 무엇보 다 나 하나의 기쁨을 위해 수십 마리의 갈매기들을 괴롭히고 싶지 않았다. 그들의 망중한을 방해하지 않으려고 미동도 삼가하며 한 자리에 서서 계속 기다렸다. 그러다가 한순간 녀석들이 일제히 날 아올랐다. 해변을 걷던 한 사내가 갈매기들을 덮친 것이었다.

모나코에 다녀오던 날에도 출발 전 바다에 들렀다. 니스에서는 갈매기들을 구경하는 것이 제일로 즐거웠다. 십몇 년 전 누군가 그 랬다. 인간이 날 수 있다면 그건 신이 내린 최고의 축복일 거라고. 그때 나는 한국 스노보드 선수권 대회에 자원봉사자로 참가해 운 영을 돕고 있었다. 임무를 마치고 나면 항상 스트레이트 점프 경기 장으로 달려가 선수들이 스노보드를 타고 하늘을 나는 모습을 구 경했다. 짧지만 화려한 비상이 끊임없이 이어졌다. 황홀하고 또 황 홀했다. 헬멧을 쓰지 않고 출전해 비극적인 최후를 맞은 고 강금석 프로의 마지막 연기가 벌어진 그 대회였다.

안전규정이 엄격하지 않던 국내 스노보드 씬의 초창기였다. 운 영이 허술한 대신 선수들은 거침없었다. 그때 고인의 마지막 비상 도 아주 멋졌다. 모든 선수들을 통틀어 제일로 멀리 날았다. 당시 현장에 있던 관계자들은 "금석이가 날아서 하늘로 갔다."고 말했 다. 애석하고 비통하지만 스노보더로서 가장 영광스러운 최후를 맞이한 것이라고 했다. 욕심이었는지 운명이었는지 고인은 멀리,

아주 멀리까지 날아 하늘로 갔다. 그리고 그 행사에 관계자로 참석한 어느 패러글라이딩 전문가가 그 말을 해줬다. 인간이 날 수 있다면 그건 신이 인간에게 내린 최고의 축복일 거라고. 결국 인간은 날 수 없다는 건지, 아니면 날고자 하는 인간의 도전이 아름답다는 건지 그 속뜻은 알 수 없었지만 그 말만큼은 오래도록 기억에 남았다. 멀리, 아주 멀리 날아 하늘로 간, 온통 열정으로 똘똘 뭉쳐 있던 고인의 모습도 오래도록 기억에 남았다.

니스의 갈매기들도 그렇게 멀리멀리 날았다. 그 아래로는 어김없이 짙푸른 지중해가 넘실거렸다. 어떤 놈들은 해변 저 끝까지 날아가서 돌아오지 않았고, 어떤 놈들은 저만치 날아갔다가 다시 돌아와 해변에 내려앉았다. 가끔은 내 근처까지 날아와 공중을 부양하는 놈들도 있었다. 바람을 방석처럼 깔고 앉아 한자리에서 오래도록 머무는 모습이 꽤나 부러웠다.

니스의 모래사장에 새긴 내 추억의 팔 할은 갈매기들의 자유로운 비상을 바라보던 시간들이었다. 찬바람이 가득해야 할 가을이 이상하게도 온순한 표정을 짓던 그 지중해의 바닷가에서 나는 갈매기들의 날갯짓을 두 눈에 가득 담았다. 비상하는 갈매기들을 따라 꿈인지 희망인지 모를 무언가가 힘차게 하늘을 훨훨 날았다.

이 나라의 영토는 어디까지입니까?

◆모나코

니스 역 플랫폼에 열차를 기다리고 있는 한 남자가 있었다. 나이는 삼십대 초중반쯤으로 보였다. 주변의 시선도 아랑곳 않고 땅바닥에 털퍼덕 주저앉아 독서삼매경에 빠져 있는 모습이 전 세계를 열두 번도 더 떠돈 것 같은 노련한 여행자의 풍모였다. 느긋하게 트렁크에 기대어 앉은 모습이 바람 따라 흐르며 무소유를 설파하고 다니는 세상일에 달관한 선승 같기도 했다. 그가 읽고 있는 책에는 한글이 적혀 있었고, 나는 모나코에 가려면 어느 역에서 내려야 하는지를 몰라 물어볼 사람을 찾고 있었다.

그는 나에게 40분 후에 등장하는 역에서 내리면 모나코라고 알려주었다. 니스에서 모나코까지는 20분 정도면 갈 수 있다는 말을 어디선가 들었다고 했더니 그는 근엄한 목소리로 자신도 모나코에서 내린다며 걱정하지 말라고 했다. 이탈리아로 넘어가는 길인데 모나코에서 열차를 갈아타야 한다는 것이었다. 그러면서 예약한 표를 보여주었다. 모나코라는 글자가 보이지 않는다고 했더니 모나코 역은 이름을 '모나코'라고 쓰지 않는다고 설명해주었다. 그러고 보니 유럽에는 도시의 이름과 일치하지 않는 역들도 더러 있었다. 내 표정이 여전히 불안해보였는지 그는 예약을 하면서 역무원에게 확인해 두었으니 염려할 것 없다는 말로 다시 한번 내 불안감을 누그러뜨려주었다. 단호한 그의 표정을 보니 얌전하게 따라가면 목적지까지 닿을 수 있을 것 같았다. 그를 따라 열차에 올랐다.

정확히 40분 후 그와 함께 열차에서 내렸다. 이번에는 그가 나를 따라나섰다. 환승하려면 한 시간 이상 시간을 때워야 한다는 것이었다. 그런데 역사 바깥으로 나가 보니 현지의 분위기가 수상쩍었다. 카지노로 돈을 잔뜩 벌었다는 모나코가 이렇게 허름할 리가 없는데. 그러나 아무리 보아도 소박하게 생긴 거리 외에는 아무것도 보이지 않았다. 눈을 씻고 찾아보아도 호화로운 요트들이 정박해 있는 항구는 보이지 않았고, 기껏해야 허름한 가게들 몇 곳만이 눈에 띌 뿐이었다. 도로 표지판에 적힌 지명들도 이상했다. 아무리 보아도 모나코와는 상관없는 어감을 가진 지명들이었다. 뭔가 잘못된 것 같다는 생각이 들어 행인에게 여기가 어딘지를 물었다. 이탈리아란다. 그러니까 모나코를 20분 전에 지나쳐 여기까지 왔다.

"아, 여기가 이탈리아래요? 그럼 모나코는 어딘 거죠?" 행인의 설명을 전했을 때 그가 보인 반응이었다. 맙소사, 자기만 믿으면 될 것처럼 이야기하던 그 당당한 목소리는 어딜 간 걸까. 열차 안에서 말문을 트면서 이십대가 지나가기 전에 유럽에 와보고 싶어서 여행을 결심했고, 시간에 쫓기는 걸 싫어하는 성격이며, 유럽을 여행하면서 공원에서 아무 생각 없이 앉아 있던 시간이 가장 기억에 남는다고 이야기할 때의 그 나른한 표정을 눈여겨보았어야 했다. 열차에서 나눈 대화를 되새겨보니 그는 유럽을 여행한 지도 얼마 되지 않았고, 여행 정보도 나보다 부족했다.

역으로 되돌아가 모나코행 열차편을 알아보았다. 열차 시각표를 확인해보니 열차가 들어오려면 한 시간도 넘게 기다려야 했다. 20분

이면 닿을 수 있다고는 하지만 정거장을 지나친 데 따른 초과 왕복 시간과 열차를 기다리는 시간까지 합쳐 두 시간 정도를 날린 셈이었다. 당일로 모나코를 다녀오려 했으니 낭비한 시간을 보충하려면 잰걸음으로 움직여야 한다. 그런데 그동안 여행을 하면서 보니 국경을 넘는 열차는 대부분 추가 비용을 요구했다. 이렇게 무단으로 국경을 넘었으니 되돌아가는 길에 열차표를 검사하기라도 하면 어떻게 대처해야 할 것인가. 프랑스와 맞닿아 있는 국경도시이므로 유레일패스로 자유롭게 왕래할 수 있다는 철도 사용 조항이 있기를 기대할 밖에.

결과를 이야기하자면, 모나코로 되돌아갈 때 나는 20분 내내 열차 화장실에 숨어 있었다. 시간이 그보다 길었으면 승무원과의 정면 대결이 불가피했겠으나 그리 길지 않은 시간이었으므로 악취를 참으며 버텼다. 내가 화장실 안에서 시간을 보내는 동안 승객들 서넛이 화장실 문을 반복해서 두드렸다. 이탈리아어 같은 프랑스어와 프랑스어 같은 이탈리아어로 구시렁거리는 소리가 들렸지만 그들이 무슨 말을 하는지 도저히 알아들을 수가 없었다. 원하는 바를 정확히 전달했으면 기꺼이 그들을 도와줄 용의가 있었으나 아무것도 알아들을 수 없었으므로 그들을 위해 딱히 해줄 수 있는 것도 없었다. 결국 그들 전부는 각고의 의지로 고문을 견뎌내고 있는 애국지사처럼 단말마 같은 비명을 지르며 자리로 돌아갔다.

내가 모나코행 열차편을 알아보는 동안 나를 이탈리아까지 인도한 정체불명의 친구도 전광판을 통해 자신이 타고 갈 열차의 정보를 다시 한 번 확인했다. 예상했던 대로 내가 탈 열차보다 그가 탑승할 열차가 조금 더 빨리 도착한단다. 그가 먼저 출발하게 된 상황이니 내 입장에서는 처음 보는 이의 안전한 여행을 위해 국경

까지 넘어와 배웅을 하고 있는 꼴이 돼 버렸다. 악의에서 비롯된
상황이 아니므로 불쾌하지는 않았지만 일정이 조금 엉켰다. 화장
실로 피신할 생각을 떠올리기 전이라서 모나코로 가는 길에 검표
라도 당할까봐 은근히 신경도 쓰였다. 정체불명의 이 친구의 모습
이 참으로 순박해보인다는 점이 그나마 위안이라면 위안이었다.

　마을 구경을 하기로 했다. 유명한 도시들 위주로 여행을 하느라
이런 이름 없는 작은 마을을 구경할 기회가 흔치 않았다. 이색적인
풍경을 만나게 될지도 모른다는 생각을 하며 그와 함께 터벅터벅
걷기 시작했다. 조금 걷다 보니 해변이 나왔다. 물론 지중해였다.
니스에 비해서도 그 빛깔이 만만치 않게 파란 바다가 우리를 반겼
다. 바람은 파도를 해변까지 쉬지 않고 실어 날랐고, 바람에 실려
온 파도는 조약돌에 몸을 비비며 포말을 만들었다. 가장 마음에 드
는 것은 바닷마을 특유의 한적하고 담백한 풍경이었다. 지중해의
눈부신 풍광은 여전한데 니스의 해변가 풍경처럼 어깨에 힘이 들
어가 있거나 물질의 냄새가 나지 않았다. 카지노도, 호화 호텔도,
심지어는 맥도날드도 없었다. 바라보는 마음이 한결 편안했다.

　나를 이곳까지 이끈, 이름도 알 수 없는 이 친구가 갑자기 짐을
해변 한가운데에 벗어던졌다. 무거운 짐은 내려놓고 손가방 정도
만 지닌 채 주변을 구경하겠다는 것이었다. 인적이 드무니 별 일
없을 것 같단다. 짐을 몸에서 떨어지지 않게 하라는 교훈이 유럽
여행자들 사이에서 불문율처럼 전해 내려오는데 아무리 한적한
곳이라지만 어째 좀 대책이 없어 보였다. 몸이 통통해서 달리기 솜
씨도 그리 좋아 보이지 않는데 짓궂은 소년이라도 나타나 가방을
들고튀면 얼마 뒤따라가지도 못하고 먼 산만 쳐다보겠다. 오늘은
무사할지 몰라도 저런 태도가 계속된다면 곧 낭패를 겪겠다 싶어

ter
Provence-Alpes-Côte d'Azur
Principauté de Monaco

HSBC Private Bank

CASINO
CASINO

Parcours
Princesse Grace

서 발치에서라도 자주 가방을 살피라고 주의를 주었다. 안 그래도 부주의로 런던의 지하철에서 거액의 벌금을 물은 적도 있단다. 여행에 정석이 있는 것도 아닐 테고, 직접 부딪쳐 배우는 게 옳은 일이기도 하겠지만 영 불안해보여 남은 기간 동안 사고가 나지 않도록 조심해서 다니라고 일렀다.

이탈리아의 이름 모를 바닷마을 기행도 제법 괜찮은 시간이었지만 그래도 만족스러운 볼거리는 모나코였다. 내가 하차한 곳은 모나코-몬테-까를로 역. 역 이름에 '몬테-까를로'라는 꼬리만 달려 있지 않았어도 좀 더 쉽게 찾아왔을 게다. 역 밖으로 나서니 호화로운 여객선과 요트들이 항구를 가득 메우고 있었다. 사진을 통해 자주 접한 모습이었지만 화창한 날씨 덕분인지 그 경관이 한층 더 근사했다.

현재의 모나코를 대표하는 이미지는 카지노와 자동차 경주 F-1이지만 그래도 영화배우 그레이스 켈리를 빼고 모나코를 이야기할 수 없다. 1951년 영화 〈14시간〉의 단역 출연으로 주목을 받기 시작해 1951년 게리 쿠퍼와 함께 연기한 서부영화의 고전 〈하이눈〉을 통해 일약 스타덤에 오른 지성파 미녀배우. 알프레드 히치콕의 〈다이얼 M을 돌려라〉에서 성적 매력을 유감없이 과시했고, 1954년 제27회 아카데미영화제에서 〈갈채〉로 여우주연상을 수상했다. 그리고 1956년에는 전 세계의 이목 속에서 모나코의 국왕 레니에 3세와 결혼했고, 1982년 자동차 사고로 숨질 때까지 왕비로서 남은 삶을 살았다. 배우 시절에는 백조처럼 우아한 자태로 팬들의 사랑을 받았고, 왕비가 되어서는 철저한 자기관리와 절제로 국민들에게 존경을 받았다. 얼마나 기품이 넘쳤는지 이름에마저 우아함Grace을 달고 살았다. 사후 문란한 사생활이 밝혀져 세간에 충격을 주었다

는 등 부정적인 뒷얘기들이 전해지고 있긴 하지만 여전히 그녀의 이미지는 우아하고 고상했다. 그러나 이제 그녀는 이 세상에 없었다. 그녀의 생전의 흔적을 사진과 함께 보여주는 관광용 표지판들만이 이따금씩 눈에 띌 뿐.

왕궁 언덕에서 내려다본 항구 풍경은 수려했다. 그러나 그 주변을 수놓고 있는 관광객들의 표정 속에는 그레이스 켈리의 존재가 이미 지워지고 없었다. "나는 사람들에게 부끄럽지 않은 인간으로 기억되기를 바랍니다. 그러나 내가 사랑했던 사람에게는 그저 아름다운 한 여자로 기억되고 싶습니다."라고 했던 그레이스 켈리의 말은 이제 철지난 메아리가 되어 먼 바다 너머로 공허하게 사라져가고 있었다. 세간의 시선에 평생 시달렸을 삶이고, 그 마지막조차 비명횡사로 마무리해야 했던 것을, 왕비가 되었으면 뭘 하고, 사랑했던 사람에게 아름다운 한 여자로 기억된들 뭘 할 것인가. 무대 뒤편으로 사라진 만인의 연인을 추억하기에는 저 관광객들도, 나도 너무 먼 시간을 지나온 것 같았다. 낭만적인 역사가 새겨져 있는 곳이라 해서 좀 더 근사한 느낌을 기대하며 찾아왔는데, 그런 내 마음을 아는지 모르는지 벼랑 끝에 앉은 갈매기는 연신 하품만 하고 자빠졌다.

모나코 전체 경관이 병풍처럼 펼쳐진 곳에서 경찰에게 물었다.

"도대체 어디까지가 모나코인가요?"

"앞에 보이는 게 다입니다."

"저쪽 산등성이의 집들도 모나코입니까?"

"아뇨. 그 아래 고층건물들까지만 모나코입니다."

"그리 넓은 나라는 아닌가 보군요?"

"그렇죠. 모나코는 작은 나라죠."

　모나코라는 나라가 눈앞에 보이는 저 산등성이마저도 담지 못하는 작은 곳이라서 차라리 다행이라는 생각이 들었다. 안 그래도 왕비 노릇하느라 골치 깨나 썩었을 텐데 프랑스처럼 큰 나라였으면 그레이스 켈리는 말 못할 고민들로 밤잠을 설치는 날들이 더 많았을 것이다. 부귀영화는 없지만 속박 없이 자유롭게 세상을 구경하고 다니는 내 신세가 차라리 다행스럽게 느껴졌다. 주의하건 부주의하건 아무 데나 앉아서 책을 읽을 수 있고, 자신이 원하는 만큼 공원에서 머물 수 있으며, 해변에 짐을 던져놓고 푸른 바다와 씨름할 수 있는 자유를 누리고 있다는 것에 대해서도 감사했다. 우리처럼 평범한 사람들에게 오늘 당장 필요한 건 감당 못할 권력과 명예가 아니라 단지 소박한 자유라는 사실을 되새기며 남은 볼거리들을 향해 걸음을 옮겼다.

아비뇽의
처녀는
까르푸에서
일한다

Carrefour
city
SEPHOR
HOTEL

반나절쯤 아비뇽을 구경했다. 도시 자체는 나무랄 것이 없었는데 문제는 전남 신안산 천일염 한 가마니에 해당하는 내 짐의 무게였다. 구경할 시간이 넉넉했다면 큰 짐은 기차역에 맡겨 두고 돌아다녔을 텐데 아비뇽에서 보낼 수 있는 시간이 그리 길지 않아 모든 짐을 그냥 들고 다녔다. 첫걸음을 뗄 때만 해도 몇 시간 정도는 버틸 수 있을 것 같은 마음이었는데 가볍게 시가지를 돌았음에도 몸이 잔뜩 지쳐 있었다. 아를행 열차의 출발시간도 얼마 남지 않아 남은 볼거리들은 돌아오는 날에 마저 구경하기로 했다.

갈증이 심하고 허기도 져서 샌드위치나 햄버거를 테이크아웃해 공원에서 점심으로 먹기로 했다. 가장 급한 건 갈증이었으므로 마실 것을 사기 위해 까르푸로 들어섰다. 시간이 많지 않아 이것저것 고를 것 없이 500ml 콜라를 하나 집어 들었다. 콜라의 가격은 1유로 5센트. 1유로짜리 동전 하나와 50센트짜리 동전 하나를 지불할까 하다가 여분의 잔돈을 만들기 위해 2유로짜리 동전과 50센트짜리 동전을 지불했다. 거슬러 받아야 하는 돈은 1유로 45센트. 그러나 계산대의 점원은 45센트만을 거슬러주었다. 급히 계산하느라 착각을 한 모양이었다. 2유로짜리 동전을 냈다고 알려주었더니 그녀는 그럴 리가 없다는 반응을 보였다. 좀 더 설명을 해보았지만 그녀는 아주 간단한 영어 외에는 하지 못하는 것 같았다. 게다가 얼굴색을 붉히면서 불쾌하다는 표정을 지었다.

영어로 의사소통을 할 수 있는 점원은 없는지 주변을 둘러보았다. 그때 근처에 있던 단정한 인상의 점원 하나가 다가왔다. 거스름돈 때문에 시비가 생겼다고 점원에게 알린 후 지금까지 벌어진 상황을 설명했다. 그러나 점원의 통역을 거쳐 내 설명을 조목조목 전해들은 문제의 그녀는 내 주장을 전혀 수긍하지 않았다. 자신이

실수를 할 리 없다는 거였다. 친절하게 통역을 해주던 점원도 그녀가 인정을 하지 않으니 어쩔 수 없다며 난색을 표했다. 차림은 순박하지만 자존심은 대단한 아가씨였다.

순간 라이프치히의 핫도그 장사가 머릿속을 스쳤다. 급기야는 몇 년 전 태국의 어느 슈퍼마켓에서 일어났던 거스름돈 시비도 기억났다. 내가 내민 지폐를 동행자가 곁에서 확인했는데도 점원이 딱 잡아떼는 바람에 3만 원가량의 거스름돈을 두고 한바탕 소동이 벌어진 적이 있었다. 점원의 무례한 태도가 더욱 거슬려 점포가 문 닫기를 기다렸다가 모든 계산대의 하루 매상을 일일이 확인하기에 이르렀는데 귀국행 비행기의 출발시간이 임박하는 바람에 계산 결과를 미처 확인하지도 못한 채 분한 마음으로 돌아서야 했다. 그리고 빠듯하게 공항에 도착해서는 다음날 출근을 앞둔 상황에서 귀국행 비행기마저 놓쳤다. 차액을 슬쩍하려는 속셈이 너무 빤히 보였기 때문에 두고두고 괘씸한 기억으로 남았다.

갑자기 그녀가 자신의 계산대를 막아 버리고 금고를 열어 지폐

와 동전을 헤아리기 시작했다. 한번 해보자는 거였다. 태국에서의 경험을 더듬느라 안 그래도 기분이 나빠졌는데 그녀가 똑같은 상황을 연출하는 통에 기분이 더 나빠져 버렸다. 그녀 쪽 계산대에 줄을 서 있던 사람들이 좌우로 옮겨 가면서 웅성거리기 시작했다. 곧바로 주변의 눈길이 우리에게 집중되었다. 불과 1유로를 사이에 둔 싸움이지만 이젠 더 이상 물러날 수도 없게 되었다. 안 그래도 동양인을 우습게 여기는 유럽이니 어설프게 처신했다가는 몇 푼 더 건져보려고 꼼수를 부리는 가난한 동양인 여행자로 오해받게 될 것이다. 주변의 시선이 그녀의 손끝으로 모여들었다. 돈을 헤아리는 그녀의 태도가 어찌나 단호하던지 그 시선이 다시 그녀의 손끝을 떠나 내 관자놀이로 불쾌하게 꽂혔다. '동양인 하나가 또 사고를 치는군.' 그 시선들에 담긴 의미였다. 이제는 개인의 차원을 넘어 나라와 인종의 자존심을 건 싸움이 되어 버린 셈이었다. 그래, 어디 한번 끝까지 해보자. 나중에 망신을 톡톡히 당하게 될 텐데 그때 후회하지 마라.

한참을 걸려 계산한 결과는 계산대의 총 매상보다 50센트를 초과한 금액이었다. 그녀는 "1유로가 남아야 하는데 그것보다 적지 않느냐!"며 자신의 정당함을 주장했고, 나는 "그것 봐라, 당신 주장대로라면 남는 돈이 없어야 하는데 오차가 생기는 걸 보니 당신은 얼마든지 실수를 할 수 있는 사람 아니냐!"고 반박했다. 그 말에 자존심이 상했는지 그녀의 얼굴이 벌게졌다. 그리고 씩씩거리며 베이커리 코너로 가서는 돌아오지 않았다. 사태의 결말이 궁금한지 주변의 관심도 점점 더 팽팽해졌다. 여기서 물러선다는 것은 저 많은 사람들 앞에서 잘못을 인정하는 꼴과 다름없으니 절대로 포기해서는 안 된다. 1유로를 돌려주기 전까지는 갈 수 없다고 버티자 매장 분위기가 더욱 험악해졌다.

장시간 계속되는 소동이 짜증났는지 잠시 후 선배 격으로 보이는 옆 계산대의 점원이 자신의 금고에서 1유로짜리 동전을 꺼내 나를 향해 내밀었다. 그리고 내가 동전을 미처 건네받기도 전에 "바이바이!"를 외쳤다. '귀찮은 동양인아, 이거 먹고 조용히 떨어져라!'는 식의 말투와 표정이었다. 기분이 나빴지만 나는 정당하다는 사실이 가장 중요했으므로 "오케이, 내 권리를 찾아서 간다!"고 응수하고 동전을 받아 매장을 빠져나왔다.

열차의 출발시간이 임박해 허겁지겁 기차역으로 향했다. 거스름돈을 되돌려받기는 했지만 열차를 놓치면 귀국행 비행기를 놓친 태국의 상황과 크게 다를 게 없을 것이다. 그런데 걸어오면서 생각해보니 뭔가 찜찜한 느낌이 들었다. 2유로짜리 동전을 내려다가 1유로짜리로 다시 바꿔 낸 것 같기도 했다. 현장에서는 흥분해서 기억을 세심하게 더듬을 새가 없었는데 상황을 조목조목 짚어보니 내가 계산을 잘못한 것 같다는 생각이 점점 더 짙어졌다. 매장을 나올 때

100퍼센트였던 확신이 80퍼센트로 줄어들었다. 그리고 60퍼센트, 다시 40퍼센트로 줄어들었다. 그러나 서두르지 않으면 기차를 놓치게 생긴 터라 멈추지 않고 걸었다.

10여 분을 뛰듯이 걸어 기차역 앞에 도착했다. 시계를 확인해보니 다행히도 5분 정도가 남아 있었다. 그런데 전광판을 보니 열차가 30분이 지연된단다. 그때쯤 확신은 30퍼센트대로 줄어들어 있었다. 슬슬 그녀에게 미안해지기 시작했다. 그렇지만 마음이 다른 말들을 뱉어내고 있었다. '고작 1유로인데 뭘', '살다보면 실수할 수도 있는 거지 뭐', '누가 옳은지는 여전히 알 수 없잖아', '그녀가 옳다고 해도 이제 와서 동전을 돌려준다는 건 너무 알량한 짓이 아닐까', '그녀 때문에 점심도 굶었잖아', '몸이 파김치가 되었는데 저 짐을 다시 메고 왕복 20분 거리를 한 번 더 걷는다는 건 그야말로 바보짓이지'……. 어깨도 심한 통증을 호소했다. 이른 아침 니스에서부터 시작된 길고 긴 하루의 여파로 발바닥도 퍼져 있었다.

그러나 자존심이 가득 상한 그녀의 얼굴이 눈앞에서 아른거렸다. 금고의 돈을 헤아리면서 업무상의 빈틈이 동료들 앞에 공개되었고, "당신은 얼마든지 실수를 할 수 있는 사람!"이라는 내 말이 직업인으로서 그녀의 입지에 쐐기를 박았다. 나는 망신이나 한 번 당하고 떠나면 그만이지만 그녀는 셈이 미숙한 직원으로 낙인찍힌 채 동료들과 계속 부대껴야 한다. 그리고 나에게는 이 소동이 여행에서 벌어진 수많은 에피소드 중 하나에 불과하지만, 그녀에게는 생계를 꾸려 나가고 있는 신성한 시간이었다.

역 밖으로 나가 하늘을 쳐다보았다. 마음이 흔들렸다. 하늘을 우러러 한 점 부끄럼이 없기를 간절히 바라는 사람도 있는데 이대로 있어서는 안 될 것 같았다. 무엇보다 나는 정직하게 살려고 나름대로 노력해왔다. 그래, 가자! 가서 깔끔하게 망신 한 번 당하고 그녀에게 아무런 문제가 없다는 사실을 증명해주고 오자! 내려놓았던 짐을 다시 둘러멨다. 크게 심호흡을 한 후 걸음을 떼기 시작했다.

결심은 시원하게 했지만 까르푸가 가까워질수록 마음이 초조해졌다. 매장 점원들의 멸시에 찬 눈빛을 어떻게 감당해야 할지 막막했다. 점원들의 시선도 시선이지만 이미 마음이 상할 대로 상해 버린 그녀를 상대할 엄두가 나지 않았다. 경험상, 여자의 돌아선 마음을 되돌리기란 낙타가 바늘구멍을 통과하는 것만큼이나 어려운 일이었다. 동전을 다시 내밀더라도 이미 자존심이 무참히 구겨진 그녀가 됐으니 꺼지라고 할지도 모르고, 혹여 받기는 하더라도 싸늘한 표정으로 위아래를 훑어보고는 곧바로 등을 돌릴 것 같기도 했다. 어느새 이마와 등에서 식은땀이 줄줄 흘러내리고 있었다.

저 앞으로 까르푸의 간판이 보였다. 아, 어떻게 해야 하나. 50미터. 차라리 걸음을 되돌릴까. 40미터. 아니다, 용기를 내자. 30미터. 그냥 되돌아갈까. 20미터. 그래도 여기까지 왔는데. 10미터. 용기를 내자, 용기를 내자. 5미터. 아……. 3미터. 2미터. 1미터. 마침내 매장 문을 열고 들어섰다.

업무 처리로 분주해서인지 아직까지는 아무도 나를 발견하지 못한 것 같았다. 심호흡을 한 후 그녀가 일하고 있는 계산대로 다가섰다. 그리고 그녀를 불렀다. 나를 돌아본 그녀가 소스라치게 놀라는 모습을 보였다. 이놈이 이번에는 또 무슨 시비를 걸려고 나를 찾아왔나 싶었나 보다. 그녀를 향해 속사포처럼 말을 쏟아내기 시작했다. 먼저 발언권을 잡지 않으면 말 한 마디 못하고 쫓겨날 것 같았기 때문이다. 기왕 망신당하는 거 주변 사람들도 다 들으라고 큰 소리로 이야기했다.

"걸어가면서 생각해봤는데 제가 계산을 잘못한 것 같습니다. 왜 그렇게 되었는지는 설명이 복잡하니까 접어두고, 당신이 옳았다는 이야기를 전하러 다시 왔습니다. 당신에게 문제가 있는 게 아니라 저에게 문제가 있었습니다. 정말 죄송합니다. 그리고 여기 1유로 다시 받아주십시오."

이야기를 끝내고 나니 온몸이 식은땀으로 흥건히 젖어 있었다. 어느새 주변의 시선도 우리에게 다시 쏠리고 있었다. 할 말을 다 하고 나니 속은 시원했지만 그녀가 내 말을 알아듣지 못했을까봐 조바심이 났다. 아까도 다른 직원이 통역을 도와주었다. 내 말을 이해했길 간절히 바라는 마음으로 그녀를 향해 조심스럽게 동전을 내밀었다. 바삐 걸어오느라 숨이 차서 그랬는지, 그녀가 거절할까봐 걱정이 돼서 그랬는지 심장이 격렬하게 요동쳤다.

침묵이 흘렀다. 주변 사람들도 모두 숨을 죽였다. 그녀가 어떻게 반응할지 도무지 감을 잡지 못해 어쩔 줄을 모르고 있는데 마침내 그녀가 동전을 받아들었다. 곧이어 그녀의 입가에 슬며시 미소가 번졌다. 기분이 많이 좋아진 듯했다. 한 차례 심하게 얼굴을 붉힌 사이고, 주변의 시선도 따가워서인지 감정을 감추려는 기색이 역력했지만 표정 곳곳에서 속마음이 새어나왔다. 다행히도 내 진심을 읽은 모양이었다. 그녀와 눈동자가 마주쳤다. 아비뇽에서 자존심이 제일로 강한 그녀가 양 볼을 살구꽃처럼 붉히며 나를 향해 말했다. "땡.큐."

손님들이 기다리고 있어 그녀는 다시 계산을 시작했고, 이번에는 아까 통역을 해주었던 점원이 다가왔다. 점원은 나에게 감사 인사를 아끼지 않았다. 아까 한바탕 소동이 벌어진 후 그녀의 안색이 좋지 않았는데 덕분에 마음이 한결 편안해졌을 거라며 고맙다는 인사를 여러 번 했다. 그리고 일이 잘 해결되어서 다행이라고 이야기하며 열심히 일하고 있는 그녀의 아담한 어깨를 감쌌다. 아까 무례한 태도로 나에게 동전을 되돌려주었던 선배 점원의 표정에도 미소가 감돌고 있었다. 처음에는 영문도 모른 채 우리를 구경하고 있던 손님들도 그때쯤 되어서는 상황을 이해했는지 다들 흐뭇한 표정을 짓고 있었다.

다시 기차역으로 돌아오는 길. 기진맥진한 상태라 걸음이 무거웠지만 다시 힘을 내서 열심히 걸었다. 무거운 짐 때문에 오고가는 길이 고되기도 했고, 용기가 필요한 상황이라 결심도 쉽지 않았지만 까르푸로 되돌아가길 잘했다는 생각이 들었다. 그녀도 마음이 풀렸겠지만 나 역시 찜찜했던 마음을 씻을 수 있었다. 동전을 돌려주러 까르푸로 되돌아가면서 내 진심이 받아들여지지 않을까봐 무척이나 걱정을 했었는데, 세상이 워낙 각박해졌으므로 진심이 통하지 않아도 이상할 게 없을 터였는데, 그래서 더더욱 다행이었다. 진심은 통한다는 경구가 종이 밖 세상 속에도 정말로 살아 있어서 참으로 다행이었다. 분주한 걸음을 잠시 멈추고 안도의 한숨을 내쉬었다. 주변을 돌아보니 태양이 도시를 뜨겁게 비추고 있었다. 오랜만에 느껴보는 기분 좋은 열기였다.

고 흐 에 게 로
가   는
마 지 막 여 정
아를

한 차례 연착된 아를행 열차가 다시 연착되었다. 30분 연착에 이어 이번에는 40분이 연착된다는 소식이었다. 아를까지 20분이 번 닿는다는데 기다리는 시간이 몇 배다. 고흐에게로 가는 길은 왜 이리 험한 것일까. 오베르 쉬르 우아즈에서는 엉뚱한 열차에 태워 어딘지도 모르는 곳까지 보내고, 돌아오는 길에는 뮌헨행 열차를 놓치게 하더니 이번에도 출발부터 만만치가 않았다. 암스테르담에서 고흐 미술관을 방문하려 했을 때도 카메라 배터리 충전기 분실로 고생을 했다. 카메라 가게를 찾아 한참을 헤맨 끝에 10만 원을 들여 새 충전기를 구입했는데, 고흐 미술관의 관훈은 '사진 촬영 금지'였다.

아를은 고흐가 화가로서 가장 찬란한 시절을 보낸 곳이다. 1888년 2월부터 1889년 5월까지 아를에서 머문 1년 3개월 동안 그는 세계 미술사에 길이 남을 걸작들을 끝없이 쏟아냈다. '아를의 도개교', '해바라기', '아를의 침실', '론 강의 별이 빛나는 밤', '노란집', '밤의 카페테라스' 등이 아를 시절에 탄생한 작품들이다. 태양이 이글거리는 프랑스의 남부도시 아를은 빛의 변화에 주목한 인상파 화가가 예술혼을 불태우기에 더없이 적합한 곳이었다.

고흐는 평소 깊은 애정을 가지고 있던 고갱을 아를로 불러들이기도 했다. 그러나 극심한 성격 차이와 작품을 사이에 둔 잦은 다툼으로 두 사람의 동거는 두 달 만에 파국을 맞았다. 1888년 크리스마스이브에 고흐가 고갱과 대접전을 치르고 자신의 귀를 면도칼로 자름으로써 둘의 관계에 종지부를 찍은 사건은 세계 미술 전투사에 길이 남을 명장면으로 회자되고 있다. 스스로 신체의 일부를 잘라낼 정도였으니 예술가로서 고흐의 광기는 아를에서 정점에 올랐던 모양이다. 그 역사적인 도시가 서서히 정체를 드러내고

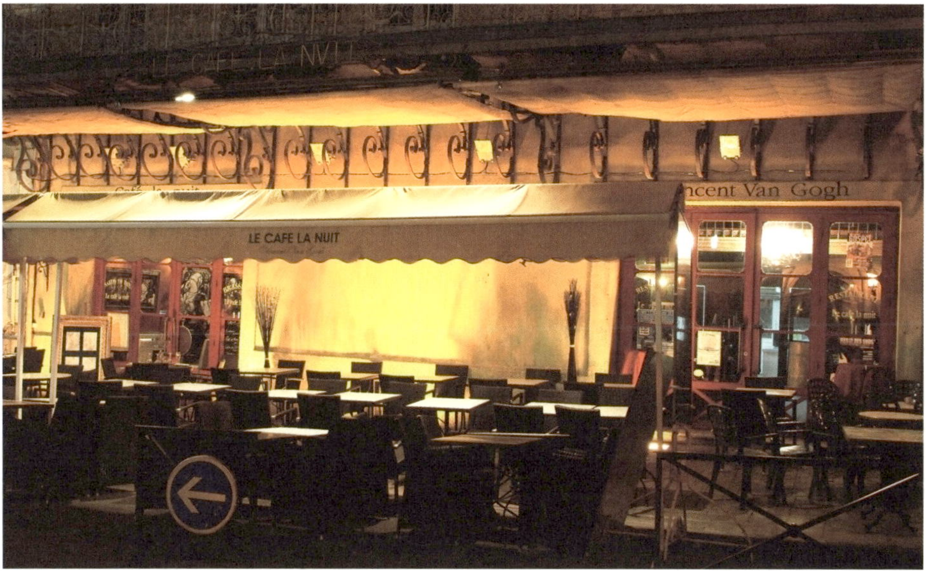
LE CAFE LA NUIT
incent Van Gogh

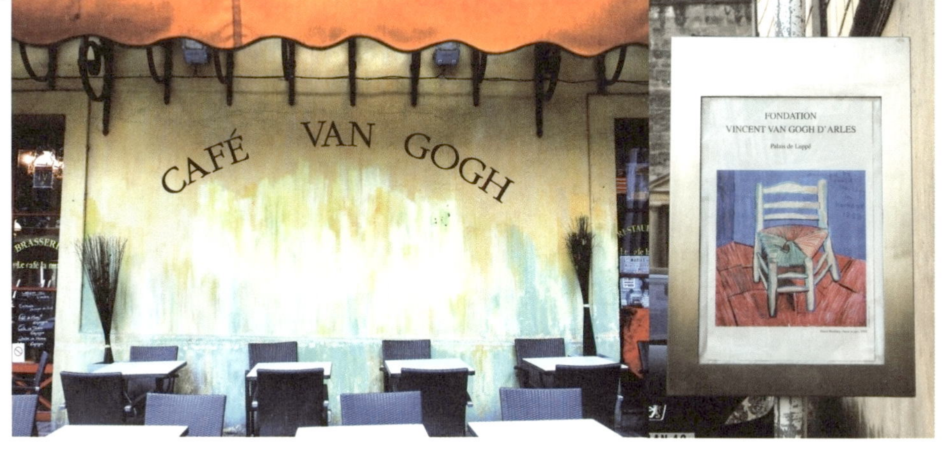

CAFÉ VAN GOGH

FONDATION
VINCENT VAN GOGH D'ARLES
Palais de Luppé

있었다.

　어렵게 찾은 호스텔은 무척이나 한산했다. 아를이 워낙 아담한 시골마을인데다가 비수기에 접어든 탓이었다. 호스텔은 큼직한 3층짜리 건물을 단독으로 사용하고 있었는데 직원에게 물어보니 나까지 포함해 일곱 명만이 체크인을 한 상태라고 했다. 방이 열 몇 개라고 했으니 한 사람이 도미토리를 하나씩 차지해도 방이 남았다. 인기척이 없어서인지 침묵에 빠져 있는 복도는 걸음마다 메아리를 만들어냈다. 발걸음을 옮길 때마다 그 소리가 복도 저 끝까지 울려 퍼지는데다 서늘해진 가을 기운까지 더해져 마치 몬스터 하우스에 온 것 같은 기분이었다.

　짐을 풀고 다시 로비로 내려갔다. 호스텔 직원에게 숙소가 너무 휑뎅그렁해 자정이 되면 유령이 출몰할 것 같다고 했더니 재미있는 상상이라며 웃음으로 화답해주었다. 정말 그런 일이 일어난다면 나를 포함한 일곱 명의 여행자들이 몬스터 원정대를 꾸려 밤새 그들을 잡기 위해 싸움을 벌여야 하는 거 아니냐고 했더니 역시 훌륭한 상상이라며 가볍게 박수를 쳐주었다. 그리고 더 이상의 농담은 맞장구를 쳐주기 어려울 것 같다는 눈빛을 보내왔다. 냉담해진 그녀의 표정에 조용히 농담 보따리의 주둥이를 묶었다.

　프랑스에서는 전통 음식을 그리 많이 맛보지 못한 것 같아서 저녁은 현지 음식을 먹기로 했다. 알려진 바로는 거위 간 요리인 푸아그라, 달팽이 요리인 에스까르고, 포도주에 닭을 넣고 삶은 꼬꼬뱅 등이 프랑스를 대표하는 음식들이라고 했다. 호스텔 직원에게 현지인들은 어떤 요리를 자주 먹느냐고 물었더니 음식마다 특색이 있어서 하나만 딱 꼬집어서 이야기하기는 어렵단다. 비수기여서 식당이 일찍 문을 닫으니 서두르라면서 지금 시간에는 푸아그라가 가장 찾기 쉬울 거라고 귀띔해주었다. 그리고 시장함으로 얼굴을 잔뜩 도배하고 있던 나에게 자신의 저녁식사를 나눠주었다.

식당이 가장 많이 밀집되어 있다는 포룸 광장에 도착했다. 적당한 식당을 한 군데 찾아들어가 푸아그라와 와인을 시켰다. 여주인이 추가 요리를 권했으나 여행자가 현지 물정에 어둡다는 점을 노린 상술 같아서 다른 건 필요 없다고 대답했다. 메뉴판을 보니 푸아그라만 해도 몇만 원을 호가하고 있었다. 그 정도면 양이 한 끼 식사로는 부족하지 않을 것이다. 게다가 와인도 시켰으니 기본 매상은 채워준 셈이다. 그런데도 그녀는 다시 샐러드는 필요하지 않느냐고 물어왔다. 모처럼 맛있는 음식 좀 먹어보자며 마음을 단단히 먹고 온 상황이고, 그녀의 태도도 시종일관 친절했으므로 그렇다면 그렇게 하자고 했다. 더 이상 거절하면 내 모습이 초라해보일 것 같기도 했다.

식탁 위로 푸아그라가 올라왔을 때 그녀가 추가 요리를 권한 이유를 알아차렸다. 가격이 만만치 않아 푸짐한 음식일 것이라 기대했는데 접시에는 계란프라이보다 작고 납작한 거위 간 한쪽과 얇게 썬 바게트 두 조각 그리고 소량의 채소만이 담겨 있었다. 나중에 주문한 샐러드가 별도의 접시에 담겨 나오기는 했는데 그냥 드레싱이 엎질러진 납작한 채소더미였다. 아비뇽에서 거스름돈 사건을 치르느라 점심도 굶은 터였다. 그릇째로 싹싹 비운다고 해도 이 빈약한 음식들로는 허기를 채울 수 없을 게 분명했다. 그래도 단호한 입장을 취해 둔 상황이므로 난처한 표정을 어떻게든 감춰야 했다. 담담한 표정으로 음식들을 아껴먹기 시작했다.

그런데 음식을 깨작거리는 내 모습을 여주인이 보았나 보다. 그녀는 다시 나에게 다가오더니 바게트를 조금 더 주면 먹을 수 있겠

느냐고 물어왔다. 그러나 여기서 자존심을 구길 수는 없었다. 허기를 급히 감추며 다시 단호한 표정으로 대답했다. "예스, 마담!" 자존심을 지키겠다는 것은 이성 저 혼자만의 각오였던 모양이다. 나는 배가 너무 고팠고, 그게 무엇이 되었든 하나라도 더 먹어야 했다. 아무도 보고 있지 않았다면 식탁이라도 뜯어 먹었을 것이다. 여주인이 추가로 내준 바게트 덕분에 근근이 허기를 달랠 수 있었다. 푸아그라는 우리 입맛에 잘 맞는다고도, 잘 안 맞는다고도 할 수 없었지만 색다른 문화 체험이 되기에는 괜찮아보였다.

계산을 하려고 일어섰을 때 여주인은 나를 잠시 계산대 앞에 세워 두고 주방으로 들어갔다. 음식 값을 두고 주방장과 상의를 하는 모양이었다. 그리고 다시 밖으로 나와 딱 푸아그라와 와인 값만 받았다. 바게트는 계산에 포함하지 않을 거라고 예상했지만 샐러드는 내가 주문한 셈인데 돈을 받지 않았다. 깎아주는 건 고마웠지만 불우이웃돕기의 분위기였으면 아마 기분이 좋지 않았을 것이다. 아직까지는 주머니도 두둑했기 때문에 여차하면 지폐 몇 장 정도는 꺼낼 준비가 돼 있었다. 그러나 애처롭고 눈물겨운 분위기에서 이루어진 일이 아니었다. 음식 값을 깎아주는 그녀의 표정은 상냥했다. 게다가 시종일관 친절하고 정중한 태도로 손님인 내 권위를 세워주고 있었다.

운이 좋았는지 아를에서 만난 사람들은 모두 친절했다. 길을 헤매던 내 손을 잡아끌고 호스텔이 보이는 곳까지 직접 안내해준 수수한 차림새의 아주머니와 시장기를 감추지 못한 나에게 자신의 식사를 나눠준 호스텔 직원, 그리고 남루한 행색의 여행자를 공손히 대접하며 남은 음식까지 내어준 식당 여주인까지 모두가 친절했다. 원래 이런 곳이었다면 고흐는 고갱과 함께한 시간을 제외하

Café la nuit
Bar Le Tambourin
BAR DES AFICIONADOS

고는 전혀 싸울 일 없는 평화로운 일상을 누렸을 것이다.

고흐의 작품 '밤의 카페테라스'의 배경이 된 고흐 카페가 식당 바로 곁에 있었다. 참새가 방앗간을 그냥 지나갈 수 없어 그 앞에 삼각대를 세웠다. 그리고 카메라를 꺼내 삼각대 위에 얹었다. 사진을 찍고 있는 나에게 현지인으로 보이는 건장한 청년들 몇 명이 기분 좋게 웃으며 엄지를 치켜 올려주고 지나갔다. 일 년 전 이맘때까지만 해도 이곳까지 올 수 있을 거라고는 상상도 하지 못했다. 사진 촬영을 하는 동안, 손님 하나 없는 야외 좌석들 사이로 외로운 바람 몇 조각이 흘렀다. 그 위에 매달린 처마도 몇 차례 그 바람에 흔들렸다. 그림 속의 풍경을 빼다 박은 듯 야경 속에 파묻힌 고흐 카페를 바라보는 감회가 남달랐다.

숙소로 돌아와 보니 내가 묵는 도미토리에 두 명의 여행자가 더 들어와 있었다. 나보다 늦게 도착한 여행자들이었다. 그 중 한 명은 이십대 초반의 서양 청년이었는데, 그는 샤워장에서 치실을 들고 한참 동안 이를 닦았다. 그동안 만난 여행자들 중 치실까지 사용해 가며 위생을 관리하는 모습을 보여준 이는 그가 최초였다. 그 후에는 온갖 화학약품을 꺼내 바르며 피부에 광을 냈다. 원래 깔끔을 떠는 성격인지 피부 빛깔도 창백한 우윳빛이었다.

다른 한 사람은 라틴계의 중년 사내였는데 옷을 갈아입는 짧은 순간만으로도 민족 특유의 악취를 방안에 가득 채워 놓았다. 나는 비교적 잠자리에 무던한 편이었지만 그의 냄새는 내가 한참을 잠을 이루지 못했을 만큼 강력했다. 어찌나 심각하던지 코끝이 매운 것도 모자라 눈물이 날 정도였다. 마치 살사 소스에 사흘간 절인 청양고추 두 개를 양쪽 콧구멍에 하나씩 꽂고 있는 것 같았다. 도저히 잠이 오지 않아 깔끔청년은 어떤 심정일지를 한참 동안 상상했다. 자신의 침대 위에서 한치의 미동도 없이 곱게 누워 있지만 특유의 성향으로 미루어 악취사내를 향해 속으로 이를 득득 갈고 있을지 모를 일이었다. 그래도 치실처럼 가냘픈 몸뚱이를 이끌고 다른 여행자가 만들어내는 악취와 싸워 가며 자신의 여정을 열심히 개척해나가고 있는 모습만큼은 대견스러워보였다.

한 시간 반쯤이 지났을까. 드러눕자마자 코를 골기 시작한 악취사내는 여전히 코를 드르렁거리고 있었고, 깔끔청년 역시 반듯하게 감아 둔 치실처럼 자신의 침대 위에 가지런하게 누워 있었다. 생각해보니 그들도, 나도 고흐가 생전에 가장 깊은 애착을 가진 대상이라는 '사람'이었다. 잡념이 가라앉은 틈 사이로 서서히 잠이 밀려들어오기 시작했다. 고흐가 신체 절단의 고통까지 감내해가며 생애 최고의 열정을 뿜어낸 곳에서 그가 가장 사랑했다는 '사람' 셋이 한밤의 대기 아래로 호흡을 뒤섞기 직전이었다. 의식이 점점 희미해졌다. 그리고 눈꺼풀 주변이 칠흑처럼 어두워지기 시작했다. 밖에서는 론 강 위로 별이 빛나는 밤이 한창 펼쳐지고 있을 터였다.

아직도
끝나지
않은 길
아룸, 아비뇽

이른 아침 아를을 빠져나오면서 재래시장을 구경했다. 안 그래도 여행의 주요 포커스들 중 하나가 현지 풍물시장이었는데 호스텔을 빠져나올 때 고맙게도 호스텔 직원이 아를에 재래시장이 서는 날이라고 알려주었다. 워낙 작고 아담한 마을이고 여행자들도 찾아보기 힘든 비수기였으나 아를 재래시장은 기대 이상으로 활기가 넘쳤다. 볼거리도 생각보다 많아 제법 즐거운 시간을 보낼 수 있었다.

그러나 아비뇽으로 돌아가는 길은 수월치 않았다. 재래시장 구경을 마치고 아를 역으로 걸어가는 동안 세찬 바람이 불어 걸음을 자주 멈춰 세웠고, 아비뇽에서 아를로 들어올 때와 마찬가지로 아비뇽으로 돌아가는 열차 역시 40분이 연착되었다. 고흐를 향해 오고가는 길은 왜 이리 고생스럽기만 할까 생각하고 있는데 역 내 전광판 밑에서 만난 현지인 하나가 달관의 진수를 보여주었다. 열차 연착은 아를 주민들에게는 흔한 일이고, 어차피 인생도 알 수 없는 일들의 연속이니 그냥 그런가 보다 하라는 조언이었다. 그러고는 태연한 표정으로 다시 신문을 펼쳐 기사를 읽기 시작했다. 그래서 나도 '그럼, 그러지 뭐!' 하며 남은 시간을 느긋하게 즐겼다. 그리고 40분 후에 들어온 열차를 타고 다시 아비뇽으로 향했다.

아비뇽에서 가장 인상적인 것은 도시를 에워싸고 있는 두툼한 성벽이었다. 처음에 아비뇽에 도착했을 때 제일 먼저 눈에 띈 것도 육중하게 서 있는 그 성벽이었다. 이런 형태의 도시를 유럽 어디에서든 만날 수 있었지만 성벽의 구조와 완성도 면에서는 아비뇽이 가장 견실하고 모범적인 것 같았다. 게다가 척박한 환경에서도 잘 자라는 올리브의 고장답게 도시 주변으로 독특한 자연환경이 펼쳐졌다. 아름드리 가로수가 이어진 중앙로며 유서 깊은 역사가 묻어나는 골목길도 인상적이었다.

그러나 아비뇽을 구경하면서 가장 의미 있었던 부분은 아비뇽 유수의 흔적을 되짚어보는 과정이었다. 왕권이 강력했던 프랑스 왕 필립 4세에 의해 로마 입성을 저지당하고 결국 이곳에 교황청을 세워 생활해야 했던 교황 클레멘스 5세의 슬픔의 흔적이 아직도 도시 곳곳에 남아 있었다. 한때는 세상의 모든 어린 양들을 천국으로 인도하길 원한 만국의 교황이었겠지만 결국에는 왕권의 시녀로 전락해 이리저리 풍파에 떠밀리기만 한 어느 불운한 사내의 슬픈 그림자가 소리 없이 도시를 뒤덮고 있었다. 짧게 머물고 지나가는 내가 당시의 정황이나 그의 심정을 제대로 짐작할 수 있겠는가마는 그때의 역사와 그 흔적들을 외면하기는 쉽지 않았다. 그것들과 극명한 대비 효과를 만들어내고 있는 화창한 날씨가 안타까움을 한층 더 부추겼다.

공원에 앉아 샌드위치를 먹었다. 아비뇽에 처음 도착한 날 점심을 먹으려고 점찍어 둔 그곳이었다. 거스름돈 사건을 치르지 않았다면 그때도 여기서 점심을 먹었을 것이다. 자리를 잡고 앉은 지 얼마 되지도 않았는데 비둘기 떼가 달려들었다. 음식의 냄새를 맡은 모양이었다. 빵조각을 떼어서 그들에게 던져주자 건너편 건물 지붕 위에 앉아 있던 비둘기들까지 우르르 몰려들었다. 먹기 좋게 떼어준 빵조각들을 두고 코앞에서 한참 동안 치열한 다툼이 벌어졌다. 그 모습을 구경하다가 한입에는 도저히 삼킬 수 없는 큼직한

덩어리 하나를 그들 사이로 던졌다. 어떤 일이 벌어질지 궁금해서 그런 것이었는데 역시나 여러 마리가 달려들어 빵 덩어리를 쪼아 댔다. 빵 덩어리가 워낙 커서인지 아무도 그걸 독차지하지 못하고 있다가 갑자기 어디선가 날아온 비둘기 한 마리가 그 큰 걸 통째로 물고 건너편 지붕 위로 날아가 버렸다. 아, 비둘기들도 다 다른 성격을 가지고 있구나. 살아가는 방식도 서로 다르구나. 닭 쫓던 개 지붕 쳐다보듯 멍하니 지붕 끝만 바라보고 있는 비둘기들을 바라보며 혼자 피식 웃었다.

아를에도 다녀왔으니 이제 고흐를 찾아가는 여정이 모두 끝났다. 여행 전에도 나에게 고흐는 인상 깊은 화가였고, 그의 남다른 작품 세계에 여러 번 감탄을 했지만, 직접 그의 흔적을 밟으며 나는 이전과는 비교도 안 될 만큼 큰 감동을 받았다. 작품들도 경탄스러웠지만 진정성을 향해 온몸을 던지는 그 뜨거운 예술혼과 타협을 모르는 그 투철한 삶의 자세도 고개를 숙이기에 충분했다. 가난에 시달리면서도 희망을 잃지 않고 과감한 행보를 이어간 형 고흐와 그 형을 물심양면으로 후원한 동생 테오의 눈물겨운 우애도 장관이었다. 그러나 그보다 더 인상적이었던 것은 고흐가 그린 대상들이 대부분 소박한 것들이었다는 점이다. 고흐는 그 흔한 풍경들, 그 흔한 대상물들에 생기를 불어넣어 눈부신 작품들로 탈바꿈시켰다. 그것은 삶을 향한 열정과 대상을 향한 애정이 없으면 불가능한 일이었다.

고흐 외에도 여러 예술가들을 찾아다녔다. 디킨스 생가도, 마그리트 생가도, 렘브란트 생가도, 프랭클린 하우스도, 그리고 그 밖의 많은 예술인들의 생가도 모두 인상적이었다. 그래도 최고는 비틀즈였다. 비틀즈와 존 레논의 궤적을 밟는 동안 나도 모르게 가슴

이 뜨거워졌고, 그 힘으로 남은 여정을 밀어붙일 수 있었다.

돌이켜보니 결국 '사랑'이었다. 이성애, 인류애, 애국심, 우정, 그 밖의 사소한 것들까지 대상을 불문한 여러 방식의 사랑이 지친 다리에 다시 생기를 불어넣어 주었던 것이다. 그렇지 않았더라면 나는 피곤을 핑계로 계획했던 여정의 상당 부분을 생략하고 다소 게으르게 여행했을지 모른다.

타고난 호기심도 걸음을 바지런하게 하는 데에 많은 도움이 되었다. 누군가 삽상한 정보를 흘릴 때마다 나는 그 진원지로 습관처럼 고개를 불쑥 들이밀었다. 어떤 것은 흥미로웠지만 어떤 것은 기대만 못했다. 그러나 어차피 여행도 삶도 이끌리고 후회하고 다시 이끌리는 과정의 연속이었다. 사랑하고 후회하고 다시 사랑하는 게 여행의 속성이자 삶의 속성이었다. 지치고 힘들 때마다 이 짓을 왜 하고 있나 후회하다가도 눈앞에 나타난 새로운 구경거리들에 이끌려 다시 정신없이 걸었다. 너무 힘이 들어 어딘가에 퍼질러 앉아 버리고 싶을 때쯤에는 예기치 못한 어떤 우연이 내 손을 잡아끌었다. 그러면 나는 다시 호기심을 양 볼에 매달고 걸음을 총총하게 옮겼다. 몽땅 소진했다고 생각했던 에너지가 도대체 어디에서 다시 생겨났는지는 나도 잘 모르겠다. 메마른 땅에서 오아시스를 발견한 듯 그런 현상이 다행스럽고 신기할 뿐이었다.

아마 누구라도 그랬을 것이다. 길을 걸을 때마다 자신이 생각했던 것 이상의 강인하고 대견스러운 자아를 발견했을 것이고, 그로 인해 다시 한번 자신감과 희망을 품게 되었을 것이다. 자신의 힘으로는 더 이상 안 되겠다 싶을 때는 보이지 않는 어떤 힘이 길가에 주저앉은 자신을 일으켜 등을 떠밀어주었을 것이고, 그로 인해 원하든 원하지 않든 인생이 그렇게 쉽게 꺾이지만은 않을 거라고 생

각했을 것이다. 그래서 나는 예외적인 상황 몇 차례를 제외하고는 거의 쉬지 않고 걸었다. 물가가 싼 인도에서는 왕 대접 받으며 여행지마다 늘어지게 쉬는 여행자들도 많다고 들었지만 유럽을 여행하고 있던 나는 그러지 않았다.

게다가 비싼 대륙 유럽은 게으른 여행을 쉽게 허락하지 않았다. 오히려 유럽은 그 강력한 체제에 복종하도록 만드는 힘이 있었다. 그것은 거대 자본주의와 국제 권력의 힘이기도 했고, 더불어 유서 깊은 역사와 전통의 힘이기도 했다. 눈 돌리는 곳마다 잘 가꾸어진 문화유산들이 있었고, 때가 되었다 싶으면 아름다운 자연환경이 등장해 오감을 자극했다. 하지만 여행 욕구가 불타오를수록 높은 물가에서 비롯한 상대적 박탈감이 나를 흔들어댔다. 갖고 싶은 게, 먹고 싶은 게, 하고 싶은 게 늘어날수록 갖지 못하고, 먹지 못하고, 하지 못하는 나는 자꾸만 불행해졌다. 그러나 내가 가고 싶은 길은 지칠 줄 모르는 욕망과 끊임없이 싸우며 가치 있는 결과들을 하나씩 쌓아올리는 길이었다. 어쨌든 성실하게 걸음을 옮겨야 했다.

비틀즈와 존 레논의 삶을 기억하며 남은 삶을 어떻게 꾸려가야
할지 다시 한번 생각해보기로 했다. 값싼 미술재료를 품에 끼고 캔
버스 앞에 선 고흐의 자세를 되짚으며 직업인으로서 어떤 자세를
가져야 할지도 다시 한번 고민해보기로 했다. 가을의 중턱을 넘어
선 탓인지 하늘은 높았고, 바람은 시원했다. 그러고 보니 아비뇽은
더 이상 슬픈 역사 속에서 허우적거리는 도시가 아니었다. 이제는
매년 세계인들을 불러 모아 근사한 연극 축제를 여는 예술의 도시
로서 한껏 기지개를 펼치고 있었다. 동양에서 온 어느 여행자의 가
슴 속에서 진심이 통하는 도시로 기억되고 있기도 했다. 비둘기들
이 물러간 공원에 햇살이 감돌았다. 그 근처에서는 오늘도 아비뇽
의 처녀가 하루치의 삶을 알뜰히 꾸리기 위해 열심히 땀을 흘리고
있을 터였다. 다리에 힘을 주고 일어섰다. 그리고 다시 걸음을 재
촉했다. 더 넓은 세상을 향해 난 길이 내 앞으로 계속 뻗어 있었다.

아비뇽을 빠져나온 후에는 과연 어떤 일들이 일어났을까? 한두 도시 혹은 서너 나라쯤 더 여행을 한 후 곧바로 귀국행 비행기에 몸을 실었을까? 아니면 미지의 세계를 향해 계속 나아갔을까? 그 결과는 독자 여러분의 상상에 맡기기로 한다. 상상이 주는 묘미라는 게 있는 법이니까.

이 책의 원고를 출판사에 넘기고 난 후 곧바로 후속작을 집필하기 시작했다. 글이 잘 풀리지 않을 때는 이따금씩 홍대 앞 골목길을 산책하며 길가로 경쾌하게 흐르는 행인들의 표정 위로 독자들의 모습을 투영해본다. '저들 중 누군가는 내 책을 읽게 되겠지' 하고 생각하면 힘이 불끈 솟는다. 그러다가 무뚝뚝한 표정의 행인이라도 마주치면 내가 과연 즐겁고 유익한 글을 선사할 수 있을지 의구심을 품게 되기도 한다. 그러나 아비뇽의 처녀가 나에게 분명히 알려주었다. 진심은 통한다는 사실을.

오늘도 홍대 앞을 산책하다 왔다. 따사로운 봄볕 부서지는 기분 좋은 거리에서 마음을 봄바람에 태워 사람들 사이로 흘려보냈다. 몸은 원래의 자리로 되돌아왔지만 내 마음은 오늘도 여행 중이다.